高等职业教育电子信息系列精品教材

"互联网+"立体化教材

电路基础

王玉宝　主　编

黄立奎　连艳芳　徐　红　副主编

于立影　陈慧丽

毕卫红　主　审

国防科技大学出版社

【内容简介】电路基础课程是电气和电子信息类专业基础理论的核心课程之一。本教材共分十个单元,主要内容包括电路和基尔霍夫定律、电阻电路及其分析方法、线性网络定理、动态电路的分析、正弦稳态电路的分析、非正弦周期电流电路分析、谐振电路、互感现象及变压器、交流电路及分布参数电路与传输线等。

本教材按照理论联系实际、循序渐进的原则编写,便于学生自学和教师施教。教材叙述简单明了,概念清晰,并且配有大量的例题和实践应用题,更加适合高职高专教学使用。

本书可作为高职高专院校电子信息类及其相关专业电路理论课程的教材,也可供有关专业师生和工程技术人员参考。

图书在版编目(CIP)数据

电路基础/王玉宝主编. —长沙:国防科技大学出版社,2008.6(2024.7 重印)
ISBN 978-7-81099-505-4

Ⅰ. 电⋯　Ⅱ. 王⋯　Ⅲ. 电路理论　Ⅳ. TM13

中国版本图书馆 CIP 数据核字(2008)第 062459 号

出版发行:国防科技大学出版社
责任编辑:唐卫葳
印 刷 者:大厂回族自治县聚鑫印刷有限责任公司
开　　本:787 mm×1 092 mm　1/16
印　　张:14.75
字　　数:365 千字
印　　次:2024 年 7 月第 1 版第 12 次印刷
定　　价:45.00 元

电路基础是电工技术的一门基础课程,在电工技术的各个领域都有广泛的应用。因此,电路基础是电气和电子类专业的核心课程之一。本书以电路模型为研究对象,在阐述电路基本理论的基础上,结合高职高专教育的特点,突出了电路分析的实践应用,是面向高职高专电子信息类专业而编写的系列教材之一。

本书既突出了电路基础的"基础"这一主旨,又侧重实践应用,充分体现了理论与实践相结合的特点。在保证掌握必要的基本理论知识和基本技能的基础上,贯彻高职教学"以应用为目的,以必需、够用为度,掌握概念,强化应用"的原则,以跟上电子技术和高职教育的发展形势。

本书脉落清晰,浅显易懂,内容有机联系。在编写方法上采用有选择的编写模式,强调实践和应用,精炼理论,更加适合高职高专的教学需要。

本书在内容编排上突出以下几点:

(1)在每单元结束设有单元小结,对重要的知识点进行归纳比较,并配有适量有针对性的习题,便于练习巩固所学知识。为加强实践环节,结合各部分理论知识,编排有相应的实验放在网络上供选用,在内容上尽量淡化教学设备对实验的影响,注重对学生实际动手能力的培养。

(2)配有丰富的例题,例题设计侧重实践应用,多以实践中常见电路为例,既便于学生理解概念定律,又突出了培养其实践能力的目的。

(3)每单元单独设立与该单元知识相关的实践应用,突出了理论与实践相结合的特点,理论知识更加直观化。

(4)设置课后习题,巩固所学知识,查漏补缺,同时也便于教师布置课后作业。

(5)注重立体化教材建设,通过教材、电子教案等教学资源的有机结合,合理利用网络资源,提高服务水平。

本书共分10个单元,由王玉宝任主编,天津电子信息职业技术学院黄立奎、连艳芳、徐红、于立影和郑州科技学院陈慧丽任副主编,白健、李宝详和刘黎明参与编写。具体编写分工如下：单元一、单元三由王玉宝编写，单元二、单元八、单元九由连艳芳编写，单元四、单元五由于立影编写，单元六由黄立奎编写，单元七由白健编写，单元十由陈慧丽编写，附录部分由徐红编写。燕山大学信息科学与工程学院院长毕卫红教授在充分肯定本书基本编写思路的同时，对本书的编写提出了宝贵的意见和建议。梁静、韩红梅等参与了电路的绘制，在此对他们表示衷心的感谢！

　　本书在编写过程中参阅了很多著作，这些已列入本书的参考文献，在此向相关作者表示由衷的感谢！

　　限于编者学识水平，本书缺陷和疏漏之处在所难免，恳请读者批评指正。

编　者

Contents 目　录

本书常用符号表

C

C	电容	法拉	F

F

f	频率	赫兹	Hz

G

G	电导	西门子	S
G_{eq}	等效电导	西门子	S
G_S	内电导	西门子	S
g	控制系数	西门子	S

I

I	电流	安培	A
I_S	源电流	安培	A
i_{sc}	短路电流	安培	A

J

j	虚数单位		

K

k	耦合系数		

L

L	电感	亨利	H

M

M	互感系数	亨利	H

P

P	功率	瓦特	W
$\overline{P}$	平均功率	瓦特	W

Q

Q	品质因数		
q	电量	库仑	C

R

R	电阻	欧姆	Ω
R_{eq}	等效电阻	欧姆	Ω
R_S	电源内阻	欧姆	Ω
r	控制系数	欧姆	Ω

T

T	周期	秒	s

t	时间	秒	s
		U	
U	电压	伏特	V
U_s	源电压	伏特	V
u_{oc}	开路电压	伏特	V
		W	
W	功	焦耳	J
		Z	
Z	阻抗		
		其他	
ϕ	磁通	韦伯	Wb
φ	角度	弧度	rad
ω	角频率	弧度每秒	rad/s
μ	控制系数		
β	控制系数		
τ	时间常数	秒	s

电路和基尔霍夫定律

本单元从实际电路出发,阐述电路研究模型化的思想,结合电路模型对电路参量的约束关系进行讨论,介绍基尔霍夫定律,它是电路分析的理论基础。

相关知识

知识点一　　实际电路和模型化电路

一、实际电路

通常,我们需要设计一些实际电路来实现某种特定功能,比如谐振电路、调制电路和放大电路等。实际电路一般由电路器件和连接导线组成,它提供了电流流通的途径,具有传输电能、信号处理、计算和自动化控制等多个功能。有的电路非常简单,如小灯泡发光实验电路。电源串接与并接时灯泡发光强弱比较如图 1-1 所示。

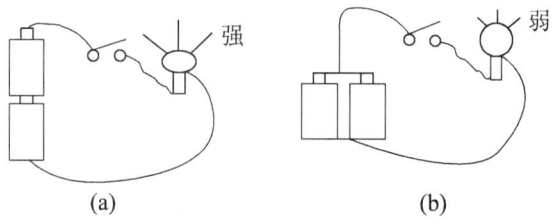

图 1-1　电源串接与并接时灯泡发光强弱比较

有的电路则很复杂,比如人们日常通信用的手机,虽然体积很小,但是它要完成信号产生、放大、调制、发送和接收等功能。一部手机处于接收状态时,其基本原理图如图 1-2 所示,它由输入电路(天线)、检波电路、放大电路和扬声器等部分组成。手机的小型化得益于集成电路技术的发展,它的集成电路芯片体积很小,如图 1-3 所示。目前,超大规模集成电路的集成度越来越高,每平方厘米硅片上可容纳的元器件数目越来越多,成千上万个晶体管和器件连接在一起组成高度集成的电路系统,其电路非常复杂。

在实际电路中,电能或电信号的发生器称为电源,用电设备称为负载。电源可以在电路中产生电压和电流,这个过程称为激励过程,因此电源也可以称为激励源。电源产生的激励通过电路变换,从电路中输出所需的电压和电流,这个过程称为电路的响应过程。由激励在电路中产生的电压和电流称为响应。考虑到激励对于电路来说是输入过程,而响应为输出过程,也可以把激励称为输入,把响应称为输出。电路的作用就是将激励(输入)处理成所要的响应(输出)。

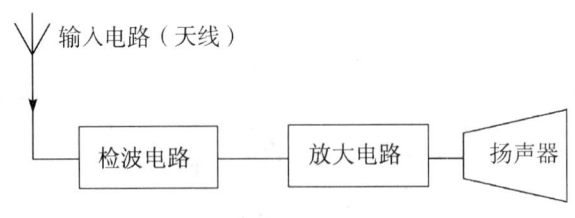

图 1-2　手机接收基本原理图

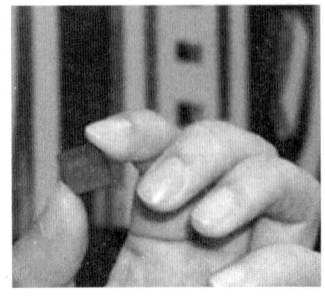

图 1-3　世界上第一枚 $0.13\ \mu m$ 工艺的 TD-SCDMA 3G 手机基带芯片

　　从功和能的角度观察电路,可以看出,随着电流在电路中流通,电路完成了电能和其他形式的能(如化学能、太阳能等)的转化以及电能的传输、分配和储存过程。例如,人造卫星和宇宙飞船上携带太阳能电池,可以作为激励源与其他用电设备组成电路,这时电路可以看成由电源、负载和连接导线三部分组成,电源将太阳能转化成电能供给电路,负载吸收电能,而连接导线负责电能的传输和分配。

二、模型化电路

　　一般来说,电路基础作为研究电路的基本理论,应该能够对各种各样的实际电路的分析和设计提供指导作用,这就要求其在理论上具有可预知性。一个理论的建立,一般首先建立一个理论模型,这个模型应该能够反映事物的主要问题。根据这个模型得到的分析结果与实际测量进行比较,二者误差应在要求的范围之内。例如,计算一辆汽车的行驶距离,可以把汽车看作一个质点模型,而忽略汽车的大小形状。然而如果要分析汽车刹车时车轮的受力情况,就要考虑汽车的大小形状,才能得到比较好的结果。这个例子告诉我们模型的建立存在着前提条件的限制,要分清主次因素的影响,理论模型是否合理最终要接受实践的检验。

　　电路理论也是建立在理论模型基础之上的。模型建立时,首先应结合实际情况将实际电路中的电路元件分别进行模型化,然后将电路元件用模型来替代,从而得到电路模型。电路元件的模型化过程是电路模型化的关键。电路模型由模型化的电路元件连接而成,模型化的电路元件是构成电路模型的最小单元,它是在一定条件下抽象出来的足以反映实际元件电磁性质的理想器件。

　　在实际电路中,电源内部构成很复杂,完全弄清楚很难。但是考虑到电路模型一般主要用于计算电路中各个器件两端的电压、电流等,对于电源,我们往往考虑的是电源能够提供多大的电动势,而不考虑它的内部如何产生电动势。实际上,在电源内部存在电阻,而且电阻沿着整个电源分布。在电路模型中,我们把它抽象为一个电阻,电阻特性集总在一点上,我们把这种元件称为集总元件。这样我们可以把图 1-1 所示的电源模型化为一个电压源 U_S 和一个电阻元件 R_S 串联。对于小灯泡,考虑到它是一个发热发光元件,主要特点是消耗电能,可以将它模型化为一个集总电阻元件 R。实际电路和电路模型比较如图 1-4 所示。

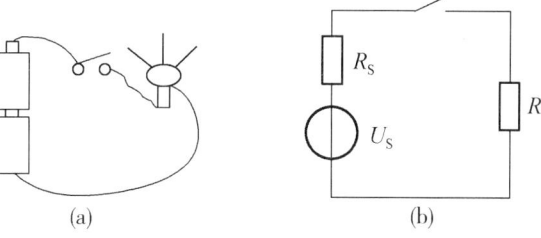

图 1-4　实际电路和电路模型比较

电路进行模型化时要具体问题具体分析。比如,一段金属导线,当用于传输直流电时,在传输距离不是很远的情况下,我们可以近似把它作为理想导线,但是当传送高频交变信号时,随着频率增加,趋肤效应越来越严重,不能再近似成理想导线。电路模型化的目的是简化实际电路的分析和设计,模型建立适当,电路的分析和计算结果就会较好地反映实际情况。判定一个模型是否可取,取决于该模型的理论分析和计算结果是否在误差范围之内。模型太复杂,会造成分析困难,计算难度大;模型太简单,又会造成很大误差。关于电路的模型化,这里只是简要阐述了模型化的思想,具体的模型化问题本书不做介绍。

最后指出,今后本书提到的"电路"都是模型化的电路,而非实际电路。

思考题:金属导线缠成的线圈,如果两端分别接直流电源和交流电源,线圈模型化时有何不同?

知识点二　电路参量

对电路进行分析和计算时,通常是对电路中的电路参量进行求解。一般电路中主要的电路参量有电流、电压、电功率、电能、电荷和磁通等,其中我们经常计算的参量为电流、电压、电功率和电能,本知识点主要介绍这四个参量。

一、电流及参考方向

在电路分析中,对某个电路元件或一部分电路进行电流分析是非常必要的,我们定义单位时间内流过元件的电荷量为该元件的电流。电路中的电流不一定是恒定的,可能随时间变化而变化,我们采用小写英文字母表示随时间变化的物理量。如图 1-5 所示是电路中的一个电路元件,假设在 Δt 时间内流过元件的电荷量为 Δq,考虑到电流变化的即时性,则由定义可得

$$i = \lim_{\Delta t \to 0} \frac{\Delta q}{\Delta t} = \frac{\mathrm{d}q}{\mathrm{d}t} \qquad (1-1)$$

图 1-5　电路元件的电流

因为电荷总是从电路元件的一端流入,从另一端流出,即电路元件上的电流具有一定的流向,所以对电流流向的研究十分必要。但由于电流方向可能无法预知,我们往往先假定一个方向为电流方向,这个假定的方向称为电流的参考方向。在电路分析中电流的参考方向是

可以任意选择的,但一旦选定,在整个分析过程中就不能改变。需要说明的是,这个参考方向并不一定是电路元件上电流的真实方向,如果计算的电流结果 $i > 0$,说明元件上电流方向与参考方向相同;反之,则表示与参考方向相反。元件上的电流实际方向、电流参考方向以及电流 i 正负的关系如图 1-6 所示。

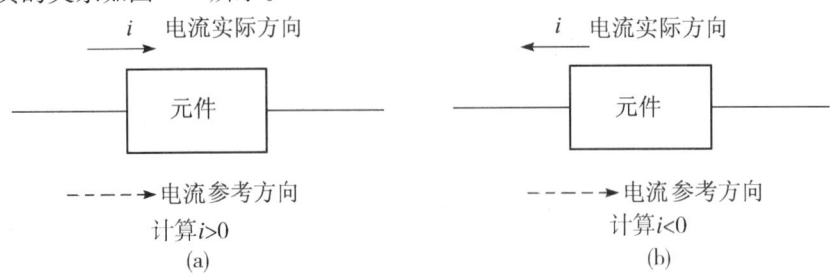

图 1-6　电流实际方向、电流参考方向以及电流 i 正负的关系

在国际单位制(SI)中,电量单位为库仑,简称库,用大写字母 C 表示;时间单位是秒,用小写字母 s 表示;电流单位为安培,简称安,用大写字母 A 表示。可以看出,1 A = 1 C/s。

思考题:一般我们规定电流的实际方向为正电荷移动的方向,在选定参考方向后,计算元件的电流时,电流可能为正,即 $i > 0$,也可能为负,即 $i < 0$。如果算得 $i = -1$ A,是否说明该元件电流的大小为 -1 A?负号的真正意义是什么?

视频
电压

二、电压及参考方向

当电荷流过电路元件时,如果发生电能与其他形式的能量转化,则在该元件两端存在电位差。如图 1-7 所示,如果电路元件 A 端电位高于 B 端电位,当正电荷从 A 端移动到 B 端时,电场力做正功,电荷的动能增加,这部分增加的动能有可能再通过碰撞等方式转化为其他形式的能量。这个过程说明电能与其他形式的能量发生了转化,电能被元件吸收。如果电路元件 A 端电位低于 B 端电位,当正电荷从 A 端移动到 B 端时,电场力做负功,电荷的动能减少,但它促使正电荷从低电位移动到高电位,电荷的电位能增加,这个过程说明其他形式的能量转化成了电位能,增加的电能由外源提供。根据能量守恒定律,转化的能量应该等于电场力对电荷所做的功。由此推出:正电荷从 A 点移动到 B 点时,电场力所做的功为

$$W_q = q u_{AB} = q(u_A - u_B) \tag{1-2}$$

式中,u_{AB} 即为 A、B 两点间的电位差,也称为 A 点对 B 点的电压。由于做功可正可负,所以电路元件上的电压为代数量。如果 u_{AB} 为正值,那么 A 点电位高于 B 点电位;反之,A 点电位低于 B 点电位。这说明元件两端的电位有高有低,即电位存在高低极性。为了表明电路元件上的电压的真实极性,有必要选择参考极性,通常用"+""-"符号分别表示元件两端电位的参考极性,"+"表示该端为高电位,"-"表示该端为低电位,电压的参考方向为"+"极性指向"-"极性。选定参考极性后,即选定了电压的参考方向。如果对电路元件上电压的计算结果为正,则真实极性与参考极性相同;反之真实极性与参考极性相反。参考极性、真实极性与计算结果的关系如图 1-8 所示。

和电流的参考方向一样,元件上电压的参考方向也可以任意选取,而且电压和电流的参考方向可以分别独立选取。如果电流的参考方向和电压的参考方向选取满足:电流的参考方向选择为从元件的"+"极性端流向"-"极性端,则电流参考方向与电压参考方向选择一致,把这种选择称为关联选择;如果不一致,则称为非关联选择。

需要指出的是,元件两端参考极性选择的"+""-"和我们日常见到的电路图中某点相对

零电位"＋5 V"或者"－5 V"等符号的意义不一样,前者的"＋"和"－"是该元件两端电位比较的结果,而后者是和零电位比较的实际电位值。

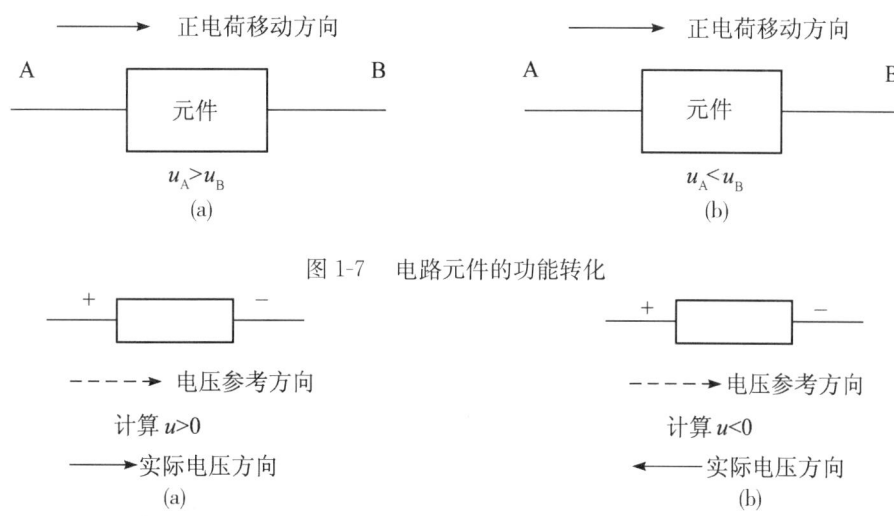

图 1-7　电路元件的功能转化

图 1-8　参考极性、真实极性与计算结果的关系

思考题:某电路元件两端参考极性"＋"和"－"的选择,是否是和电路中零电位比较得出的?计算得出的实际极性是否是和电路中零电位比较得出的?

三、电功率、电能

电路的一个重要功能就是传输和分配能量。在电路的分析和计算中,能量和功率的计算非常重要。例如,我们常用的手机,在通话时要不断收发信号,对于发送的信号,如果功率太大,不仅对电路和电源等提出更高要求(元件有额定功率的限制),同时也造成能源浪费,加重电磁污染;如果信号功率太低,则不利于接收,影响通话质量。

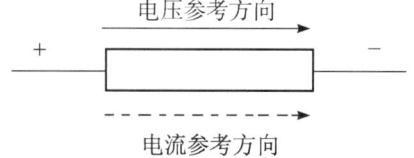

视频
电功率

对电功率进行分析有助于提高能量传输效率和合理地在电路中分配能量。对于某个电路元件来说,它既可能吸收能量也可能释放能量。假设电路元件在时间 Δt 内吸收或者释放电功为 W,则定义该元件在时间 Δt 内吸收或者发出的电功率为

$$\overline{P} = \frac{W}{\Delta t} \tag{1-3}$$

以上计算没有考虑元件的实际做功过程,认为在时间 Δt 内做功是均匀的,这样计算得出的功率称为平均功率。在实际电路中,电路元件上的电压和电流一般是随时变化的,做功并不均匀,我们有必要分析电路元件的即时功率。假设电路元件的即时功率为 $p(t)$,那么从 $t=0$ 时刻开始,到 t_0 时刻结束这段时间内电路元件吸收或者发出的电功为

$$w = \int_0^{t_0} p(t)\mathrm{d}t \tag{1-4}$$

事实上,考虑到电能的变化总是伴随着能量转化而出现的,由能量守恒定律知道,电场力对电荷做了多少功就有多少电能发生了转化,所以在这段时间内电路元件吸收或者发出的电功可以根据电场力对电荷做功求出。假设 t 时刻电路元件两端电压为 $u(t)$,正电荷从元件电压高端流向低端,流过的电流为 $i(t)$,如图 1-9 所示。

电压参考方向

电流参考方向

图 1-9　电路元件电流和电压参考方向

从 t 时刻开始我们取无限小时间间隔 dt，可以认为在无限小的时间间隔 dt 内，$i(t)$、$u(t)$ 保持不变，这样就可以应用恒流电路的理论了。所以，在时间间隔 dt 内流过的正电量为

$$dq = i(t)dt \tag{1-5}$$

dt 内电场力对电荷所做的正功为

$$dw = u(t)dq = u(t)i(t)dt \tag{1-6}$$

由功能关系可知，电场力做正功，电能减少，减少的电能被电路元件吸收而转化为其他形式的能量或者储存起来。例如，如果元件是电阻，消耗的电能转化为焦耳热。所以，从 $t = 0$ 时刻开始到 t_0 时刻结束这段时间内，电路元件吸收的电功为

$$w = \int_0^{t_0} dw = \int_0^{t_0} u(t)i(t)dt \tag{1-7}$$

将式(1-4)和式(1-7)比较，很容易得到

$$p(t) = u(t)i(t) \tag{1-8}$$

视频
电能和电功

由式(1-8)可以看出，即时功率 $p(t)$ 与 t 时刻的电压和电流密切相关。由于在电路分析中，电流和电压都为代数量，它们的正负由实际方向与参考方向的关系决定。式(1-8)的推导前提是电流和电压的参考方向为关联选择，$i(t)$ 和 $u(t)$ 相乘表示元件吸收功率，如果二者相乘后结果为正数，即 $p(t) > 0$，那么表明元件确实吸收了电能；如果 $p(t) < 0$，则表明元件释放了电能。

以上分析是在电压和电流参考方向选取为关联选择的情况下进行的。如果是非关联选择，$i(t)$ 和 $u(t)$ 相乘则表示元件释放电功率，若二者相乘后结果为正数，即 $p(t) > 0$，则表明元件释放了电能；若 $p(t) < 0$，则表示元件吸收了电能。

在国际单位制中，电流的单位为 A，电压的单位为 V，能量的单位为焦耳，英文表示为 J，功率的单位为瓦特，英文表示为 W，$1\ W = 1\ J/s = 1\ V \cdot A$。

例 1-1 如图 1-10(a)所示电路，已知电阻元件两端电压 $u = 3\ V$，a 点电位高于 b 点电位，电阻元件 $R = 5\ \Omega$，试求电阻 R 和电压源 U_S 的功率。

解(一) 选择 a 为"+"极性，b 为"−"极性，流过元件 R 和 U_S 的电流参考方向如图 1-10(b)中虚线箭头所示。

(1) 对于元件 R：

$u = 3\ V$，且电压和电流参考方向相关，由题意知：$i = \dfrac{3\ V}{5\ \Omega} = 0.6\ A$。代入式(1-8)得到 $p = iu = 1.8\ W$，$p > 0$，表示元件 R 实际吸收电能。

(2) 对于元件 U_S：

$u = 3\ V$，且电压和电流参考方向非相关，由题意知：$i = \dfrac{3\ V}{5\ \Omega} = 0.6\ A$。代入式(1-8)得到 $p = iu = 1.8\ W$，$p > 0$，表示元件 U_S 实际发出电能。

从本例看出元件 U_S 发出的电功率和 R 吸收的电功率恰好相等，符合能量守恒定律，事实上，本例可以看作是一个理想电源给一个电阻供电的过程。

解(二) 选择 a 为"−"极性，b 为"+"极性，流过元件 R 和 U_S 的电流参考方向如图 1-10(c)中虚线箭头所示。

(1) 对于元件 R：

$u = -3\ V$，且电压和电流参考方向非相关，由题意知：$i = \dfrac{3\ V}{5\ \Omega} = 0.6\ A$。代入式(1-8)得

到：$p = iu = -1.8 \text{ W}$，$p < 0$，表示元件 R 实际吸收电功。

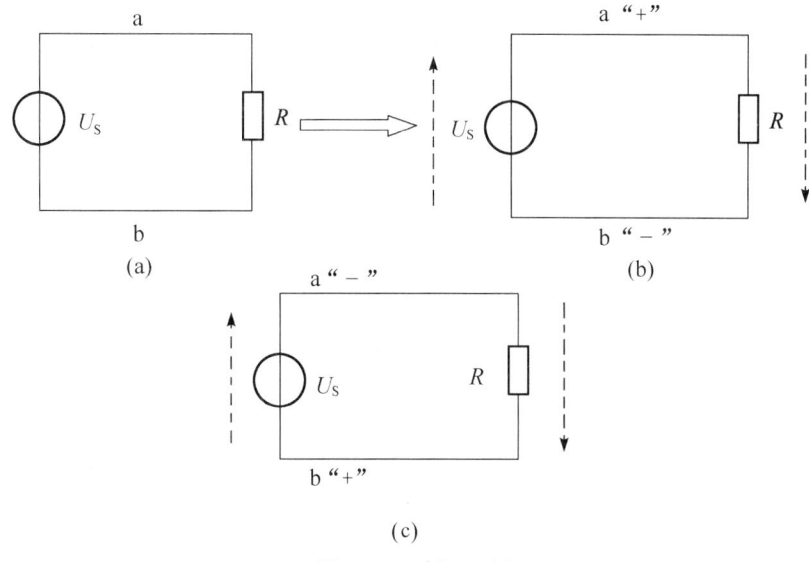

图 1-10　例 1-1 图

（2）对于元件 U_S：

$u = -3 \text{ V}$，且电压和电流参考方向相关，由题意知：$i = \dfrac{3 \text{ V}}{5 \text{ Ω}} = 0.6 \text{ A}$。代入式(1-8)得

到：$p = iu = -1.8 \text{ W}$，$p < 0$，表示元件 U_S 实际发出电功。

从解（二）看出元件 U_S 和 R 发出和吸收的电功率计算结果与解（一）不同，但实质是一致的，说明元件两端电压的极性是可以任选的，不会影响实际结果。

思考题：如果将解（一）中的电压源元件上的电流参考方向改为反向，试求元件 R 和 U_S 的功率，并检验电流参考方向的任意选取是否会改变电路元件的计算结果和实际结果。

知识点三　　基尔霍夫定律

前面介绍了电路分析和计算的一些基本思想，但并没有涉及复杂的电路求解。对于一个电路计算问题，我们首先要清楚：电路的性能取决于电路本身的几何结构和支路特性，而与支路在空间的位置无关。如图 1-11 所示，两个电路尽管空间位置放置不同，但是几何结构相同，电路性能相同。其次我们要尽量采用电阻串、并联原理将电路化简，如图 1-12 所示的电阻电路，电流 I 可以通过电路化简求得。

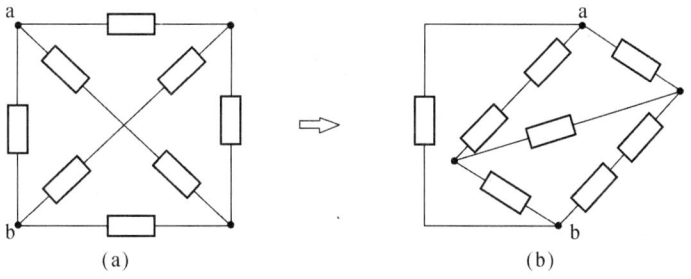

图 1-11　两个几何结构相同的电路

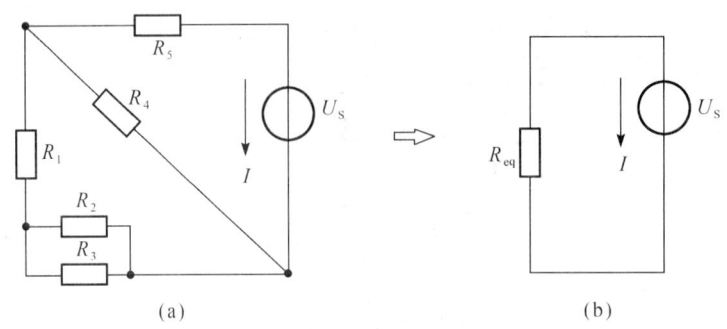

图 1-12　要求得(a) 中的电流 I 可以简化为(b) 求解

由于实际电路种类繁多,总存在难以化简的情况,比如,多个电阻连接的桥接电路就难以化简,含源支路并联电路也难以化简,如图 1-13 所示。

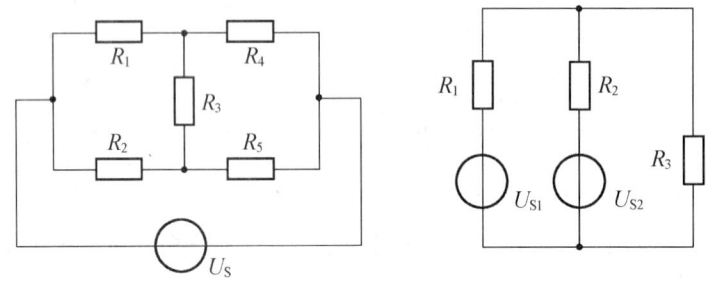

(a) 难以化简的桥接电路　　　　(b) 难以化简的含源支路并联电路

图 1-13　难以化简的电路

通常我们把这种难以化简的电路称为复杂电路。德国物理学家基尔霍夫对复杂电路进行了总结,提出了基尔霍夫电流定律(简称 KCL) 和基尔霍夫电压定律(简称 KVL),也称为基尔霍夫第一定律和第二定律。为了说明基尔霍夫定律,要先弄清电路中支路、结点和回路的概念。

一、支路、结点和回路

电路可以认为是由集总元件相互连接而成的,图 1-14 描述了一个最简单的电路,它是无分支电路。一般电路都比较复杂,往往存在若干个分支,每个分支称为一条支路。一条支路可以包含多个元件,但要求同一支路中的元件只能串联而不能再有分支。如图 1-15 所示为三条支路的电路,支路分别为 a— 元件 1—U_{S1}—b、a— 元件 2—b 和 a— 元件 3—U_{S2}—b,其中,第一条和第三条支路都包含两个电路元件。在图中可以看到支路与支路之间具有连接点,我们把三条或三条以上支路的连接点称为结点。图 1-15 存在 a 和 b 两个结点。在这里做一个说明,有的教材把组成电路的每一个二端元件都称为一条支路,两条或两条以上支路的连接点称为结点,这样图 1-15 就存在 4 个结点,支路数变成 5 条,定义的结果是增加了支路数和结点数,同时方程数也会增加,但两种定义的计算结果是一致的。在图中我们发现,有些支路(如 a— 元件 1—U_{S1}—b 和 a— 元件 2—b)在局部可以构成闭合路径,我们把这种由支路构成的闭合路径称为回路。图中共有三条回路,分别为回路 Ⅰ、回路 Ⅱ 和回路 Ⅲ。这说明一个电路可以包含多个回路,但它们并不一定都是独立的,我们把回路中至少包含一条其他回路所不包含的支路的回路称为独立回路。图 1-15 中独立回路只有两条,当三条回路一起考虑时它们不是独立的,因为构成它们的两条支路都被其他回路所利用。所以,讨论回路的独立性应该是相对而言的,不能孤立地讨论某个回路是否独立。

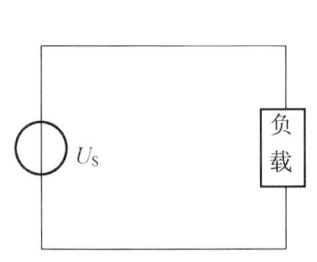

图 1-14　无分支电路

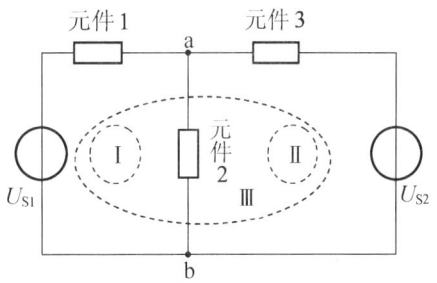

图 1-15　三条支路的电路

如果一个完整电路的支路数为 p,结点数为 n,独立回路数为 m,借助网络拓扑学可以推出三者之间满足一个确定关系:

$$p = m + n - 1 \qquad (1\text{-}9)$$

在图 1-15 中,$p = 3$,$n = 2$,可以推知 $m = 2$。

例 1-2　某电路如图 1-16 所示,试分析该电路的支路数、结点数和独立回路数。

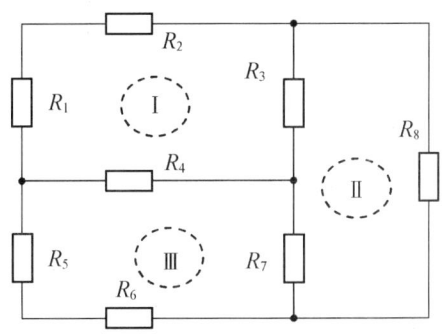

图 1-16　例 1-2 图

解　按照定义,该电路共有 $n = 4$ 个结点,$p = 6$ 个支路,代入式(1-9),得到 $m = 3$,即独立回路数为 3,如图 1-16 中虚线所示。注意这只是独立回路的一种选择方法。

二、基尔霍夫定律概述

对于包含多个支路和回路的复杂电路,各个支路的电流和电压都可能相互制约,这些制约关系主要体现在两个方面:一方面是电路元件本身各具有特性,在局部要符合元件自身特性,比如电容的隔直作用和充放电等特性,线性电阻元件上电压电流要符合欧姆定律等;另一方面是电路元件组成电路时,各个支路间会自动构成某种拓扑关系,比如会出现多少结点、多少支路、多少独立回路等。前者由构成元件的物理或化学等因素决定,而后者的制约关系主要体现在基尔霍夫定律中。

视频
基尔霍夫定律
及其分析方法

1. 基尔霍夫电流定律

基尔霍夫电流定律(KCL)是针对电路中各个结点提出的,考虑到结点是多个支路的连接点,在结点处,不同支路电流可能要流进或者流出结点。基尔霍夫电流定律指出:任一瞬间,流入电路任一结点的电流等于从该结点流出的电流。前面指出,在电路分析和计算时,组成电路的元件上的电压和电流都可能是未知的,我们要先选定一个参考方向,然后再计算,这样求得的电压和电流都是代数量,所以基尔霍夫电流定律又可以描述为:任一瞬间电路中流出任一结点的各支路电流代数和为零。数学表述为

$$\sum i = 0 \tag{1-10}$$

视频
基尔霍夫电流
定律

我们规定,构成结点的支路中,电流参考方向离开结点的支路电流求和时取"+",参考方向指向结点的取"一"。设某结点参考方向如图 1-17 所示,根据基尔霍夫电流定律,则有如下关系:

$$-i_1 + i_2 + i_3 - i_4 = 0 \tag{1-11}$$

值得注意的是,式(1-11)中的"+"和"一"是根据支路电路流入和流出结点的参考方向决定的,但支路电流 i_1、i_2、i_3 和 i_4 都还是代数量,比如 $i_3 = -2$ A,这个"一"表示的是该支路的实际电流方向与支路电流的参考方向不一致,和式(1-11)中的正负号意义不一样。

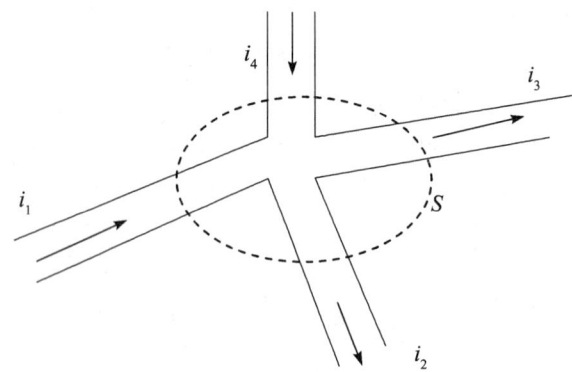

图 1-17   参考方向与电流代数表示

例 1-3   已知如图 1-18 所示的桥式电路中,$i_1 = 1$ A,$i_2 = -2$ A,求解图中电流 i_3。

解   对于结点 a,由支路电流的参考方向和基尔霍夫电流定律得

$$i_3 - i_1 - i_2 = 0$$

所以求得

$$i_3 = 1 \text{ A} + (-2 \text{ A}) = -1 \text{ A}$$

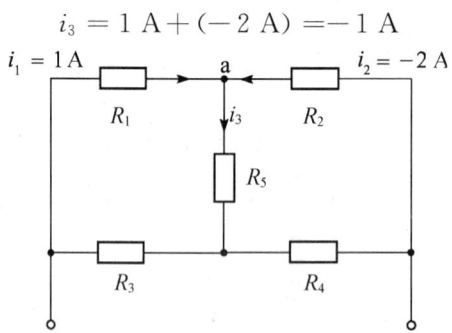

图 1-18   例 1-3 图

通过本例计算可以看到,由基尔霍夫电流定律列方程时,各支路电流取"+"或"一"由结点处支路电流的参考方向决定,"+"或"一"只表示流出或者流入结点,而题设条件 $i_1 = 1$ A,$i_2 = -2$ A 和计算得出的 $i_3 = -1$ A 中的"+"和"一"则表示支路中实际电流方向与参考电流方向的关系。本例的真实电流方向如图 1-19 所示。

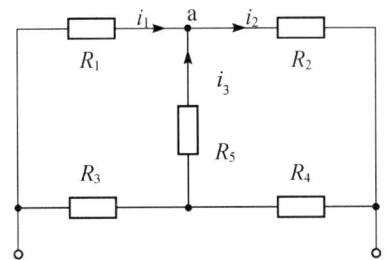

图 1-19　例 1-3 电流的真实方向

基尔霍夫电流定律不仅适合电路中的任一结点,也适合于电路中的任一闭合面,这一点很容易证明。假设任意电路,我们在这个电路中选取了任意的一个闭合曲面 S,有些支路可能被完全包围,也有些支路可能被包围一部分。这样,被部分包围的支路就成为电荷流进或者流出闭合面 S 的通道,这些通道也是闭合面内的电路与面外电路联系的窗口,如图 1-20 所示。

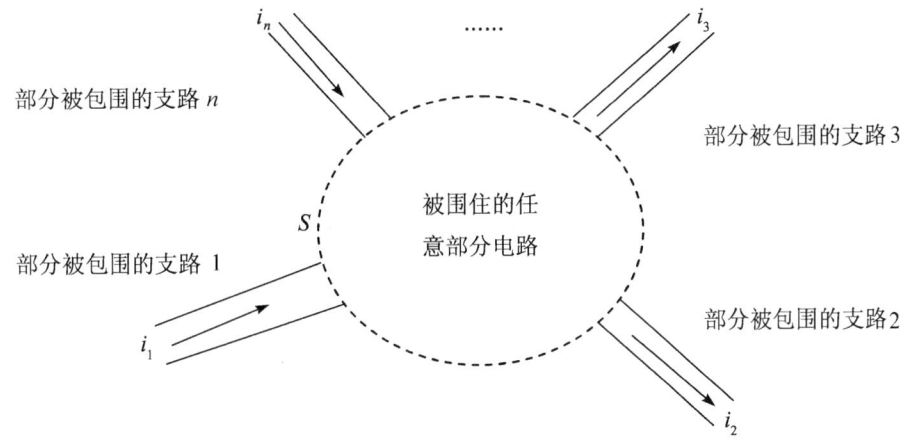

图 1-20　任意曲面包围电路模型

根据电荷守恒定律,在任意时刻,流入闭合面 S 的电量必须等于流出闭合面 S 的电量,或者说流入的电流必须等于流出的电流,这就是电流的连续性定理。闭合曲面这时可以等效为一个结点,这样我们得到

$$\sum i_n = 0 \tag{1-12}$$

例 1-4　已知如图 1-21 所示电路中 $i_1 = 1 \text{ A}$,$i_2 = -3 \text{ A}$,求解图中电流 i_3。

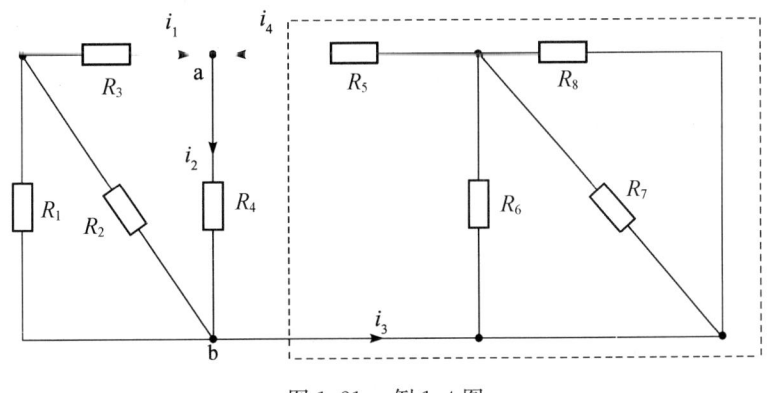

图 1-21　例 1-4 图

解 选闭合面 S 如图 1-21 中虚线所示,这个闭合面有两个通道让电流流入或者流出,即 i_3 和 i_4,根据基尔霍夫电流定律得

$$-i_3 + i_4 = 0$$

对结点 a 再应用基尔霍夫电流定律得

$$-i_1 + i_2 - i_4 = 0$$

$$i_3 = i_4 = i_2 - i_1 = -3\,\text{A} - 1\,\text{A} = -4\,\text{A}$$

这里,符号的意义与前面相同。

2. 基尔霍夫电压定律

基尔霍夫电流定律是关于结点的方程,而基尔霍夫电压定律(KVL)则是关于回路的方程。基尔霍夫电压定律指出:任一瞬间,沿电路中任一闭合回路的各支路电压的代数和为零。即

$$\sum u = 0 \tag{1-13}$$

基尔霍夫电压定律也称回路定律,和电流定律一样也存在符号选择问题,规则如下:任意选定一个绕行回路的方向(称为绕行方向)。当支路电压的参考方向(参考极性)与回路的绕行方向一致时,该电压前面取"+"号;当支路电压的参考方向(参考极性)与回路的绕行方向相反时,该电压前面取"-"号。

视频
基尔霍夫电压定律

如图 1-22 所示的电路,对回路 Ⅰ 选择顺时针方向为绕行方向,对回路 Ⅱ 选择逆时针方向为绕行方向,电路元件的电压参考极性如图所示,绕行方向用虚线和箭头表示。

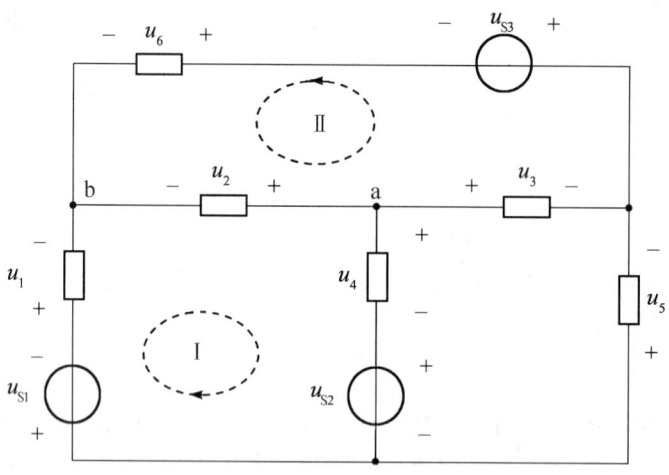

图 1-22 基尔霍夫电压定律说明图

对回路 Ⅰ,根据基尔霍夫电压定律得

$$u_{S1} + u_1 - u_2 + u_4 + u_{S2} = 0 \tag{1-14}$$

即

$$u_2 = u_{S1} + u_1 + u_4 + u_{S2} \tag{1-15}$$

对回路 Ⅱ,根据基尔霍夫电压定律得

$$u_{S3} + u_6 - u_2 + u_3 = 0 \tag{1-16}$$

即

$$u_2 = u_{S3} + u_6 + u_3 \tag{1-17}$$

由式(1-15)和式(1-17)看出,在图中由 a 点出发到 b 点,经路径 a—u_2—b、路径 a—u_4—u_{S2}—u_{S1}—u_1—b 和路径 a—u_3—u_{S3}—u_6—b 产生的电压值相等,这说明基尔霍夫电

压定律反映了任意两点间的电压与路径无关这一性质。

例 1-5　如图 1-23 所示电路中，已知 $u_1 = (2+7t)\mathrm{V}$，$u_4 = (-4+\sin t)\mathrm{V}$ 和 $u_5 = (3+\mathrm{e}^{-t})\mathrm{V}$，求 u_2 和 u_3。

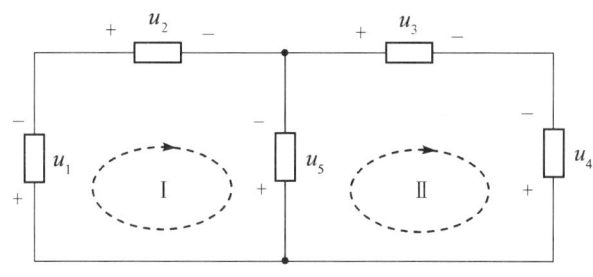

图 1-23　例 1-5 图

解　由电路图知，支路数 $p = 3$，结点数 $n = 2$，所以独立回路数 $m = p - n + 1 = 2$，选择如图中所示的两个独立回路，支路的电压参考方向和回路绕行方向如图 1-23 所示。

对回路 Ⅰ 和 Ⅱ 分别应用 KVL，得

$$u_1 + u_2 - u_5 = 0 \qquad ①$$
$$u_3 - u_4 + u_5 = 0 \qquad ②$$

由方程 ① 得

$$u_2 = u_5 - u_1 = (1 + \mathrm{e}^{-t} - 7t)\mathrm{V}$$

由方程 ② 得

$$u_3 = u_4 - u_5 = (\sin t - \mathrm{e}^{-t} - 7)\mathrm{V}$$

三、基尔霍夫定律的应用举例

前面我们对基尔霍夫定律进行分析时，并没有对电路中的元件特性等进行特殊限制，这说明两个定律适用于所有元件，可以很好地解决复杂电路的分析、计算和设计等问题。由于基尔霍夫电流定律和电压定律分别体现的是电荷守恒定律和任意两点间的电压与路径无关的性质，而电荷守恒定律和任意两点间的电压与路径无关的性质对所有电磁场（包括时变和非时变场）都成立，这说明基尔霍夫定律对所有电路都适用。它是解决电路问题的基础。

视频
验证基尔霍夫定律

在应用两个定律时，可以参照以下步骤：

（1）对各结点和支路编号，找到结点并数出结点个数 n，然后对各支路给出电流的参考方向，应用 KCL 列出其中任意 $(n-1)$ 个独立的结点方程。

（2）数出支路个数 p，应用 $m = p - n + 1$ 求出独立回路数，然后对各支路电路元件指定电压的参考方向，选择利于解决问题的独立回路并指定绕行方向，应用 KVL 列出 $m = p - n + 1$ 个独立的回路方程。

（3）对所列的方程联立求解。

可以看出，对所有电路应用基尔霍夫定律，最多可以列出 $(n-1) + m = (n-1) + (p - n + 1) = p$ 个方程，当然解题时并不一定列出所有的方程。

下面我们通过几个例题进一步体会这两个定律的应用。

例 1-6 如图 1-24 所示电路中，已知 $u_1 = u_3 = 1$ V，$u_2 = -3$ V，求 u_x 和 u_y。

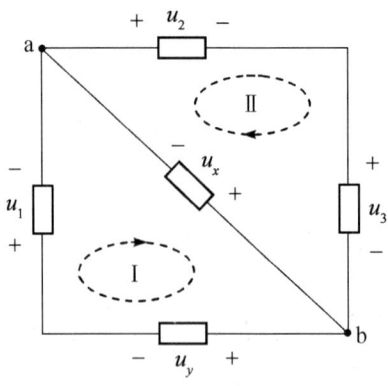

图 1-24 例 1-6 图

解 本例中共有 $n = 2$ 个结点，即结点 a、b；$p = 3$ 个支路，可以构成 3 个回路，但独立回路数 $m = p - n + 1 = 2$，选定如图 1-24 所示的两个回路 I 和 II，绕行方向如图所示。结合支路电压的参考方向与绕行方向的关系，我们可以列出两个回路的 KVL 方程。即

$$u_1 - u_x + u_y = 0$$
$$u_2 + u_3 + u_x = 0$$

可得

$$u_x = -u_2 - u_3 = 2 \text{ V}$$
$$u_y = u_x - u_1 = 1 \text{ V}$$

本例提示，若电路中有 m 个独立回路，我们只能列出 m 个独立的 KVL 方程。计算中一般选取元件较少的回路，这样计算往往简便。

下面介绍 KCL、KVL 的综合应用。

例 1-7 如图 1-25 所示电路为惠斯通电桥，这个电路可以用于测量电阻等，试推导电桥中电流计、电源和各臂电阻的关系。

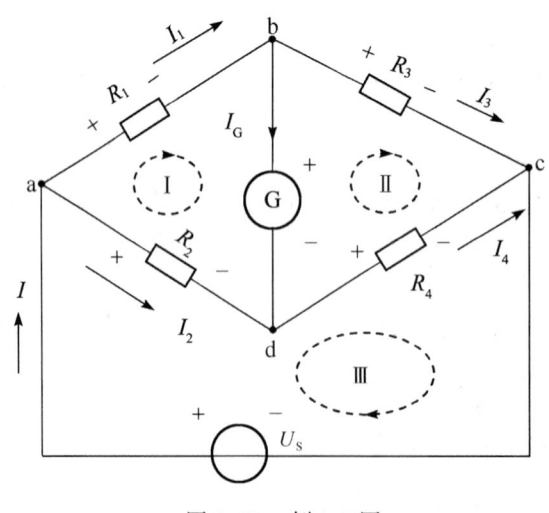

图 1-25 例 1-7 图

解 本例中共有 $n = 4$ 个结点，即结点 a、b、c 和 d；$p = 6$ 个支路，可以构成独立回路数 $m = p - n + 1 = 3$ 个，选定如图 1-25 所示的三个回路 I、II 和 III，绕行方向如图所示。

（1）结合结点，可以列出 $n-1=3$ 个独立的 KCL 方程，考虑支路电流的参考方向，可以列出 3 个结点 a、b、c 的 KCL 方程分别为

a：$I_1+I_2-I=0$

b：$-I_1+I_G+I_3=0$

c：$-I_3-I_4+I=0$

（2）本例中共有 $m=3$ 个独立回路，选定如图 1-25 所示的独立回路，结合绕行方向和支路电压的参考方向的符号关系，可以列出三个回路的 KVL 方程为

回路 Ⅰ：$I_1R_1+I_GR_G-I_2R_2=0$

回路 Ⅱ：$I_3R_3-I_4R_4-I_GR_G=0$

回路 Ⅲ：$-U_S+I_2R_2+I_4R_4=0$

上述 6 个方程联立解得

$$I_G=\frac{(R_2R_3-R_1R_4)U_S}{R_1R_3(R_2+R_4)+R_2R_4(R_1+R_3)+R_G(R_1+R_3)(R_2+R_4)}$$

容易看出，$I_G=0$ 的条件是

$$\frac{R_1}{R_2}=\frac{R_3}{R_4}$$

由于上述求解过程是可逆的，上式条件就成为电桥平衡的充分必要条件。这个条件可以用来精确地测量电阻。由于电流计的灵敏度很高，电桥微小的不平衡都会被测量出来，如果我们把其中一臂的电阻，比如 R_3 换成未知电阻 R_x，通过调整电桥其余三臂的阻值，即可实现平衡。此时 $I_G=0$，有

$$\frac{R_1}{R_2}=\frac{R_x}{R_4}$$

即

$$R_x=\frac{R_1}{R_2}R_4$$

从而得到未知电阻 R_x 的阻值。由于上式的平衡条件与电源无关，对电源的要求不高，不像万用表那样在测量过程中会因为电源使用的原因造成测量误差。

由此例可知，在电路工程中，基尔霍夫定律对电路的分析和设计具有重要的指导意义。

单元小结

（1）电路理论是建立在理论模型基础上的，电路模型是从实际电路中抽象出来的理想化模型。构成电路模型的电路元件是在一定条件下抽象出来的足以反映实际元件电磁性质的理想器件，它把电路特性集总在一点，故被称为集总元件。模型化的目的是简化实际电路的分析和设计，电路进行模型化时要具体问题具体分析。

（2）在电路分析中，定义单位时间内流过元件的电荷量为该元件的电流。

$$i=\lim_{\Delta t\to0}\frac{\Delta q}{\Delta t}=\frac{\mathrm{d}q}{\mathrm{d}t}$$

元件上的电流实际方向、电流参考方向的关系与电流 i 的正负有关，如图 1-26 所示。

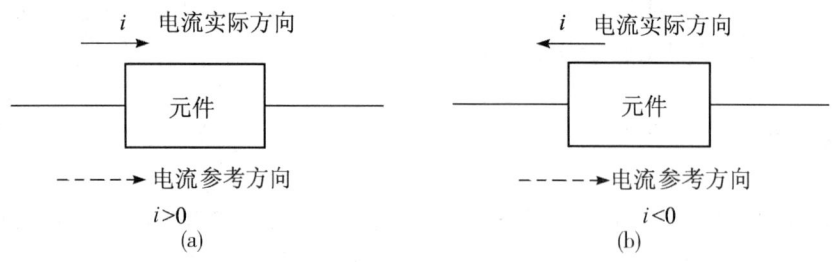

图 1-26　电流参考方向及实际方向关系图

（3）电路元件两端存在电位差，称为电压。电压的参考方向、实际方向的关系与电压 u 的正负有关，如图 1-27 所示。

图 1-27　电压参考方向及实际方向关系图

电压和电流的参考方向可以分别任意选取。电流参考方向与电压参考方向选择一致，称为关联选择；如果不一致，则称为非关联选择。

（4）电路一个重要的功能就是传输和分配能量。对电功率进行分析有助于提高能量传输效率和合理地在电路中分配功率。电路元件的即时功率 $p(t)$ 与 t 时刻的电压和电流密切相关：

$$p(t) = u(t)i(t)$$

如果电流和电压的参考方向为关联选择，$i(t)$ 和 $u(t)$ 相乘表示元件吸收功率，$p(t) > 0$，元件吸收电能，$p(t) < 0$，元件释放电能。如果是非关联选择，$p(t) > 0$，元件释放电能，$p(t) < 0$，元件吸收电能。

（5）基尔霍夫电流定律（KCL）是关于结点的方程，它指出：任一瞬间，流入电路任一结点的电流等于从该结点流出的电流。还可以描述为：任一瞬间电路中流出任一结点的各支路电流代数和为零，其数学表述为

$$\sum i = 0$$

基尔霍夫电流定律不仅适合于电路中任一结点，也适合于电路中的任一闭合面。闭合面可以等效为一个结点，有

$$\sum i_n = 0$$

基尔霍夫电压定律（KVL）是关于回路的方程，它指出：任一瞬间沿电路中任一闭合回路的各支路电压的代数和为零，即

$$\sum u = 0$$

（6）基尔霍夫电流定律和电压定律分别体现的是电荷守恒定律和任意两点间的电压与路径无关的性质，说明基尔霍夫定律对所有电路都成立。它是解决电路问题的基础。在应用两个定律时参照以下步骤：

① 找到结点并数出结点个数 n，结合选定的电流参考方向，应用 KCL 可列出其中任意

$(n-1)$ 个独立的结点方程。

②数出支路个数 p,应用 $m=p-n+1$ 求出独立回路数,结合电压的参考方向和独立回路的绕行方向,应用 KVL 可以列出 $m=p-n+1$ 个独立的回路方程。

③对所列的方程联立求解。

④最多可以列出 $(n-1)+m=(n-1)+(p-n+1)=p$ 个方程,解题时并不一定列出所有的方程。

 单元练习

1. 如图 1-28 所示电路中,已知元件 a 的电压 $u_1=10$ V,吸收功率 $p_1=6$ W,元件 b 的电压 $u_2=15$ V,求元件 b 的功率。

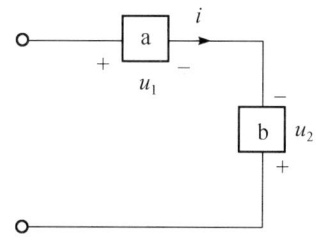

图 1-28

2. 如图 1-29 所示电路中,已知 $U_S=16$ V,$R=5\ \Omega$,$I_S=1$ A。

(1) 求电流源的端电压 U。

(2) 求各元件的功率。

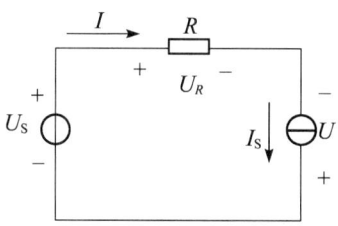

图 1-29

3. 如图 1-30 所示为某电路中的一条支路,试分别求 a、b、c 为参考点时各点的电压。

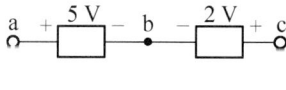

图 1-30

4. 在 1.5 V 的干电池上加上 200 Ω 的电阻时,通过电阻的电流为多少?

5. 一个 100 Ω、1 W 的电阻,在使用时电流、电压值不得超过多大?

6. 如图 1-31 所示,$R_1=10\ \Omega$,$R_2=15\ \Omega$,$R_3=6\ \Omega$,$R_4=8\ \Omega$,求这个支路的总电阻。

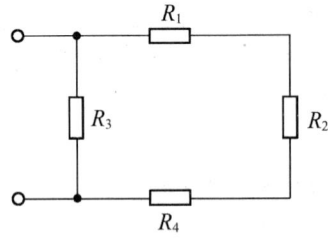

图 1-31

7. 有一电池,在外电阻为 4 Ω 时供给的电流为 0.2 A;如果外电阻改为 7 Ω,则电池供给的电流为 0.14 A。电池短路时将产生多大的短路电流?

8. 如图 1-32 所示,$R_1 = 2\ \Omega,R_2 = 4\ \Omega,R_3 = 6\ \Omega,U_1 = 10\ V,U_2 = 12\ V$。

(1) 电路中有多少支路?多少结点?多少回路?

(2) 流过 R_3 的电流是多少?

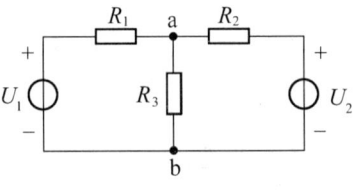

图 1-32

9. 在如图 1-33 所示电路中,每个二端口网络可能是负载,也可能是电源,参考方向如图所示。已知 $I = 2\ A,U_1 = 1\ V,U_2 = -3\ V,U_3 = 8\ V,U_4 = -4\ V$,试分析每个二端口网络的功率情况。

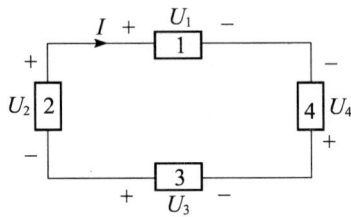

图 1-33

10. 如图 1-34 所示电路中,支路电流分别为 I_1,I_2 及 I_3,若已知 $U_1 = 40\ V,U_2 = 35\ V$,$R_1 = 2\ \Omega,R_2 = 1\ \Omega,R_3 = 20\ \Omega$,求各支路电流。

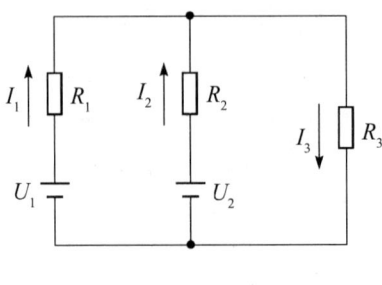

图 1-34

11. 如图 1-35 所示,在已选定的电压参考方向下,$U_1 = 40\ V,U_2 = -35\ V$。试求 U_{ab},U_{ba},U_{cd},U_{dc} 各为多少。

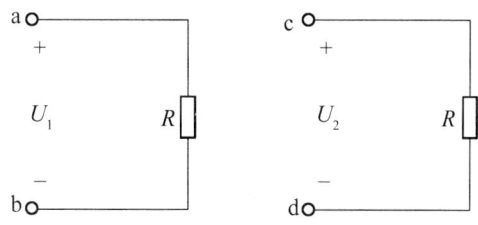

图 1-35

12. 当某元件的电压方向一定时，其电流可表示为 $I = 2$ A 或 $I = -2$ A。试问这两种表示方式有何不同？

13. 图 1-36 中若以 c 为参考点，各点电位 φ_a，φ_b，φ_c，φ_d 和电压 U_{ab}，U_{bc}，U_{cd} 各为多少？将参考点改为 d 点再求上述各量。已知 $R_1 = R_4 = 2$ Ω，$R_2 = R_3 = 1$ Ω。

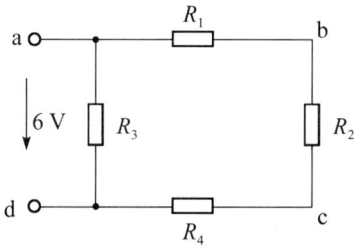

图 1-36

14. 试述基尔霍夫定律的内容，说明其应用条件和范围。

15. 如图 1-37 所示电路中，$I = 100$ mA，$R_1 = 10$ Ω，$R_2 = 20$ Ω，$R_4 = 100$ Ω，求 R_3 的阻值。

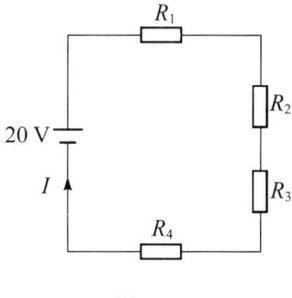

图 1-37

单元二
电阻电路及其分析方法

📀 单元导读

电阻是最简单最常用的电路元件,而电阻电路则是最基本的电路。本单元首先介绍电阻电路,然后阐述等效变换的概念,最后讨论简单的线性网络电路的分析方法。

📀 相关知识

知识点一　电路元件

构成电阻电路的元件主要包括电阻元件和电源元件,掌握这两种元件及其特性对电阻电路的分析非常重要。

一、电阻元件

电阻元件一般分为线性非时变、线性时变和非线性时变电阻元件,它们的伏安特性如图 2-1 所示。图 2-1(a) 表示线性非时变电阻元件,它是最简单的电阻元件,本单元我们主要讨论由该电阻元件构成的线性电阻电路。图 2-1(b) 和图 2-1(c) 描述的非线性电阻元件比较复杂,这里不做讨论。

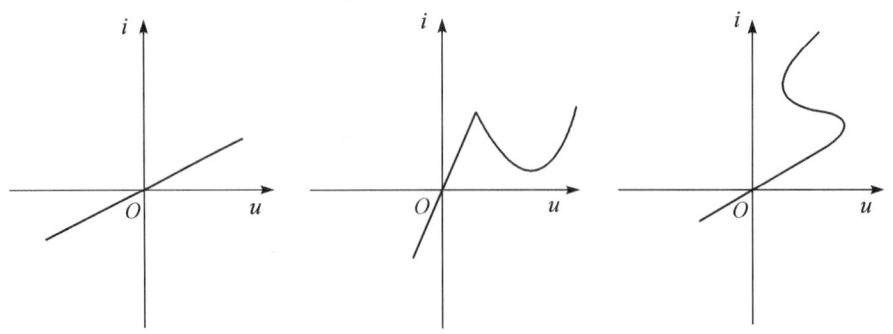

(a) 线性电阻的伏安特性曲线　(b) 隧道二极管的伏安特性曲线　(c) 充气二极管的伏安特性曲线

图 2-1　电阻元件的伏安特性曲线

线性非时变电阻元件简称线性电阻,是一种理想元件。当电压和电流取关联参考方向时,在任意时刻线性电阻两端的电压和电流满足欧姆定律为

$$u = Ri \tag{2-1}$$

式中,R 称为元件的电阻,它是一个正实数。在国际单位制中,电压和电流的单位分别为伏特(V) 和安培(A),电阻 R 的单位为欧姆(简称欧,用符号"Ω" 表示),$1\ \Omega = 1\ V/A$。

如果令 $G = \dfrac{1}{R}$,式(2-1) 变为

$$i = Gu \tag{2-2}$$

式(2-2) 为欧姆定律的另一种表示形式,式中 G 称为电阻元件的电导。电导的单位为西门子(简称西,用符号"S" 表示),$1\ S = 1\ A/V$。在这种表示形式下,线性电阻的伏安特性曲线如图 2-2 所示。在电路中,线性电阻的图形符号如图 2-3 所示。

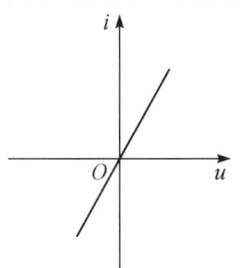

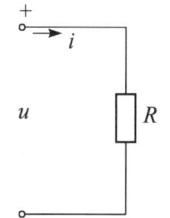

图 2-2   线性电阻的伏安特性曲线   图 2-3   线性电阻的图形符号

根据电功率的定义,电阻元件吸收的电功率为

$$p = ui = Ri^2 = \frac{u^2}{R} = Gu^2 \tag{2-3}$$

由于 R 和 G 都为正实数,i^2 和 u^2 总是正值,所以 $p > 0$。这表明电阻元件吸收功率,即电阻总是消耗电能,它是一个耗能元件。

工程上利用电阻消耗电能转化为热能的效应制成各种各样的电热器,如电熨斗、电饭锅等。但是,电阻元件的发热效应在实际中并不总是有利的,如组成计算机的电路元件发热,就要求使用风扇降温,否则会导致计算机不能正常工作。所以在设计电子电路时,有时必须考虑散热问题。

由于制作材料的电阻率与温度有关,实际电阻元件的电阻值总是随温度变化而变化,所以,实际电阻元件的伏安特性总存在非线性因素。但是,如果在一定条件下,实际电阻元件的伏安特性近似为一条直线,则可以在误差范围内把实际电阻用线性电阻来模型化。

思考题:如果电压和电流参考方向采用非关联选择,是否会影响电阻元件的耗能特性?

二、电源元件

实际电源向电路提供电能,如电池、发电机和信号源等。在电路分析中,要把实际电源进行模型化。电压源和电流源就是从实际电源中抽象出来的电路模型,它们是二端有源元件。

1. 电压源

最简单的线性电阻电路由电源和外电路两部分组成,如图 2-4 所示。如果实际电源两端开路,则电源输出电流为零,但电源两端存在电压,这个电压称为源电压(也称为电源的电动势),这里用 U_S 来表示,如图 2-5 所示。当电源与外电路连接形成闭合回路时,电路中将流过电流 i,但这时电源两端的电压也可能发生变化,这个电压称为路端电压,用 U 表示,如图 2-6 所示。

如果电源元件路端电压与流过的电流无关,即

$$u = u_S \tag{2-4}$$

则称这种电源为理想电压源,其图形符号如图 2-7(a) 所示。理想电压源具有以下两个特点。

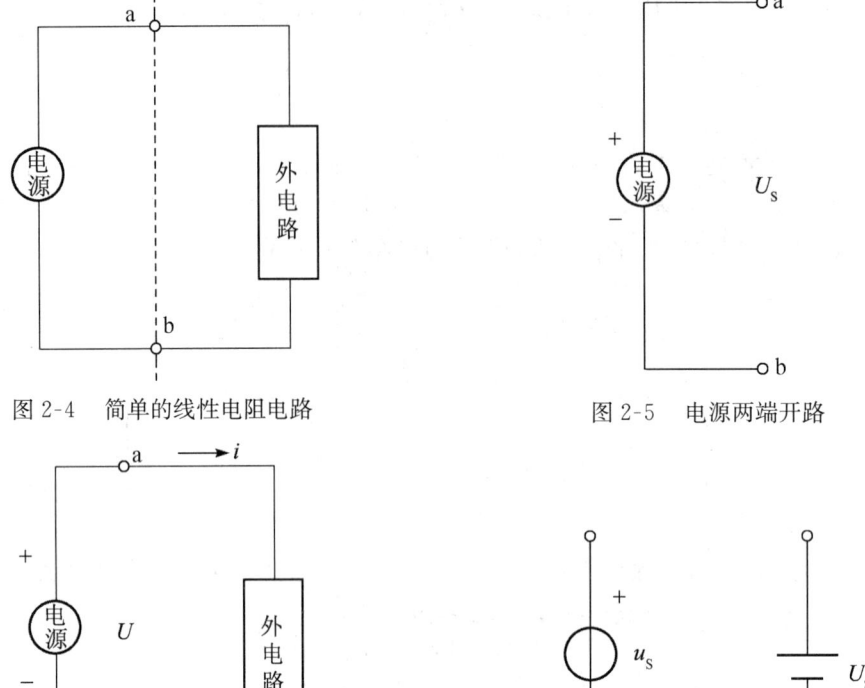

图 2-4 简单的线性电阻电路

图 2-5 电源两端开路

图 2-6 电源两端接外电路

图 2-7 电压源

(1) 理想电压源路端电压 u 与外接电路无关。

(2) 理想电压源的电流 i 随外接电路不同而改变。

当 u_S 为恒定值时,电压源又被称为恒定电压源,可以用图 2-7(b) 所示符号表示。其中长线端表示电源的"+"极端,电压值用 U_S 表示。

恒压源是从实际电源中抽象出来的一种理想电源。实际电源内部总存在一定的电阻,这个电阻被称为电源内阻,用 R_S 表示。电源内阻像其他电路元件一样,当电流流过时,电阻上要产生电压降,这导致实际电源的路端电压随着输出电流的增加而降低。实际上,当电源外接电路而构成闭合回路时,源电压 u_S、电流 i 和路端电压 u 满足下式:

$$u = u_S - R_S i \tag{2-5}$$

这个关系式称为含源电路欧姆定律。显然,当电源短路时,$u = 0$,$i = \dfrac{u_S}{R_S}$,电压全部降在电源内阻上。当电源开路时,$i = 0$,$u = u_S$,即路端电压等于源电压,这为实际工程测量源电压提供了一种参考方法。当 $R_S = 0$,即忽略电源内阻时,不论电流如何变化,$u \equiv u_S$,这就是前面提出的理想电压源。以上分析可以用伏安特性曲线来直观地表示,如图 2-8 所示。一个实际电源可以用一个理想电压源与一个电阻 R_S 串联而组成的电路模型来表示,如图 2-9 所示,称为电压源电路模型。

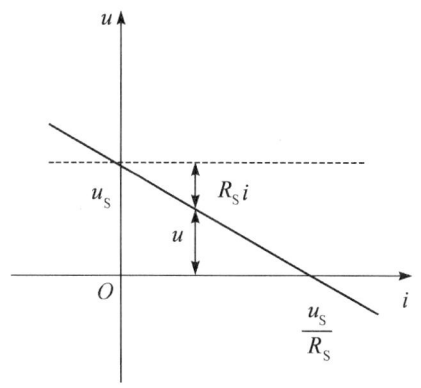

图 2-8　电压源的伏安特性曲线

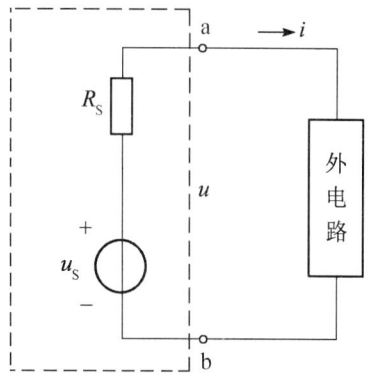

图 2-9　电压源电路模型

2. 电流源

　　电流源是另一种电源模型。如果实际电源两端短路,则路端电压为零,但电源输出最大电流,这个电流称为源电流,这里用 i_S 来表示,如图 2-10 所示。当电源与外电路连接形成闭合回路时,路端电压为 u,电路中流过电流 i,如图 2-11 所示。

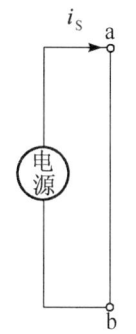

图 2-10　电源两端短路

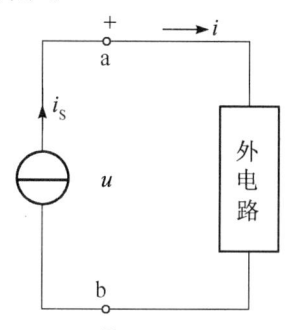

图 2-11　电源两端接外电路

　　如果电源元件输出的电流与路端电压无关,即

$$i = i_S \tag{2-6}$$

则称这种电源为理想电流源,其图形符号如图 2-12 所示。理想电流源具有以下两个特点:

　　(1) 理想电流源输出的电流 i 与外接电路无关。

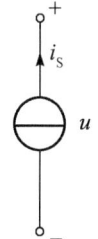

图 2-12　理想电流源

　　(2) 理想电流源的路端电压 u 随外接电路不同而改变。

　　当 i_S 为恒定值时,电流源又被称为恒定电流源。恒流源是从实际电源中抽象出来的一种理想电源。实际上,电源内部总存在一定的内电导,称为电源的内电导,用 G_S 表示。电源内电导在路端电压作用下产生一个内部电流,这导致实际电源的输出电流随着路端电压增加而降低。当电源外接电路而构成闭合回路时,源电流 i_S、电流 i 和路端电压 u 满足下式:

$$i = i_S - G_S u \tag{2-7}$$

显然,一个实际电源可以用一个理想电流源与一个内电导 G_S 并联而组成的电路模型来表示,如图 2-13 所示,称为电流源电路模型。其伏安特性曲线如图 2-14 所示。

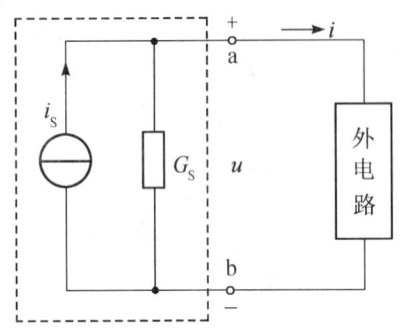

图 2-13 电流源电路模型   图 2-14 电流源的伏安特性曲线

最后指出,电压源模型和电流源模型都是实际电源的抽象模型。一个实际电源究竟应该采用什么模型,可根据它的外部电压或电流特点来确定。一般来说,一个实际电源既可以采用电压源模型表示,又可以采用电流源模型表示,两者可以进行等效互换。有些常见电源(如干电池、发电机等),其工作机理比较接近于电压源,一般采用电压源模型来表示,而光电池等实际电源比较接近于电流源,一般采用电流源模型来表示。

知识点二　　简单电阻电路分析

构成电路的无源元件均为线性电阻元件的电路称为简单电阻电路。如果电压源或者电流源为直流电源,这类电路也称为直流电路。电阻电路是电路中最简单的电路,电阻电路分析是电路分析的基础。

一、电阻的串联及分压原理

线性电阻是一个二端元件,如果将 n 个电阻 $R_1, R_2, \cdots, R_i, \cdots, R_n$ 一个一个连接起来,在第一个电阻的始端和最后一个电阻的末端之间加上电源,这种连接方式称为电阻串联,形成的电路称为电阻串联电路。这种电路的突出特点有两个:一是通过串联电路各个电阻的电流相同;二是路端电压按比例分配于各个电阻之上,即电阻具有分压作用,各个电阻上电压的代数和等于路端电压。这两点很容易由基尔霍夫定律推出。

图 2-15(a) 所示电路表示 n 个电阻 $R_1, R_2, \cdots, R_i, \cdots, R_n$ 组成的串联电路。图 2-15(b) 为其等效电路。当电压和电流参考方向取关联选择时,由 KVL,有

$$u = u_1 + u_2 + \cdots + u_i + \cdots + u_n \tag{2-8}$$

视频
串联电路和并
联电路

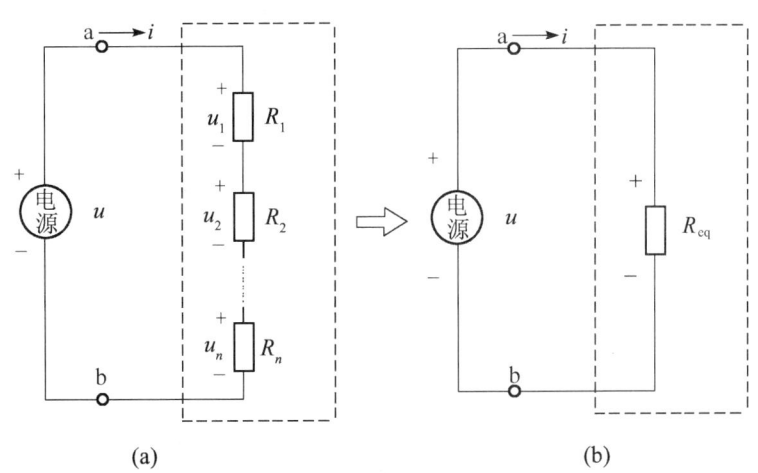

图 2-15　电阻的串联及其等效变换

由于回路单一,流过各个电阻的电流相等,有

$$i = i_1 = i_2 = \cdots = i_i = \cdots = i_n \tag{2-9}$$

对各个电阻应用欧姆定律,有

$$u_1 = R_1 i, \ u_2 = R_2 i, \ \cdots, \ u_i = R_i i, \ \cdots, \ u_n = R_n i \tag{2-10}$$

代入式(2-8),得到

$$u = (R_1 + R_2 + \cdots + R_i + \cdots + R_n)i = R_{eq} i \tag{2-11}$$

式中,R_{eq} 为等效变换后电阻,它是所有串联电阻之和。

将式(2-10)代入式(2-9),有

$$\frac{u_1}{R_1} = \frac{u_2}{R_2} = \cdots = \frac{u_i}{R_i} = \cdots = \frac{u_n}{R_n} = \frac{u}{R_{eq}} \tag{2-12}$$

这就是串联电阻电路的分压公式。此式表明:在串联电阻电路中每个电阻上的电压与其电阻大小成正比,称为串联电阻电路的分压原理。

例 2-1　如图 2-16 所示的电路是一个串联分压电路,$R = 1 \ k\Omega$,电位器 $W = 2 \ k\Omega$,路端输入电压 $u_1 = 9 \ V$,求输出端 u_2 的变化范围。

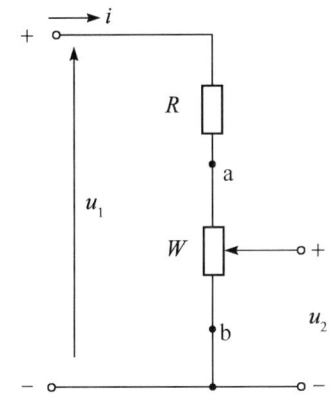

图 2-16　可调分压电路

解　电位器 W 是一个可变电阻器,当滑动端移到 a 端时,电位器的全部电阻对分压有贡献,输出分压最大。

$$u_2 = \frac{u_1}{R+W} \cdot W = 6 \text{ V}$$

当滑动端移动到 b 端时,此时输出端无分压电阻对应,输出最小电压。

$$u_2 = 0 \text{ V}$$

因此,调节电位器时,可以实现输出端电压在 $0 \sim 6$ V 变化。

这个例子说明,利用可变电阻分压可以设计出连续可调的分压器。

例 2-2 已知一个测量直流的表头(电流计)如图 2-17 所示,满偏电流为 I_{gm},表头内阻为 R_g,若将其改装成可测量程(最大可测电压)为 U_m 的直流电压表,如图 2-18 所示,求需串入的电阻 R。

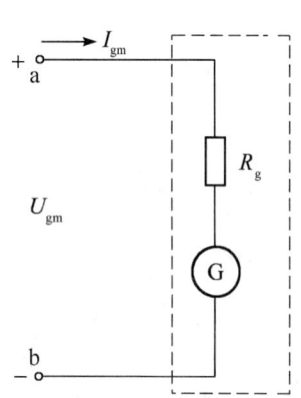

图 2-17 改装前的表头电路模型

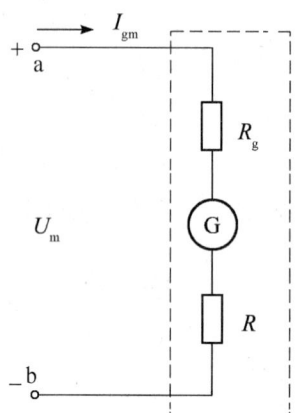

图 2-18 改装后的电压表电路模型

解   当测量电压为最大电压(即量程)时,表头指针应指向满偏电流。表头在改装前,可以测量的最大电压为

$$U_{gm} = R_g I_{gm}$$

改装成电压表后,由于串入分压电阻 R,当表头指向满偏电流时,加在电压表测量端的电压为量程电压 U_m,此时流过的电流为满偏电流 I_{gm},有

$$\frac{U_m}{R_g + R} = I_{gm}$$

所以需要串入的分压电阻为

$$R = \frac{U_m}{I_{gm}} - R_g$$

假设表头 $I_{gm} = 100 \ \mu A$,$R_g = 2 \text{ k}\Omega$,则改装前只能测量最大电压 $U_{gm} = 0.2$ V。如果将其改装成 $U_m = 3$ V 的电压表,则需要串入分压电阻 $R = 28 \text{ k}\Omega$。

从这个例子可以看出,串联电阻的分压原理可以应用于电压表的改装。上面的例子是单量程电压表的设计,对于多量程电压表,设计原理类似。

思考题:如果用上面的表头设计一个 3 V 和 6 V 两个量程的电压表,应如何设计?

二、电阻的并联及分流原理

如果将 n 个电阻 $R_1, R_2, \cdots, R_i, \cdots, R_n$ 的一端连接在一个结点上,它们的另一端连接在另一个结点上,这种连接方式称为电阻并联。若在两个结点间加上电源,形成的电路称为电阻并联电路。这种电路的突出特点有两个:一是并联电路各个电阻上电压相同;二是电流按比例分配于各个电阻之上,即电阻具有分流作用,各个电阻上电流的代数和等于电路总电流。这两点可由基尔霍夫定律推出。

图 2-19(a) 所示电路表示 n 个电阻 $R_1,R_2,\cdots,R_i,\cdots,R_n$ 组成的并联电路,图 2-19(b) 为其等效电路。当电压和电流参考方向取关联选择时,对结点 a 应用 KCL,有

$$i = i_1 + i_2 + \cdots + i_i + \cdots + i_n \tag{2-13}$$

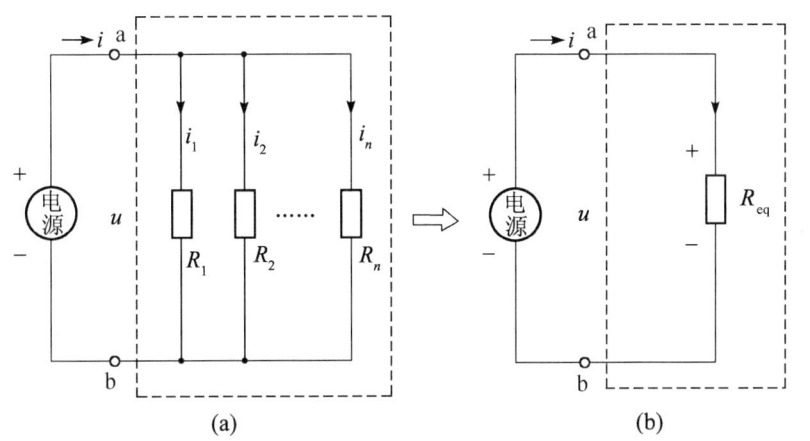

视频
电阻并联

图 2-19　电阻的并联及其等效变换

对于任意电阻,其上电压都为 a 点和 b 点间电位差,即各个电阻的电压相等,有

$$u_1 = u_2 = \cdots = u_i = \cdots = u_n = u \tag{2-14}$$

对各个电阻应用欧姆定律,有

$$u_1 = R_1 i_1, \; u_2 = R_2 i_2, \; \cdots, \; u_i = R_i i_i, \; \cdots, \; u_n = R_n i_n, \; u = R_{eq} i \tag{2-15}$$

将式(2-14) 和式(2-15) 代入式(2-13),得

$$\frac{u}{R_{eq}} = \frac{u}{R_1} + \frac{u}{R_2} + \cdots + \frac{u}{R_i} + \cdots + \frac{u}{R_n} \tag{2-16}$$

即电阻并联时,等效变换电阻与各个并联电阻满足

$$\frac{1}{R_{eq}} = \frac{1}{R_1} + \frac{1}{R_2} + \cdots + \frac{1}{R_i} + \cdots + \frac{1}{R_n} = \sum_{i=1}^{n} \frac{1}{R_i} \tag{2-17}$$

以电导 $(G = \frac{1}{R})$ 形式表示为

$$G_{eq} = G_1 + G_2 + \cdots + G_i + \cdots + G_n = \sum_{i=1}^{n} G_i \tag{2-18}$$

对于第 i 个电阻,由式(2-15) 容易得

$$i_i = \frac{R_{eq}}{R_i} i \tag{2-19}$$

这就是并联电阻电路的分流公式。此式表明,并联电阻电路中流过每个电阻的电流大小与其电阻大小成反比,称为并联电阻电路的分流原理。

例 2-3　直流电流表是由电流计改装而成的,如图 2-20 所示,假设一个电流计满偏电流 $I_{gm} = 100 \; \mu A$,$R_g = 2 \; k\Omega$,如果将其改装成 $I_m = 100 \; mA$ 的电流表,求需要并入的分流电阻 R。

解　如图 2-20(a) 所示，改装前电流计最大测量电流为 $I_{gm} = 100\ \mu\text{A}$，若要测量100 mA 的电流，可以采用并联电阻分流原理，如图 2-20(b) 所示。

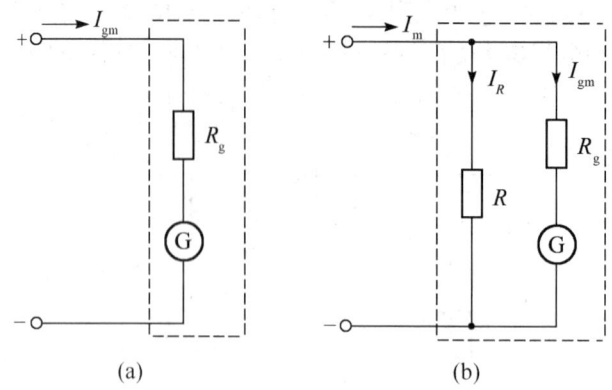

(a)　　　　　　　　　(b)

图 2-20　改装前的表头和改装后的电流表

当电流表量程为 $I_m = 100$ mA 时，有

$$I_m = I_{gm} + I_R$$

得

$$R = \frac{I_{gm}}{I_m - I_{gm}} R_g \approx 2.002\ \Omega$$

从这个例子可以看出，电流表并入的电阻要比电流计的内阻小很多，这是由分流原理决定的，即分流大小与其阻值成反比。

思考题：如果把上例表头改装成双量程直流电流表，量程分别为 10 mA 和 100 mA，将如何改装？

三、电阻的混联

当电阻的连接既有串联又有并联时，称为电阻混联。例如，如图 2-21 所示的梯形电路就是一种混联电路。

经过图示变换过程，得

$$R_{eq} = R_1 + \frac{R_2\left[R_3 + \dfrac{R_4(R_5 + R_6)}{R_4 + R_5 + R_6}\right]}{R_2 + \left[R_3 + \dfrac{R_4(R_5 + R_6)}{R_4 + R_5 + R_6}\right]}$$

由以上分析可以看出，虽然混联电路与串联电路或者并联电路相比略为复杂，但是它仍然具有串、并联的特点，可以根据串、并联原理进行等效变换，最终化为简单电路。

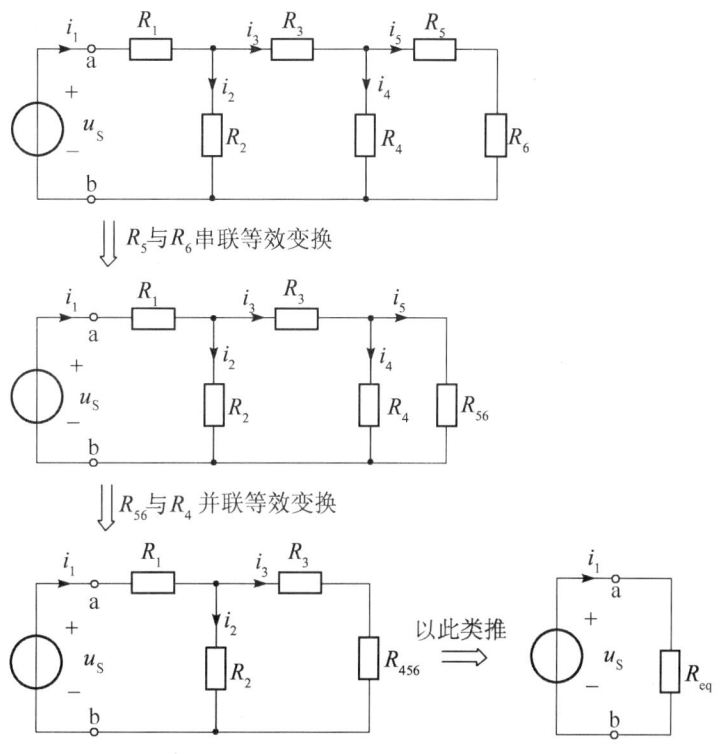

图 2-21　梯形混联电阻电路等效变换

知识点三　　电阻电路的等效变换

　　我们进行电路分析时,经常要用到等效变换。选取电路中的某一部分电路作为研究对象,这部分电路与其他部分电路通过端子进行连接,当被选取的部分电路变换成另一种连接形式时,各个端子处的电压和电流与变换前一致,则称选取电路部分的变换为等效变换。如图 2-22 所示等效电路,选中部分电路形式简化,可以很容易求出 i_1。等效变换的目的就是简化电路分析。

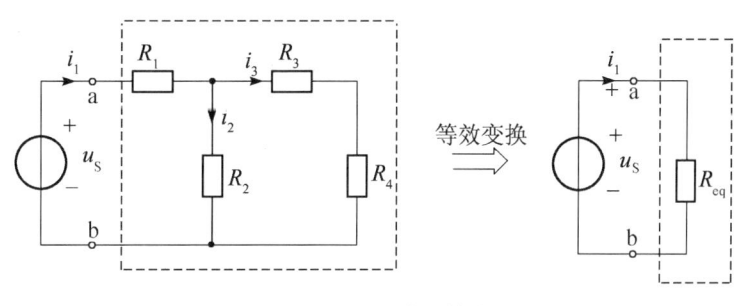

图 2-22　混联电路的等效变换

视频
电阻的星形与三角形连接及网络的等效变换

一、电阻的三角形、星形联结及等效变换

　　在电路分析中,有时会遇到复杂电路。如图 2-23(a) 所示桥接电路就是复杂电路,其中的电阻既不是串联也不是并联。图 2-23(a) 中所选部分电阻连接构成一个三角形,称为

△(三角形) 联结;图 2-23(b) 中所选部分电阻有一端接在一个公共点上,另一端分接到三个端子上,称为Y(星形) 联结。

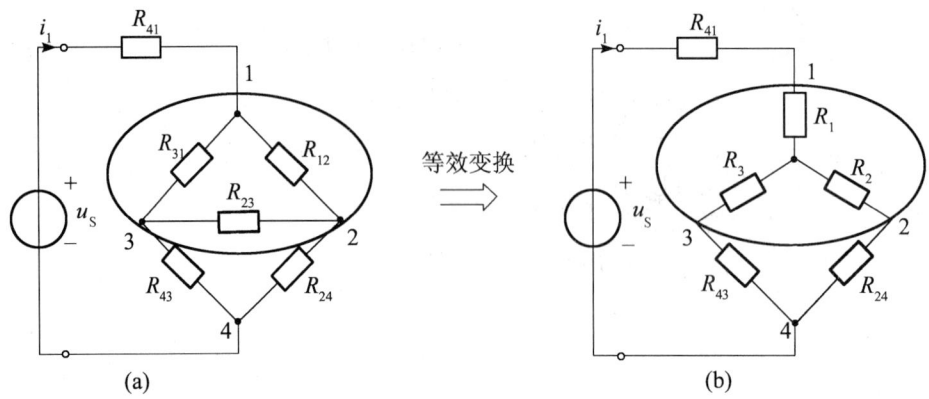

图 2-23　桥接电路 △ 联结 → Y联结等效变换

这类电路不能直接利用电阻串、并联原理进行化简。但是,假如我们求解含源支路的电流 i_1,可以将所选 △ 联结部分等效变换为Y联结,如图 2-23(b) 所示,整个电路将变为混联电路,可以很容易求出含源支路的电流 i_1。

下面将所选部分电路隔离分析。在图 2-24(a) 中 △ 联结有 3 个端子与整个电路的其余部分相接,所选部分对外部电路的影响表现为通过 3 个端子对外部电路提供电流和电位。如果变换后 3 个端子处的电流和电位与变换前一样,则对于外部电路来说,图 2-24(a) 和图 2-24(b) 效果一样,这种变换称为 △-Y等效变换。等效条件为:两个电路互换时,必须使电路没有参加变换的部分的参量状态保持不变。

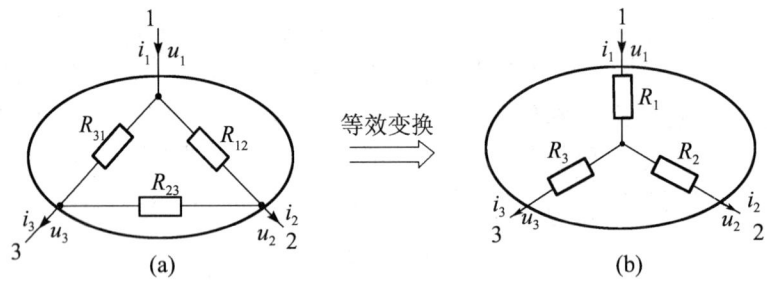

图 2-24　△-Y等效变换

应用等效条件和基尔霍夫定律可以求出图 2-24 所示变换中两种不同连接的对应电阻满足以下特定关系:

$$\left.\begin{array}{l} R_1 = \dfrac{R_{12}R_{31}}{R_{12}+R_{23}+R_{31}} \\[3mm] R_2 = \dfrac{R_{12}R_{23}}{R_{12}+R_{23}+R_{31}} \\[3mm] R_3 = \dfrac{R_{23}R_{31}}{R_{12}+R_{23}+R_{31}} \end{array}\right\} \qquad (2\text{-}20)$$

和

$$R_{12} = \frac{R_1R_2 + R_2R_3 + R_3R_1}{R_3}$$

$$R_{23} = \frac{R_1R_2 + R_2R_3 + R_3R_1}{R_1}$$

$$R_{31} = \frac{R_1R_2 + R_2R_3 + R_3R_1}{R_2}$$

$\qquad\qquad$ (2-21)

所以,互换公式归纳为

$$\text{Y联结电阻} = \frac{\triangle \text{联结相邻电阻的乘积}}{\triangle \text{联结电阻之和}} \qquad (2\text{-}22)$$

$$\triangle \text{联结电阻} = \frac{\text{Y联结电阻两两乘积之和}}{\text{Y联结不相邻电阻}} \qquad (2\text{-}23)$$

例 2-4　证明:在图 2-24 中进行 △-Y 等效变换时,只要两种电路中有一种电路对称,则变换后另一种电路也对称。

证　(1) 如果 △ 联结对称,$R_{12} = R_{23} = R_{31} = R_\triangle$,代入式(2-20),得

$$R_1 = R_2 = R_3 = \frac{1}{3}R_\triangle$$

即变换后的 Y 联结电路三个阻值相等,电路对称。

(2) 如果 Y 联结对称,$R_1 = R_2 = R_3 = R_Y$,代入式(2-21),得

$$R_{12} = R_{23} = R_{31} = 3R_Y$$

即变换后的 △ 联结电路三个阻值相等,电路对称。

例 2-5　试应用 △-Y 等效变换求解例 1-7 所示的电桥平衡条件。

解　如图 2-25(a) 所示,将所选三角部分做等效变换,如图 2-25(b) 所示。由式 (2-22) 得

$$R_a = \frac{R_1R_2}{R_1 + R_2 + R_g}$$

$$R_b = \frac{R_1R_g}{R_1 + R_2 + R_g}$$

$$R_c = \frac{R_2R_g}{R_1 + R_2 + R_g}$$

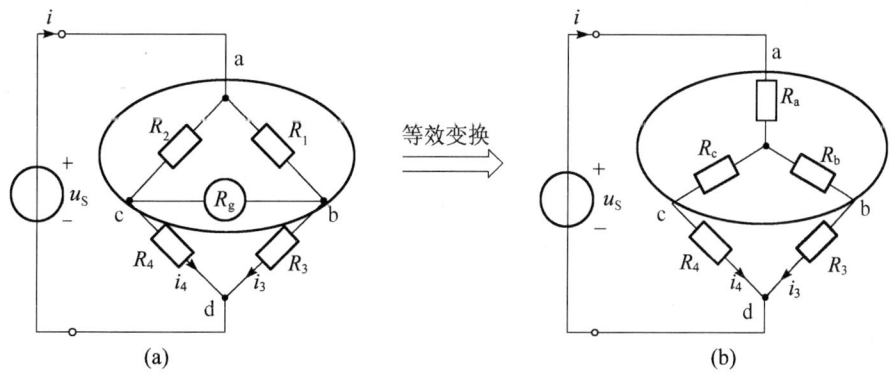

图 2-25　电桥平衡 △-Y 等效变换

由图 2-25(b),应用串、并联原理得

$$i = \frac{u_S}{R_a + \dfrac{(R_4 + R_c)(R_3 + R_b)}{R_4 + R_c + R_3 + R_b}}$$

$$i_3(R_3 + R_b) = i_4(R_4 + R_c)$$

$$i_3 + i_4 = i$$

所以
$$i_3 = \frac{R_4 + R_c}{R_4 + R_c + R_3 + R_b}i, \quad i_4 = \frac{R_3 + R_b}{R_4 + R_c + R_3 + R_b}i$$

若以 d 点为电位参照点,则

$$u_b = i_3 R_3$$

$$u_c = i_4 R_4$$

$$u_{bc} = i_3 R_3 - i_4 R_4 = \left(\frac{R_4 + R_c}{R_4 + R_c + R_3 + R_b} \cdot R_3 - \frac{R_3 + R_b}{R_4 + R_c + R_3 + R_b} \cdot R_4 \right) \cdot i$$

即
$$u_{bc} = \frac{R_c R_3 - R_4 R_b}{R_4 + R_c + R_3 + R_b} \cdot i$$

因为测量时 i 不能为零,若电桥平衡,$u_{bc} = 0$,则必有

$$R_c R_3 - R_4 R_b = 0$$

即
$$\frac{R_2 R_g R_3}{R_1 + R_2 + R_g} - \frac{R_1 R_g R_4}{R_1 + R_2 + R_g} = 0$$

平衡条件为

$$R_2 R_3 = R_1 R_4$$

此结果与例 1-7 结果一样,这充分说明了这种变换的合理性。

二、电压源与电流源电路的等效变换

在电路分析中,经常遇到多个电源连接的问题。如图 2-26(a) 所示的电压源串联,为了分析方便,可以把它们等效为一个电压源,图 2-26(b) 所示,等效电压源电压为

$$u_S = u_{S1} + u_{S2} + \cdots + u_{Si} + \cdots + u_{Sn} = \sum_{i=1}^{n} u_{Si} \qquad (2-24)$$

式(2-24) 中各个电压源的电压的参考方向与等效电压源电压的参考方向一致时,在其前面取"+",否则取"−"。

(a)

(b)

图 2-26　电压源的串联等效变换

容易看出,只有电压相等、极性一致的电压源才可以并联,否则违背基尔霍夫电压定律。并联的电压源等效电压为任一电压源电压,但向外电路输出的电流在各个电压源中的分配无法确定。

图 2-27(a) 所示为 n 个电流源的并联,可以把它们等效为一个电流源,如图 2-27(b) 所示,等效电流源电流为

$$i_S = i_{S1} + i_{S2} + \cdots + i_{Si} + \cdots + i_{Sn} = \sum_{i=1}^{n} i_{Si} \qquad (2\text{-}25)$$

式(2-25)中各个电流源的电流参考方向与等效电流源电流的参考方向一致时,在其前面取"+",否则取"−"。

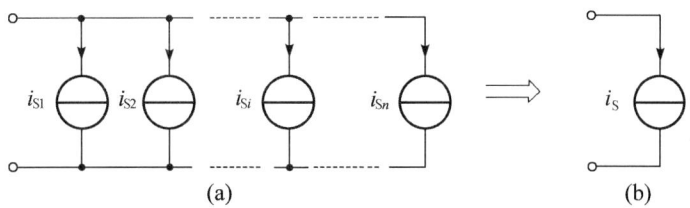

图 2-27 电流源的并联等效变换

容易看出,只有电流相等、方向一致的电流源才可以串联,否则违背基尔霍夫电流定律。串联电流源的等效电流为任一电流源电流,但向外电路输出的电压在各个电流源中的分配无法确定。

在电路分析中,有时需要将电压源和电流源进行等效变换。等效变换条件是:互换后必须保持电源对外电路的输出电流 i 和电压 u 相同。也就是说,这种等效变换是相对于外部电路等效的。前面已经分析得出电压源和电流源的输出电压和电流满足:

$$u = u_S - R_S i \quad \Rightarrow \quad i = \frac{u_S}{R_S} - \frac{1}{R_S} u$$

$$i = i_S - G_S u \quad \Rightarrow \quad u = \frac{i_S}{G_S} - \frac{1}{G_S} i$$

若两式等效,则

$$\begin{cases} i_S = \dfrac{u_S}{R_S} \\ G_S = \dfrac{1}{R_S} \end{cases} \qquad 或 \qquad \begin{cases} u_S = \dfrac{i_S}{G_S} \\ R_S = \dfrac{1}{G_S} \end{cases}$$

上式关系被称为两种电源对外电路等效关系。

例 2-6 如图 2-28(a) 所示的电压源电路,已知 $u_S = 10\ \mathrm{V}$,$R_S = 2\ \Omega$,试将其等效变换为电流源电路。

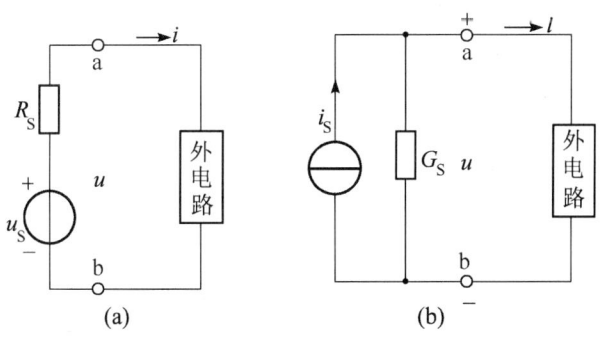

图 2-28 电压源与电流源等效变换

解 根据等效关系,变换为电流源后,电流源的源电流和并联电导应为

$$\begin{cases} i_S = \dfrac{u_S}{R_S} = \dfrac{10\ \text{V}}{2\ \Omega} = 5\ \text{A} \\[3mm] G_S = \dfrac{1}{R_S} = 0.5\ \text{S} \end{cases}$$

等效变换后的电流源电路如图 2-28(b) 所示。

例 2-7 如图 2-29(a) 所示电路,求电路中的电流 i。

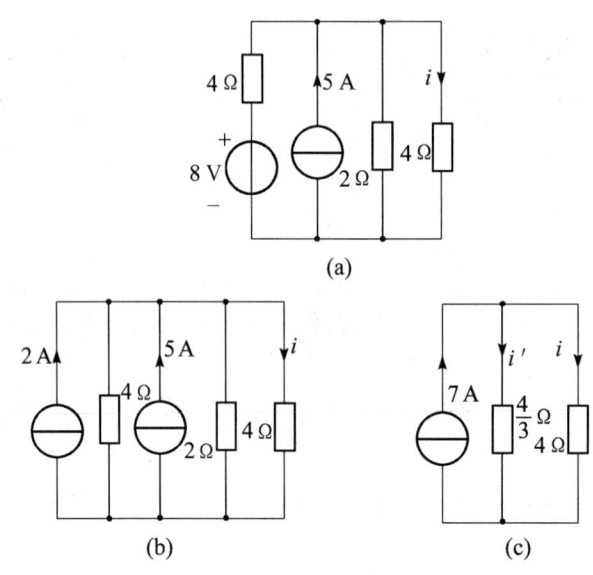

图 2-29 电路化简

解 考虑电源是并联,适合电流源模型,故将图 2-29(a) 的电压源等效变换为图 2-29(b) 的电流源。

$$\begin{cases} i_S = \dfrac{u_S}{R_S} = \dfrac{8\ \text{V}}{4\ \Omega} = 2\ \text{A} \\[3mm] G_S = \dfrac{1}{R_S} = \dfrac{1}{4\ \Omega} = 0.25\ \text{S} \end{cases}$$

应用电流源和电阻并联原理,图 2-29(b) 进一步等效变换为图 2-29(c)。

$$i_S = i_{S1} + i_{S2} = 2\ \text{A} + 5\ \text{A} = 7\ \text{A}$$

$$R_S = \frac{4\ \Omega \times 2\ \Omega}{4\ \Omega + 2\ \Omega} = \frac{4}{3}\ \Omega$$

最后,应用并联分流原理求得

$$i + i' = 7\ \text{A}$$

$$\frac{4}{3} i' = 4i$$

$$i = \frac{7}{4}\ \text{A}$$

从本例看出,在进行电源等效变换时,要考虑电源的连接方式,再选择变换方式。

思考题: 电压源和电流源等效变换后,对电源内部来说是否也等效?

三、电源供电及输出最大功率条件

当电源与负载电阻组成闭合回路后,对于理想电压(或电流)源,由于其输出的端电压(或电流)不变,当负载 $R \to 0$(或 $R \to \infty$)时,将导致电源输出无穷大电功率。但对于实际电源,由于电源内部存在内电阻或内电导,不可能出现这种情况。下面以电压源为例讨论实际电源向负载供电的问题。

如图 2-30 所示,电压源存在内电阻 R_S,如果电源选定,则电源向负载供电满足:

$$p_{出} = i^2 R = \left(\frac{u_S}{R_S + R}\right)^2 R \tag{2-26}$$

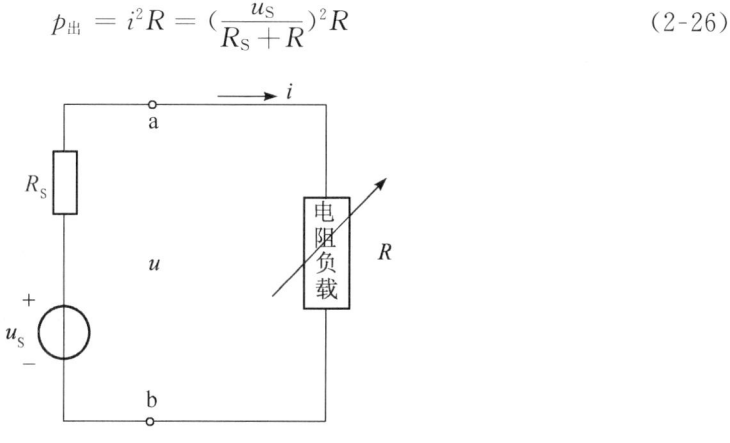

图 2-30　电源向负载供电

由式(2-26)容易看出,如果电源选定,电源输出功率将随外电路负载阻值变化而变化。当 $R = 0$,即短路时,$p_{出} = 0$。当 $R \to \infty$,即开路时,$p_{出} \to 0$。这些结果和理想电源输出结果截然不同。将式(2-26)变形为

$$p_{出} = \left(\frac{u_S}{R_S + R}\right)^2 R = \frac{u_S^2}{\left(\frac{R_S}{\sqrt{R}} + \sqrt{R}\right)^2} = \frac{u_S^2}{\left(\frac{R_S}{\sqrt{R}} - \sqrt{R}\right)^2 + 4R_S} \leqslant \frac{u_S^2}{4R_S}$$

当 $R = R_S$ 时,上面的等式成立,即电源向负载输出最大功率。

知识点四　　简单的受控电源电路分析

前面分析的电压源(电流源)的源电压(源电流)是由电源本身决定的,这类电源称为独立电源。但在电路分析中,经常遇到一些受控元件,如晶体三极管的基极电流可以控制集电极电流,其实质是用某一部分电路的电路变量来控制另一部分电路的电路变量。受控部分电路变量的变化会激励和它相连接的电路变量发生变化,这实际上起到了电源的作用,所以我们把这类受控元件称为受控电源。

一、受控电源概述

受控电源也分为受控电压源和受控电流源。受控电源一般有两对端子,一对为控制端,一对为受控端。因而,受控电源又因控制量和受控量分别是电压或电流而分为四种:电压控制电压源(VCVS)、电压控制电流源(VCCS)、电流控制电压源(CCVS)和电流控制电流源

(CCCS)。四种受控电源的图形符号如图 2-31 所示。

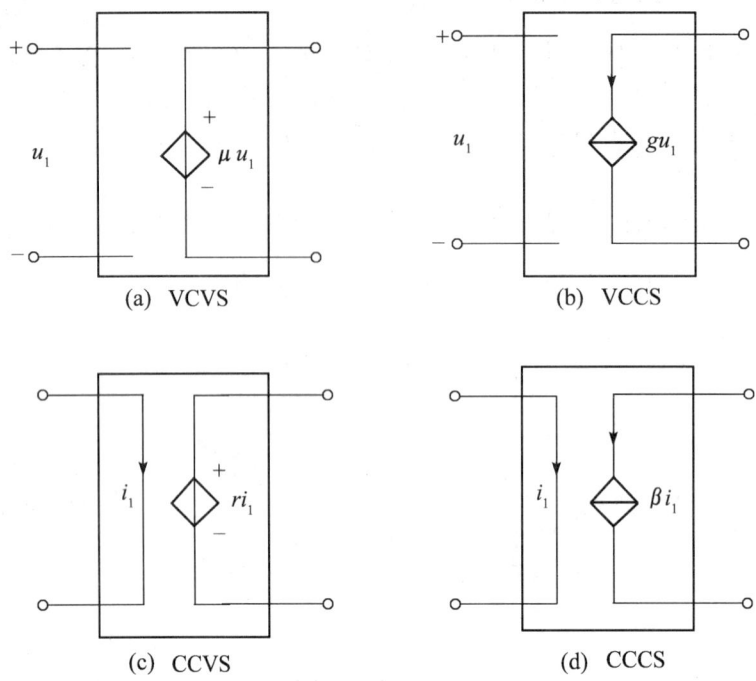

图 2-31　四种受控电源的图形符号

图 2-31 中用菱形符号区分独立电源与受控电源，u_1 和 i_1 分别表示控制端电压和电流。图 2-31(a) 表示电压控制电压源(VCVS)，控制系数 μ 为无量纲量；图 2-31(b) 表示电压控制电流源(VCCS)，当控制端电压为 u_1 时，输出端输出电流为 gu_1，控制系数 g 具有电导量纲；图 2-31(c) 表示电流控制电压源(CCVS)，当控制端电流为 i_1 时，输出端输出电压为 ri_1，控制系数 r 具有电阻量纲；图 2-31(d) 表示电流控制电流源(CCCS)，控制系数 β 无量纲。四种受控电源的控制系数一般都是常数，这样控制端与输出端满足线性关系，故这类受控电源也被称为线性受控电源，本书以后遇到的受控电源都是线性的。

二、简单电路分析

独立电源和受控电源虽然都是电源，但还是有区别的。主要表现在：独立电源是外界对电路的作用，激励整个电路；受控电源实质是电路中某部分电路参量控制另一部分电路参量。求解受控电源电路时，虽然可以像独立电源那样来化简，但是必须注意控制参量的影响。

例 2-8　如图 2-32 所示 VCVS 电路，已知理想电流源 i_S，受控电源控制端可变电阻为 R，输出端电压为 $u_2 = \mu u_1$，负载电阻为 R_L，试求解负载电流 i_L 与 i_S 的关系。

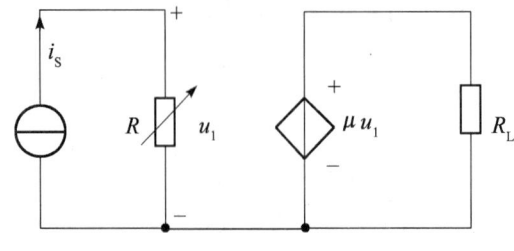

图 2-32　例 2-8 图

解　根据欧姆定律,有

$$u_1 = i_S R$$

根据 VCVS 控制原理,有

$$u_2 = \mu u_1 = \mu R i_S$$

再应用欧姆定律得

$$i_L = \frac{u_2}{R_L} = \frac{\mu i_S}{R_L} R$$

结果表明,负载电阻的电流与可变电阻 R 成正比,这充分说明受控电源要受到控制端电路参量的控制。另外,如果合理选择参量,可以使 $i_L > i_S$,从而可以实现电流放大。

例 2-9　如图 2-33 所示 CCCS 电路,已知控制电流端接信号源,输出端接负载电阻为 R_L,试求解输出电压 u_L 与信号电压 u_S 的关系。

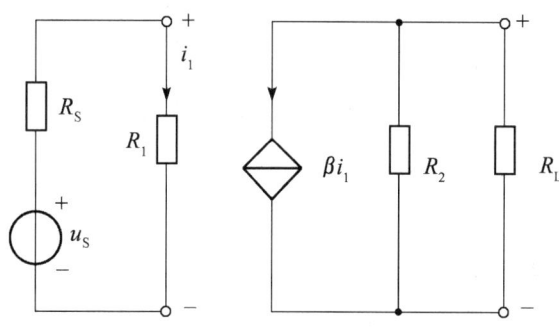

图 2-33　例 2-9 图

解　根据欧姆定律,有

$$u_S = i_1(R_1 + R_S)$$

根据 CCCS 控制原理和并联电路,有

$$\beta i_1 = -\left(\frac{u_L}{R_2} + \frac{u_L}{R_L}\right)$$

整理得

$$u_L = -\frac{\beta R_2 R_L}{(R_1 + R_S)(R_2 + R_L)} u_S$$

结果表明,负载电阻的电压 u_L 与 u_S 成正比,合理选择参量,可以使 $u_L > u_S$,从而可以实现电压放大。

例 2-10　如图 2-34 所示电路,已知 $u_S = 10$ V,$i_1 = 2$ A,$R_1 = 4.5$ Ω,$R_2 = 1$ Ω,求 i_2。

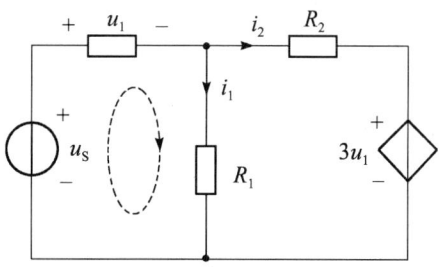

图 2-34　例 2-10 图

解　绕行方向如图所示,根据 KVL,有

$$-u_S + u_1 + i_1 R_1 = 0$$

根据 VCVS 控制原理和并联电路,有

$$3u_1 + i_2 R_2 = i_1 R_1$$

整理得

$$i_2 = \frac{4i_1 R_1 - 3u_S}{R_2} = 6 \text{ A}$$

知识点五　　线性网络电路及其分析方法

在实际电路分析中,会遇到一些复杂电路,这些电路往往包含多条支路和多个结点,几何结构复杂,呈网状分布,称为网络电路。由线性元件组成的网络电路称为线性网络电路。我们前面所接触的电路都属于线性网络电路。下面以线性网络电路为例介绍网络电路分析的一般方法 —— 网络分析法。

一、支路电流法

视频
线性网络电路
及其分析方法
—— 支路电流法

支路电流法就是以各支路电流作为未知量,直接应用基尔霍夫定律对网络进行求解。前面已经指出,如果网络电路包含 n 个结点、p 条支路,应用基尔霍夫电流和电压定律可以列出 p 个独立方程。如图 2-35(a) 所示电路,$n = 4$,$p = 6$,即有 6 个独立方程。

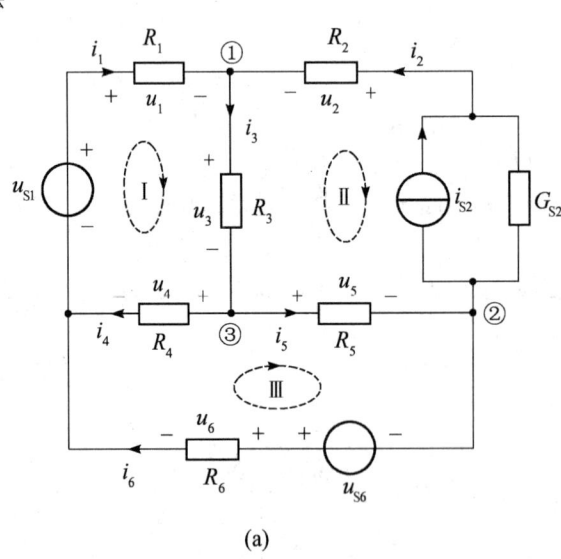

(a)

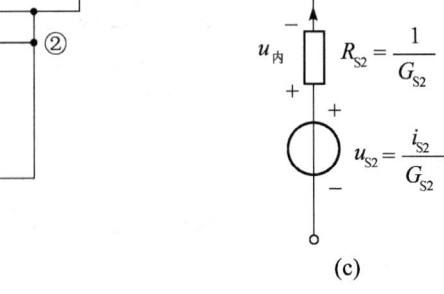

(b)

等效
变换

(c)

图 2-35　含源支路电流法

其中对独立结点 ①、②、③ 列出 3 个独立的 KCL 方程。

$$-i_1 - i_2 + i_3 = 0 \\ i_2 + i_6 - i_5 = 0 \\ -i_3 + i_4 + i_5 = 0 \left.\vphantom{\begin{matrix}1\\1\\1\end{matrix}}\right\} \tag{2-27}$$

在列 KVL 方程时，考虑回路 Ⅱ 包含电流源，可先将电流源等效变换为电压源，如图 2-35(b)、(c) 所示。对独立回路 Ⅰ、Ⅱ、Ⅲ 列出 3 个独立的 KVL 方程。

$$-u_{S1} + u_1 + u_3 + u_4 = 0 \\ -u_2 - u_{内} + u_{S2} - u_5 - u_3 = 0 \\ -u_4 + u_5 - u_{S6} + u_6 = 0 \left.\vphantom{\begin{matrix}1\\1\\1\end{matrix}}\right\} \tag{2-28}$$

如果对式(2-28)中的电阻元件应用欧姆定律，方程将变为以支路电流为参量的方程。

$$i_1 R_1 + i_3 R_3 + i_4 R_4 = u_{S1} \\ -i_2 R_2 - i_2 R_{S2} - i_5 R_5 - i_3 R_3 = -i_{S2} R_{S2} \\ -i_4 R_4 + i_5 R_5 + i_6 R_6 = u_{S6} \left.\vphantom{\begin{matrix}1\\1\\1\end{matrix}}\right\} \tag{2-29}$$

以上共 6 个方程，6 个支路电流，恰好求解。

例 2-11 如图 2-36 所示电路，求各支路电流。

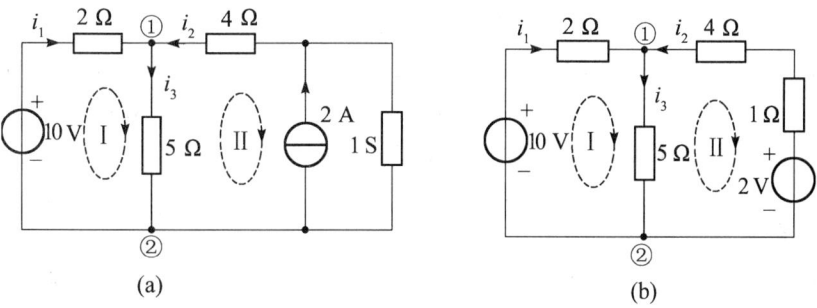

图 2-36 例 2-11 图

解 由于电路中存在电流源，先将其等效变换为电压源，如图 2-36(b)所示。图中共有 3 条支路，应用支路电流法解得

$$-i_1 - i_2 + i_3 = 0$$
$$2i_1 + 5i_3 = 10$$
$$-4i_2 - 1i_2 - 5i_3 = -2$$

解得：$i_1 = 2$ A，$i_2 = -0.8$ A，$i_3 = 1.2$ A。

本例中电流源电压和电流参考方向选择为非关联选择，$p = ui$ 表示释放电功率，题中电流源 $p = ui < 0$，表明电流源吸收电功率。本题结果可以通过第三个没有用到的回路进行校验，选回路方向为顺时针方向，有

$$-10 + 2i_1 - 4i_2 - 1i_2 + 2 = 0$$

将 i_1 和 i_2 结果代入，恰好满足方程，故答案正确。

支路电流法的理论依据就是基尔霍夫定律和电路元件的电压和电流关系(简称 VCR)。它是分析电路最基本的方法。

二、网孔电流法

如果把网络电路画在一个平面上，电路中的各条支路除连接点外不再交叉，称该电路为

平面网络电路。如图 2-37(a) 所示的电路就是一个平面网络电路,如果把电路的每条支路用一条线来表示,如图 2-37(b) 所示,图 2-37(b) 称为图 2-37(a) 电路的平面图。平面图突出了网络电路的空间几何结构,在网络电路分析中经常采用。

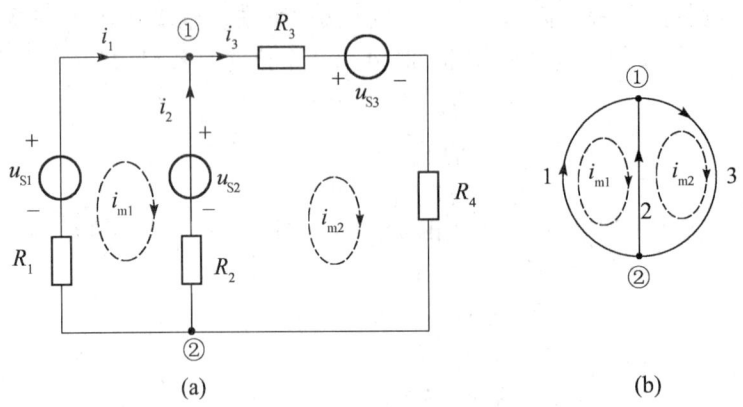

图 2-37　平面网络电路及网孔电流

对平面网络电路进行分析可以采用网孔分析法。所谓网孔,是指在平面图中由支路构成的一个闭合孔,在它限定的区域内不再有支路。在图 2-37(b) 中,支路(1,2)、(2,3) 围成的孔都是网孔,但是由支路(1,3) 围成的孔不是网孔。如果电路的支路数为 p,结点数为 n,则网孔个数为 $m = p - n + 1$,这和电路的独立回路数恰好相同。

网孔电流法是网孔分析法中一种常用的分析方法,但这种方法仅适合平面电路分析。它以网孔电流作为电路的独立变量建立方程,称为网孔方程。在图 2-37(a) 中,假想有 2 个电流 $i_{m1}(= i_1)$ 和 $i_{m2}(= i_3)$ 分别在两个网孔边界连续流动,这些假想电流称为网孔电流。由于支路 1 只有 i_{m1} 流动,故 $i_{m1} = i_1$;支路 3 只有 i_{m2} 流过,故 $i_{m2} = i_3$;但支路 2 由于网孔共用而不存在这种简单关系,i_{m1} 和 i_{m2} 都流过,故有 $i_2 = i_{m2} - i_{m1}$。这说明各支路电流和相关网孔电流存在代数和关系,只要求得网孔电流就可以求出各支路电流。在求解网孔电流时,由于网孔数和独立回路数恰好相等,而每一条独立回路都满足一个 KVL 方程,所以以网孔电流数和独立的 KVL 方程数相等。若以网孔电流为未知量,根据 KVL 列出全部网孔方程,然后求解,这种方法就称为网孔电流法。

对于图 2-37(a) 所示电路,网孔电流绕行方向如图所示,对两个网孔分别列出 KVL 方程,有

$$\left.\begin{array}{c} -u_{S1} + R_1 i_{m1} + u_{S2} - R_2 i_2 = 0 \\ i_2 R_2 - u_{S2} + R_3 i_{m2} + u_{S3} + R_4 i_{m2} = 0 \end{array}\right\} \qquad (2\text{-}30)$$

将式中电流都用网孔电流表示,整理后有

$$\left.\begin{array}{c} (R_1 + R_2) i_{m1} - R_2 i_{m2} = u_{S1} - u_{S2} \\ -R_2 i_{m1} + (R_2 + R_3 + R_4) i_{m2} = u_{S2} - u_{S3} \end{array}\right\} \qquad (2\text{-}31)$$

式(2-31) 可以写成线性方程组的形式:

$$\left.\begin{array}{c} R_{11} i_{m1} + R_{12} i_{m2} = u_{S11} \\ R_{21} i_{m1} + R_{22} i_{m2} = u_{S22} \end{array}\right\} \qquad (2\text{-}32)$$

式(2-32) 称为网孔电流方程。其中,$R_{11} = R_1 + R_2$,它是网孔 1 对应的所有电阻之和,称为网孔 1 的自阻。$R_{22} = R_2 + R_3 + R_4$,表示网孔 2 的自阻。而 R_{12} 和 R_{21} 分别表示网孔 1 和网孔 2 的互阻,$R_{12} = R_{21} = -R_2$。u_{S11} 和 u_{S22} 则分别表示网孔 1 和网孔 2 的全部电压源的代数

和,若绕行方向从"—"到"+",电压源取正号;反之则取负号。例如,本例中 $u_{S11} = +u_{S1} - u_{S2}$。

应用网孔电流法分析电路时,可按以下步骤进行:

(1) 在网孔中标明网孔电流及其参考方向。

(2) 依据 KVL 列出各个网孔方程。

(3) 求解方程得到网孔电流,并利用网孔电流与各支路电流关系求得各支路电流。

(4) 利用 VCR 求得各个电压。

例 2-12　如图 2-38(a) 所示电桥电路,试应用网孔电流法求解电桥平衡条件。

解　电路的平面图如图 2-38(b) 所示,在本例中,网络结点数 $n = 4$,支路数 $p = 6$,网孔个数为 $m = p - n + 1 = 3$,其中支路(2,4,6)、(1,2,5) 和(3,4,5) 围成网孔。

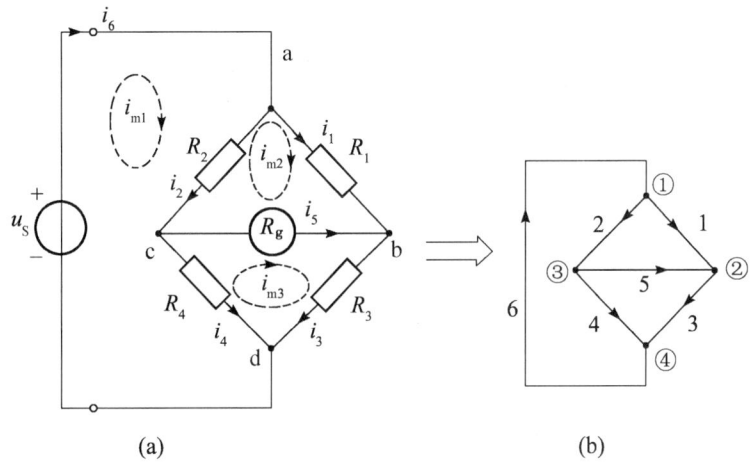

图 2-38　电桥电路及网孔电流

选择网孔电流和支路电流参考方向如图 2-38(a) 所示。以网孔电流为未知量,对 3 个网孔分别列出 KVL 方程,有

$$(R_2 + R_4)i_{m1} - R_2 i_{m2} - R_4 i_{m3} = u_S$$
$$-R_2 i_{m1} + (R_1 + R_2 + R_g)i_{m2} - R_g i_{m3} = 0$$
$$-R_4 i_{m1} - R_g i_{m2} + (R_3 + R_4 + R_g)i_{m3} = 0$$

在后两式中消去 i_{m1},得

$$[R_4(R_1 + R_2 + R_g) + R_2 R_g]i_{m2} = [R_4 R_g + R_2(R_3 + R_4 + R_g)]i_{m3}$$

考虑电桥平衡时,$i_5 = i_{m3} - i_{m2} = 0$,得到平衡条件为

$$R_1 R_4 - R_2 R_3$$

此结果和前面结果相同,说明解法正确。在本例中没有解出各个网孔电流,而是结合题中条件简化了运算过程,如果具体求解每个网孔电流,则很复杂。

例 2-13　用网孔电流法求解如图 2-39 所示电路各支路电流。

解　选择网孔电流和支路电流参考方向如图所示。以网孔电流为未知量,对 2 个网孔分别列出 KVL 方程,有

$$R_{11} = 1\ \Omega + 1\ \Omega = 2\ \Omega$$
$$R_{22} = 1\ \Omega + 2\ \Omega = 3\ \Omega$$
$$R_{12} = R_{21} = -1\ \Omega$$

$$u_{S11} = 5\ V(若绕行方向从"—"到"+",电压源取正号;反之则取负号)$$

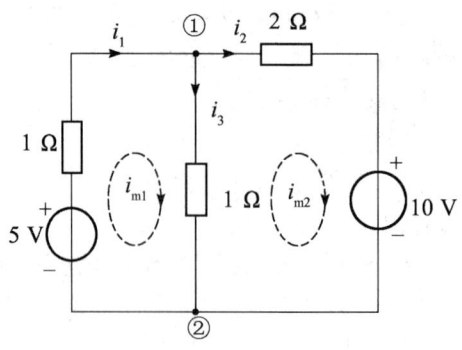

图 2-39　例 2-13 图

$$u_{S22} = -10 \text{ V}$$

故网孔电流方程为

$$\left.\begin{array}{r}2i_{m1} - i_{m2} = 5 \\ -i_{m1} + 3i_{m2} = -10\end{array}\right\}$$

解得

$$\left.\begin{array}{l}i_{m1} = i_1 = 1 \text{ A} \\ i_{m2} = i_2 = -3 \text{ A} \\ i_3 = i_{m1} - i_{m2} = 4 \text{ A}\end{array}\right\}$$

三、结点电压法

对网孔较少的网络电路,采用网孔电流法分析时,由于方程数较少会很简便。但对于网孔较多结点较少的电路,采用网孔电流法分析会变得复杂。对这种电路进行分析,一般采用结点电压法。结点电压法就是以各结点电压为变量来列写 KCL 方程,先求出各个结点电压,再求各支路电压的电路分析方法。

在电路中任选某一个结点为参照点,其他结点与此参照点之间的电压称为结点电压。显然,一个电路若有 n 个结点,则有 $n-1$ 个结点电压。由于任意支路都连接在两个结点上,所以支路电压就等于两个结点电压之差。如图 2-40(a) 所示电路,其中电路结点数为 3,支路数为 5。图 2-40(b) 为图 2-40(a) 的平面图。电路中结点和支路的编号及其参考方向均示于图中。

选结点 ⓪ 为电压参照点,用 u_{n1} 和 u_{n2} 分别表示结点 ① 和结点 ② 的结点电压。分别对结点 ① 和结点 ② 列写 KCL 方程,有

$$\left.\begin{array}{r}-i_1 - i_2 + i_3 = 0 \\ i_2 - i_3 + i_4 - i_5 = 0\end{array}\right\} \tag{2-33}$$

将支路电流分别用有关结点电压表示:

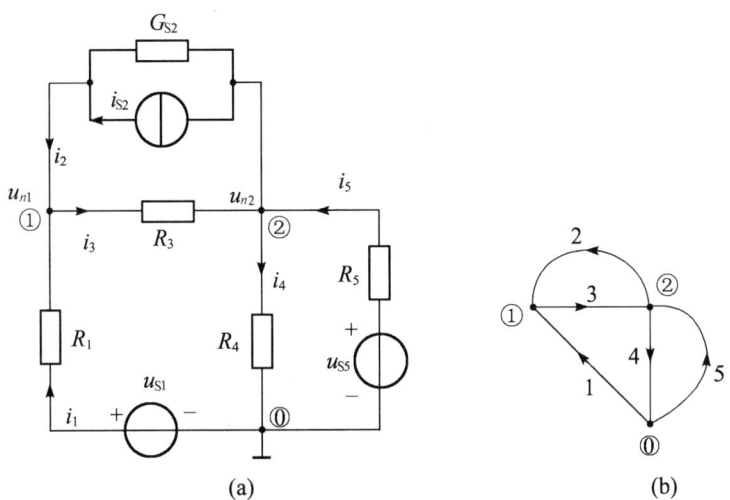

图 2-40   结点电压法

$$
\left.\begin{aligned}
i_1 &= \frac{u_{S1} - u_{n1}}{R_1} = G_1(u_{S1} - u_{n1}) \\
i_2 &= G_{S2}(u_{n2} - u_{n1}) + i_{S2} \\
i_3 &= \frac{u_{n1} - u_{n2}}{R_3} = G_3(u_{n1} - u_{n2}) \\
i_4 &= \frac{u_{n2}}{R_4} = G_4 u_{n2} \\
i_5 &= \frac{u_{S5} - u_{n2}}{R_5} = G_5(u_{S5} - u_{n2})
\end{aligned}\right\}
\tag{2-34}
$$

将支路电流表达式(2-34)代入式(2-33)并整理得

$$
\left.\begin{aligned}
(G_1 + G_{S2} + G_3)u_{n1} - (G_{S2} + G_3)u_{n2} &= G_1 u_{S1} + i_{S2} \\
-(G_{S2} + G_3)u_{n1} + (G_{S2} + G_3 + G_4 + G_5)u_{n2} &= G_5 u_{S5} - i_{S2}
\end{aligned}\right\}
\tag{2-35}
$$

式中,G_1,G_{S2},G_3,G_4 和 G_5 分别为支路 1,2,3,4 和 5 的电导。写成一般形式为

$$
\left.\begin{aligned}
G_{11}u_{n1} + G_{12}u_{n2} &= i_{S11} \\
G_{21}u_{n1} + G_{22}u_{n2} &= i_{S22}
\end{aligned}\right\}
\tag{2-36}
$$

式(2-36)称为结点电压方程。式中,$G_{11} = G_1 + G_{S2} + G_3$,$G_{22} = G_{S2} + G_3 + G_4 + G_5$,分别为结点 ① 和 ② 的自电导,它们总是正的,它等于连接于各结点的所有支路电导之和;$G_{12} = -(G_{S2} + G_3)$ 和 $G_{21} = -(G_{S2} + G_3)$ 分别为结点 ① 和 ② 之间的互电导,互电导总是负的,它等于连接于两结点间支路电导之和的负值;方程右方的 i_{S11} 和 i_{S22} 分别表示结点 ① 和 ② 的注入电流。注入电流等于流入结点的源电流的代数和,流入结点的源电流前面取"+"号,反之取"−"号。

从以上分析可见,结点电压法给出的结点方程很有规律,可以通过观察电路图列出结点方程,从而解得结点电压,并根据 VCR 求得各支路电流。

例 2-14   用结点电压法求解图 2-41 所示电路中两结点间电压。

解   图中只有两个结点,选定参照点 ⑩,设结点 ① 的结点电压为 u_{n1}。源电流和支路电流参考方向如图所示。以结点电压 u_{n1} 为变量,对结点 ① 列出结点方程,有

$$
G_{11}u_{n1} = i_{S11}
$$

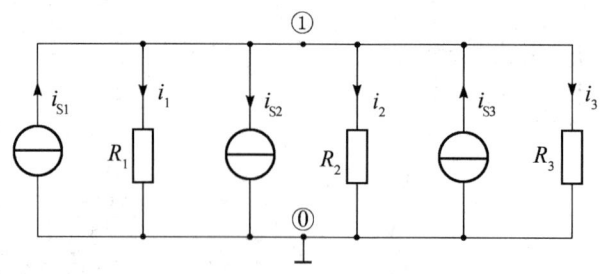

图 2-41　例 2-14 图

其中

$$G_{11} = \frac{1}{R_1} + \frac{1}{R_2} + \frac{1}{R_3}$$

$$i_{S11} = i_{S1} - i_{S2} + i_{S3}（流入结点的源电流前面取"+"，反之取"-"）$$

解得

$$u_{n1} = \frac{i_{S1} - i_{S2} + i_{S3}}{\dfrac{1}{R_1} + \dfrac{1}{R_2} + \dfrac{1}{R_3}} \tag{2-37}$$

　　本例题电路属于典型的网孔多结点少的电路，适合采用结点电压法求解。式(2-37)称为弥尔曼定理。弥尔曼定理表明，在多个电流源和多个电阻组成的电路中，两结点之间的电压等于流入高电位结点的电流源电流代数之和除以所有支路电阻倒数之和。这个例子如果用网孔电流法分析要复杂得多。

　　例 2-15　用结点电压法求解图 2-42 所示电路的结点电压。

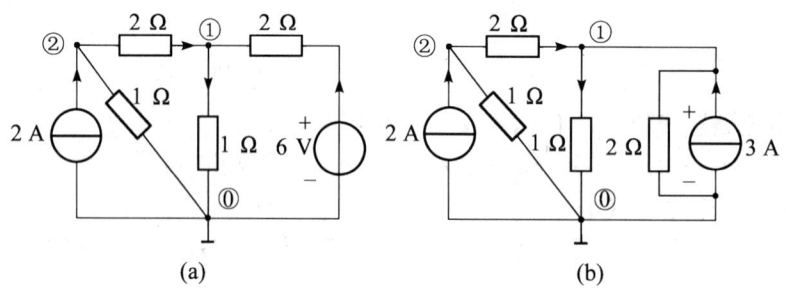

图 2-42　例 2-15 图

　　解　图 2-42(a)中有三个结点，选定参照点⓪，设结点①和②的结点电压分别为 u_{n1} 和 u_{n2}。源电流和支路电流参考方向如图所示。以结点电压 u_{n1} 和 u_{n2} 为变量，对结点列出结点方程。有

$$\left.\begin{array}{l} G_{11}u_{n1} + G_{12}u_{n2} = i_{S11} \\ G_{21}u_{n1} + G_{22}u_{n2} = i_{S22} \end{array}\right\}$$

其中

$$G_{11} = \frac{1}{2} + \frac{1}{1} + \frac{1}{2} = 2\ \text{S}$$

$$G_{12} = G_{21} = -\frac{1}{2}\ \text{S} = -0.5\ \text{S}$$

$$G_{22} = \frac{1}{2} + \frac{1}{1} = 1.5\ \text{S}$$

$$i_{S11} = 3 \text{ A(流入结点的源电流前面取"+")}$$
$$i_{S22} = 2 \text{ A}$$

解得

$$u_{n1} = u_{n2} = 2 \text{ V}$$

至此,对于线性网络电路的分析计算,我们介绍了支路电流法、网孔电流法和结点电压法,这些方法各有特点。就方程数目来说,支路电流法方程数为支路数 p,网孔电流法方程数为独立回路数 $m = p - n + 1$,结点电压法方程数为 $n - 1$(n 为结点数),三者以支路电流法方程数最多。支路电流法的理论依据是基尔霍夫定律和 VCR,易于理解,但要求支路电压以支路电流来表示,使该方法的应用受到一定限制,如对于单独由理想电流源组成的支路(无伴电流源),求解就需要另行处理。应用网孔电流法时,选取独立回路简便、直观,能减少方程数,但它仅适用于平面电路。结点电压法的优点是结点电压容易选择,不存在选取回路问题,尤其适合分析结点少、回路多的电路,但对于存在由理想电压源单独组成支路(无伴电压源)或受控电源时,需要另行处理。书中在求解电桥平衡问题时,选择了几种方法进行分析,读者可以自行体会。

电路分析方法各种各样,就基本原理来说都离不开基尔霍夫定律和 VCR。究竟选用哪种方法,往往要结合实际问题和具体电路来确定。

 **实践应用**

对电路分析的目的是更好地设计电路和在电路的各个部分合理地分配电能。理论与实践相结合非常重要。线性电阻电路是常见电路,下面我们结合实践对线性电阻电路的应用做简要介绍。

一、电路的工作状态

1. 开路

实践中经常要判定某一部分电路是否连通或者短接。当一个线性电阻元件的端电压不论为何值时,流过它的电流恒为零,则称其为开路,如图 2-43(a) 所示。开路时相当于电阻元件 $R = \infty$ 或 $G = 0$。开路电路的这种特性可用于判定电路是否连通或者元件是否损坏,如焊接电路时,可能出现虚焊,这时把焊点部分看作一个电阻元件,用万用表测量,若测得 $R = \infty$,则表示此处虚焊。

视频
电路的工作状态

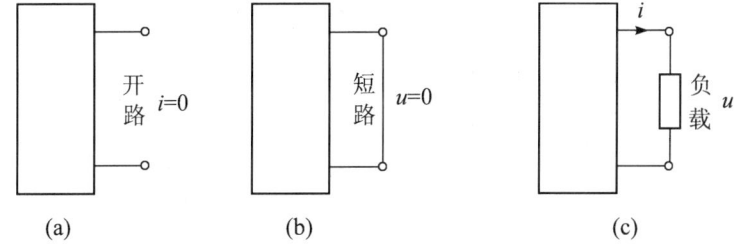

图 2-43　开路、短路和有载

2. 短路

当流过一个线性电阻元件的电流不论为何值时,它的端电压恒为零,则称其为短路,如

图 2-43(b) 所示。短路时相当于电阻元件 $R = 0$ 或 $G = \infty$。短路电路的这种特性可用于判定电路是否连通等，如焊接电路时，把焊点部分看作一个电阻元件，用万用表测量，若测得 $R = 0$，则表示焊点连通。短路可以通过把两个端子用理想导线直接连接而实现。

3. 有载

当电路两个端子之间接负载，称其为有载工作状态，如图 2-43(c) 所示。这时负载吸收功率 $p = ui$，该功率由电路提供，并受能量守恒定律约束。

4. 额定功率

实践中经常要判定某一电路元件是否过载或者轻载等，这要根据元件的额定功率来判定。一个电路元件正常工作时对应的功率称为该元件的额定功率。电路元件一般都存在额定功率。这是由于电路元件是由特定材料构成的，而材料本身具有自身特性。在额定功率条件下，电路元件的工作效率最高。例如，一个白炽灯泡，额定值标为 220 V、100 W，表示该灯泡在 220 V 电压下，消耗电功率为 100 W，灯泡正常发光。若在大于 220 V 的电压下工作，虽然灯泡发光会更强，但寿命会大大缩短，灯丝发热变大，甚至会直接烧断，这种情况称为过载。如果该灯泡在低于 220 V 的电压下使用，则亮度不够，效果不能充分发挥，这种情况称为轻载。当电路元件工作在额定值时，称为满载。

二、应用举例

实际中，电阻电路的应用非常多，下面介绍几种常见电阻电路的应用。

1. 电压表的测量误差

前面指出，利用电阻的串联分压原理可以将电流计改装成电压表，如图 2-18 所示。当用改装后的电压表测量电路元件的端电压时，会不可避免地出现误差。测量电路如图 2-44(a) 所示。

当测量电阻 R_2 的端电压时，电压表要与电阻并联，并联结果相当于在 a、b 两点间多了一条支路，这导致端电压重新在 R_1 和 R_2 上分配，从而引起测量误差。

从图 2-44(a) 容易得到，测量前，R_2 上的电压为

$$u_{R_2} = R_2 \frac{U}{R_1 + R_2} \tag{2-38}$$

测量时，R_2 上的电压为

$$u_{R_2}{}' = R_2 \frac{U}{(R_1 + R_2) + \dfrac{R_1 R_2}{R_{内}}} \tag{2-39}$$

式中，$R_内 = R_g + R$。容易看出，测量值比实际值减小。相对误差为

$$\Delta = \frac{u_{R_2} - u_{R_2}{}'}{u_{R_2}} = \frac{R_1 R_2}{R_内 (R_1 + R_2) + R_1 R_2}$$

可见，$R_内$ 越大，误差越小，当 $R_内 \to \infty$ 时，$\Delta \to 0$。当电压表量程一定时，根据

$$\frac{U_m}{R_g + R} = I_{gm}$$

有

$$R_内 = \frac{U_m}{I_{gm}}$$

因此,当电压表量程相同时,在实用中应尽可能使用 I_{gm} 较小的电压表。

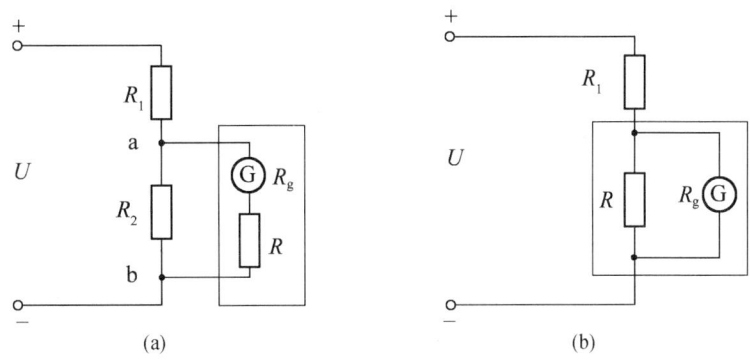

图 2-44　电压表和电流表的测量原理

2. 电流表的测量误差

利用电阻的并联分流原理可以将电流计改装成电流表,如图 2-20 所示。当用改装后的电流表测量电路元件的电流时,也会出现误差。测量电路如图 2-44(b) 所示。

当测量电阻 R_1 的电流时,电流表要与电阻串联,串联结果相当于在电路中多了一个分压元件,这导致端电压重新在 R_1 和电流表上分配,从而引起测量误差。

从图 2-44(b) 容易得到,测量前,R_1 上的电流为

$$i_{R_1} = \frac{U}{R_1} \tag{2-40}$$

测量时,R_1 上的电流为

$$i_{R_1}' = \frac{U}{R_1 + R_{内}} \tag{2-41}$$

式中,$R_{内} = \dfrac{R_g R}{R_g + R}$。容易看出,测量值比实际值减小。相对误差为

$$\Delta = \frac{i_{R_1} - i_{R_1}'}{i_{R_1}} = \frac{1}{1 + \dfrac{R_1}{R_{内}}}$$

可见,$R_{内}$ 越小,误差越小,当 $R_{内} \to 0$ 时,$\Delta \to 0$。当电流表量程一定时,在实用中应尽可能使用内阻较小的表头改装的电流表。

3. 电阻的测量

在实际中经常遇到测量电阻的问题。电阻测量一般可以采用伏安法、欧姆表和电桥法。下面主要对前两种方法进行简要分析,关于电桥法,读者可以参阅第一单元例 1-7。

1) 伏安法测量电阻

伏安法测量电阻一般采用直流电路,其基本原理是欧姆定律,即

$$R = \frac{U}{I} \tag{2-42}$$

测量时,将待测电阻接入电路,用电压表和电流表同时测量其端电压和流过的电流,如图 2-45 所示。图 2-45(a)、(b) 分别为外接电路和内接电路,不同连接方法产生的误差不一样。

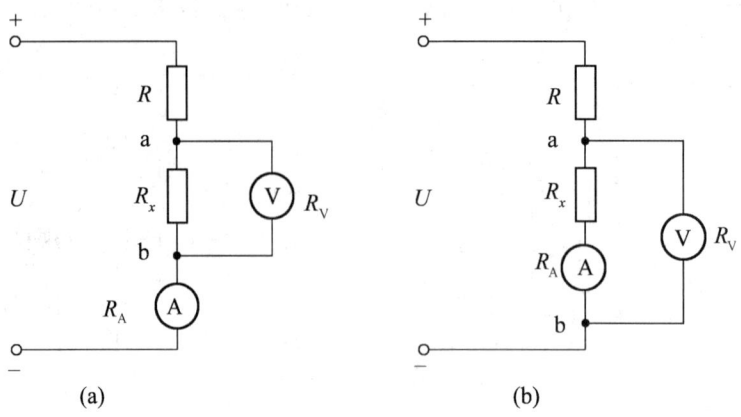

图 2-45　伏安法测电阻时外接和内接

当采用外接测量时,容易看出电压表读出的测量值确实是此时待测电阻 R_x 的端电压。但电流表测量值不准确,此时有

$$I_A = I_x + I_V \tag{2-43}$$

式中, I_x、I_V 和 I_A 分别表示流过待测电阻、电压表和电流表的电流。这样, R_x 的真实值为

$$R_x = \frac{U_x}{I_x} = \frac{U_V}{I_x} \tag{2-44}$$

而测量值为

$$R_x{}' = \frac{U_V}{I_A} = \frac{U_x}{I_x + I_V} = \frac{R_x}{1 + \dfrac{R_x}{R_V}} \tag{2-45}$$

很明显,测量值与真实值相比偏小。相对误差为

$$\Delta = \frac{R_x - R_x{}'}{R_x} = \frac{1}{1 + \dfrac{R_V}{R_x}} \tag{2-46}$$

电压表内阻与待测电阻之比 $\dfrac{R_V}{R_x}$ 决定相对测量误差。$\dfrac{R_V}{R_x}$ 比值越大,测量越准确,即测量小电阻时使用大内阻电压表,采用外接测量时测量误差小。

当采用内接测量时,从图 2-45(b) 容易看出电流表读出的测量值确实是此时流过待测电阻 R_x 的电流。但电压表测量值不准确,此时有

$$U_V = U_x + U_A \tag{2-47}$$

式中, U_x、U_V 和 U_A 分别表示待测电阻、电压表和电流表的端电压。这样, R_x 的真实值为

$$R_x = \frac{U_x}{I_x} = \frac{U_x}{I_A} \tag{2-48}$$

而测量值为

$$R_x{}' = \frac{U_V}{I_A} = \frac{U_x + U_A}{I_x} = R_x + R_A \tag{2-49}$$

很明显,测量值与真实值相比偏大。相对误差为

$$\Delta = \frac{R_x - R_x{}'}{R_x} = -\frac{R_A}{R_x} \tag{2-50}$$

电流表内阻与待测电阻之比 $\dfrac{R_A}{R_x}$ 决定相对测量误差。$\dfrac{R_A}{R_x}$ 比值越小,测量越准确,即测量

大电阻时使用小内阻电流表,采用内接测量时误差小。

2)欧姆表测量电阻

欧姆表是测量电阻的仪表。如图 2-46 所示是欧姆表测量原理电路。图中虚线框内为欧姆表的内部简图。

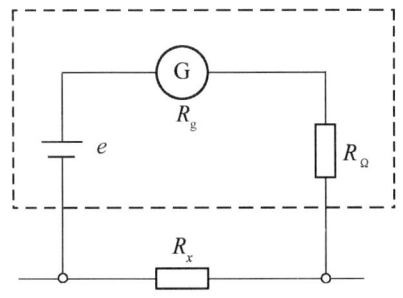

图 2-46　欧姆表测量原理电路

当被测量电阻接入后,流过表头的电流为

$$I = \frac{U}{R_\Omega + R_g + R_x} \tag{2-51}$$

式中,U 为干电池电源 e 提供的端电压。式(2-54)表明,电流 I 与 R_x 形成一一对应关系,因此由表头指针位置可以知道 R_x 的大小。如果事先在刻度盘上把 R_x 的值标在表头指针所对应的位置,就做成欧姆表,可以直接对待测电阻进行测量。下面对欧姆表刻度盘进行简要分析。

假设电流计表头满偏电流为 I_{mG},对于图 2-46 所示欧姆表,当 $R_x = 0$ 时,整个回路电阻最小,回路电流最大,表头指针应指向满偏。即

$$I = I_{mG}$$

将此式代入式(2-51),有

$$I_{mG} = \frac{U}{R_\Omega + R_g} \tag{2-52}$$

和式(2-51)联立,并消去 U,有

$$\frac{I}{I_{mG}} = \frac{R_\Omega + R_g}{(R_\Omega + R_g) + R_x} \tag{2-53}$$

式中,$(R_\Omega + R_g)$ 是常数,$\dfrac{I}{I_{mG}}$ 和 R_x 一一对应。$\dfrac{I}{I_{mG}}$ 这个数值可以用来确定欧姆表刻度盘,它可以唯一决定指针在刻度盘上的位置。例如,当 $\dfrac{I}{I_{mG}} = 1$ 时,指针指在最右端满偏位置,$R_x = 0$,刻度应标为零;当 $\dfrac{I}{I_{mG}} = \dfrac{1}{2}$ 时,$R_x = (R_\Omega + R_g)$,指针指在中间位置,刻度值标为 $R_x = (R_\Omega + R_g)$;当 $\dfrac{I}{I_{mG}} = \dfrac{3}{8}$ 时,$R_x = \dfrac{5}{3}(R_\Omega + R_g)$,即指针指在 $\dfrac{3}{8}$ 比例位置,刻度值标应为 $\dfrac{5}{3}(R_\Omega + R_g)$;以此类推,每个位置刻度都可以依此原理标定。可以看出不论哪个标度,都和 $(R_\Omega + R_g)$ 值相关。由于 $R_x = (R_\Omega + R_g)$ 时指针在中间位置,故 $(R_\Omega + R_g)$ 这个电阻被称为欧姆表的中值电阻。中值电阻唯一地决定了欧姆表的刻度。

欧姆表刻度盘具有以下特点:

(1) R_x 越小,I 越大,即欧姆表刻度盘刻度值左边大,右边小。

(2)由于电流 I 与 R_x 不是正比关系,导致欧姆表刻度不均匀,越往左刻度越密。

（3）所有欧姆表的量程都是从 0 到 ∞。

思考题：所有欧姆表的量程都是从 0 到 ∞，是不是说每个欧姆表都具有相同的刻度？具有相同刻度的欧姆表的中值电阻是不是相等？

单元小结

（1）电阻电路的分析是电路分析的基础。要掌握电阻电路的分析方法，必须弄清电路元件的特性和线性电阻电路的基本概念。

（2）电路元件主要包括电阻和电源元件，这两种元件都是模型化的元件。线性电阻元件是组成电阻电路的基本元件；电源的模型化应根据它的外部电压或电流特点来定。一个实际电源既可以采用电压源模型表示，又可以采用电流源模型表示，两者可以进行等效互换。

（3）电阻连接主要包括串联、并联和混联。混联电路可以根据串联、并联原理进行等效变换而化简为简单电路。

（4）等效变换概念是电路分析的一个基本概念。两个电路互换时，必须使电路没有参加变换部分的参量状态保持不变。对于电阻，要掌握 △-Y 等效变换；对于电源，要掌握电压源和电流源间的等效变换。

（5）电源分为独立电源和受控电源。受控电源可以像独立电源那样来化简，但必须注意控制参量的影响。

（6）网络分析法是分析线性网络电路的基本方法，主要包括支路电流法、网孔电流法和结点电压法。

支路电流法是以各支路电流作为未知量，直接应用基尔霍夫定律来对网络求解。

支路电流法的理论依据是基尔霍夫定律和电路元件的电压和电流关系（简称 VCR）。它是分析电路最基本的方法。

网孔电流法以网孔电流作为电路的独立变量建立网孔方程。其理论依据是 KVL。

结点电压法是以各结点电压为变量来列写 KCL 方程的，先求出各个结点电压，再求各支路电压，应用时要选择电压参考点。结点电压法特别适合结点少网孔多的电路。

（7）支路电流法、网孔电流法和结点电压法各有特点。支路电流法方程数为支路数 p；网孔电流法方程数为独立回路数 $m = p - n + 1$；结点电压法方程数为 $(n-1)$（n 为结点数）。支路电流法方程数最多但易于理解；网孔电流法选取独立回路简便、直观，能减少方程数，但它仅适用于平面电路；结点电压法的优点是结点电压容易选择，不存在选取回路的问题，尤其适合分析结点少、回路多的电路，但对无伴电压源或受控电源电路需另行处理。

总之，电路分析方法多种多样，就基本原理来说都离不开基尔霍夫定律和 VCR。究竟选用哪种方法，往往要结合实际问题和具体电路来确定。

（8）实践应用是掌握电路分析理论的重要环节，理论与实践相结合非常重要。

单元练习

1.试求如图 2-47 所示电路中的电压 U 和电阻 R 的值。

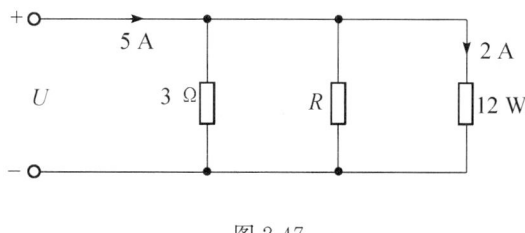

图 2-47

2.如图 2-48 所示电路,已知 R_1 消耗的功率 $P_1 = 5$ W,R_2 的端电压 $U_2 = 2$ V,$R_3 = 10$ Ω,$U_S = 7$ V,试求 R_1 和 R_2。

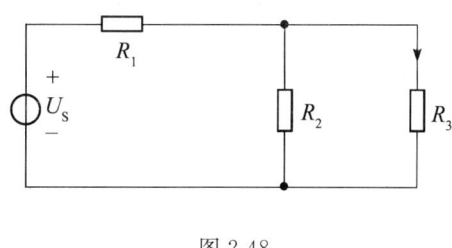

图 2-48

3.如图 2-49 所示,各电阻的阻值单位均为 Ω,求输入电阻 R_{ab} 的阻值。

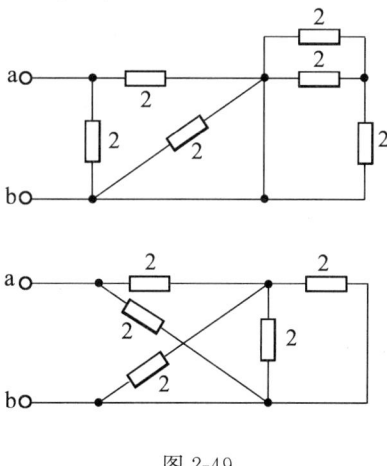

图 2-49

4.将如图 2-50 所示电路转化为等效电流源电路。

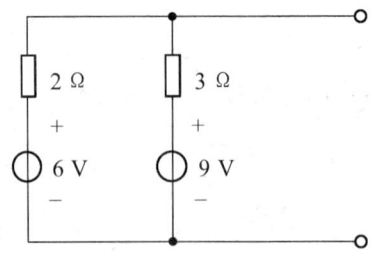

图 2-50

5.将如图 2-51 所示电路转化为等效电压源电路。

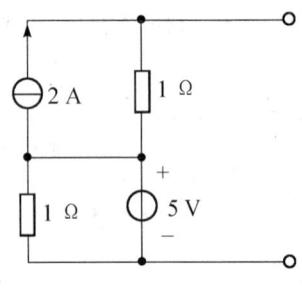

图 2-51

6.用网孔电流法求如图 2-52 所示电路中各支路电流。

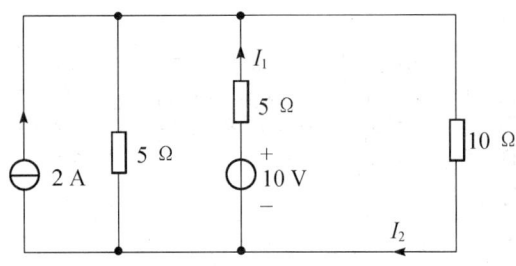

图 2-52

7.如图 2-53 所示电路有几个结点?几个网孔?试列写一个结点的电流方程和一个网孔的回路电压方程。若开关 S 断开,电压 U_{ab} 为多少?

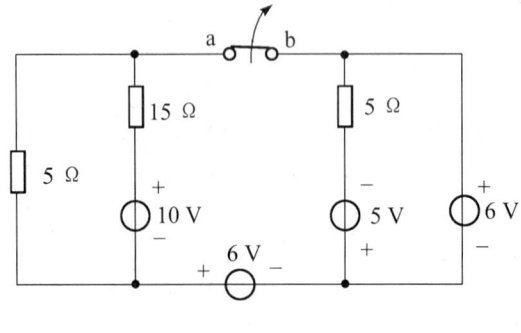

图 2-53

8. 对如图 2-54 所示电路中的三角形电阻网络和星形电阻网络进行等效变换。

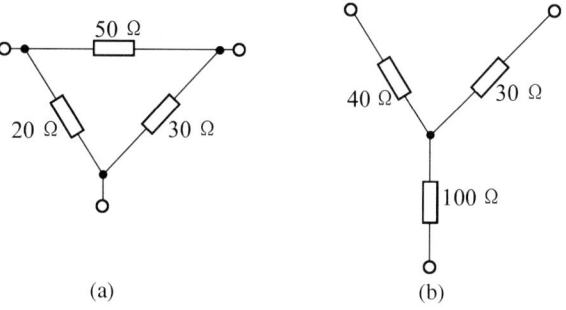

(a)   (b)

图 2-54

9. 用结点电压法求如图 2-55 所示电路各支路的电流。

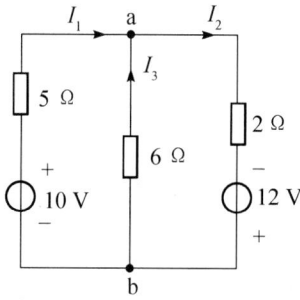

图 2-55

单元三
线性网络定理

对于线性网络电路,由于其组成电路的元件皆为线性元件,所以,网络电路蕴含着一些简单关系。这些关系被概括为几个线性网络定理,主要包括叠加定理、替代定理、戴维南定理、诺顿定理和最大功率传输定理等。本单元主要介绍这些定理,它们可以使电路分析进一步简化。

相关知识

知识点一　叠加定理

叠加定理是线性网络电路的一个重要定理,它体现了线性网络电路的基本性质 —— 叠加性。如图 3-1(a) 所示电路为一个双激励源输入电路,可根据条件求解 u_2 和 i_1。

视频
叠加定理

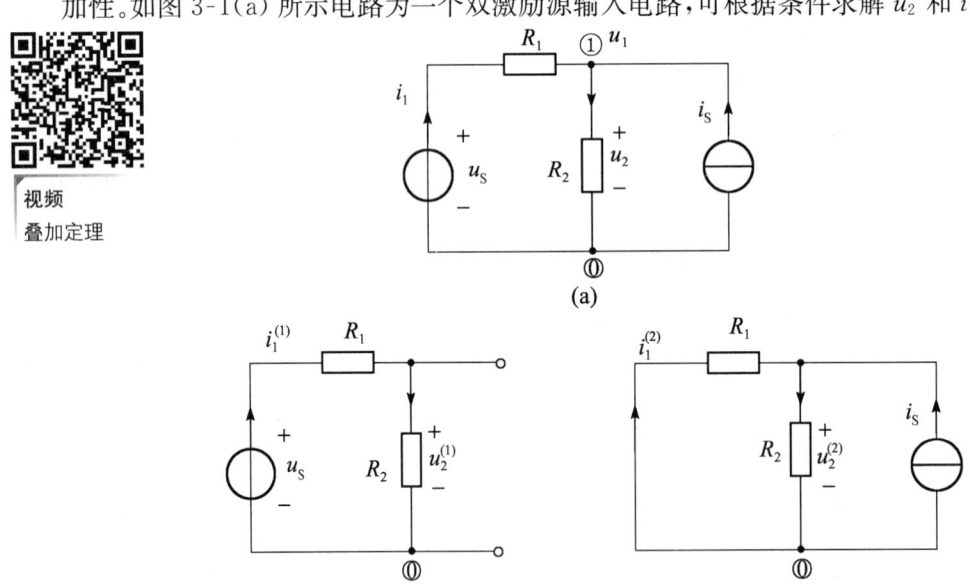

图 3-1　叠加定理

根据结点电压法,有

$$G_{11} = \frac{1}{R_1} + \frac{1}{R_2} \left. \right\} \tag{3-1}$$
$$G_{11}u_1 = \frac{u_S}{R_1} + i_S$$

解得

$$u_2 = u_1 = \frac{R_2}{R_1 + R_2}u_S + \frac{R_1 R_2}{R_1 + R_2}i_S \left. \right\} \tag{3-2}$$
$$i_1 = \frac{1}{R_1 + R_2}u_S - \frac{R_2}{R_1 + R_2}i_S$$

由式(3-2)容易看出 u_2 和 i_1 皆为两项之和,且分别和两个激励源相关,这种相关是一种线性叠加关系。可以将式(3-2)改写为

$$u_2 = u_2^{(1)} + u_2^{(2)} \left. \right\} \tag{3-3}$$
$$i_1 = i_1^{(1)} + i_1^{(2)}$$

其中,

$$u_2^{(1)} = \frac{R_2}{R_1 + R_2}u_S = u_2 \big|_{i_S = 0}$$

$$u_2^{(2)} = \frac{R_1 R_2}{R_1 + R_2}i_S = u_2 \big|_{u_S = 0}$$

$$i_1^{(1)} = \frac{1}{R_1 + R_2}u_S = i_1 \big|_{i_S = 0}$$

$$i_1^{(2)} = -\frac{R_2}{R_1 + R_2}i_S = i_1 \big|_{u_S = 0}$$

式中, $u_2^{(1)}$ 和 $i_1^{(1)}$ 对应 $i_S = 0$,相当于将电流源开路,由独立电压源单独激励电路时,在两个元件上分别产生的电压和电流,如图 3-1(b) 所示。$u_2^{(2)}$ 和 $i_1^{(2)}$ 对应 $u_S = 0$,相当于将电压源短路,由独立电流源单独激励电路时,在两个元件上分别产生的电压和电流,如图 3-1(c) 所示。这样,两个独立电源在电路中共同产生的响应等于每个独立电源单独激励所产生的响应之和。这个结论非常重要,它反映了线性网络电路中内在的线性叠加关系,可以推广到多个独立电源共同作用的线性电路中。

　　叠加定理:线性电阻电路中,任一电压或电流都是电路中各个独立电源单独作用时在该处产生的电压或电流的叠加。

　　叠加定理是分析线性电路的基础,它可以简化电路分析。在应用叠加定理时,应注意以下几点:

　　(1)叠加定理不适用于非线性电路。

　　(2)选定一个激励的独立电源后,其他支路的独立电压源全部置零,用短路线替代电源,但保留串联的电源内电阻,支路中其他电阻全部不予变动;其他支路的独立电流源全部置零,用开路线替代电流源,但保留并联的电源内电导,支路中其他电阻全部不予变动;受控电源应保留在分电路中,不能作为独立电源处理。

　　(3)原电路的功率不满足叠加关系。

　　例 3-1　如图 3-2(a) 所示电路图,求 i_1。

　　解　两个独立电源分别作用,如图 3-2(b)、(c) 所示,有

$$i_1^{(1)} = \frac{10\ \text{V}}{4.5\ \Omega} = \frac{20}{9}\ \text{A}$$

$$i_1^{(2)} = -\frac{5}{7} \times \frac{2\ \text{V}}{\frac{45}{7}\ \Omega} = -\frac{2}{9}\ \text{A}$$

所以 $$i_1 = i_1^{(1)} + i_1^{(2)} = \frac{20}{9} \text{A} - \frac{2}{9} \text{A} = 2 \text{A}$$

这个结果与例 2-11 结果一致,比较两种解法可以看出,应用叠加定理解题很直观,方程简单。

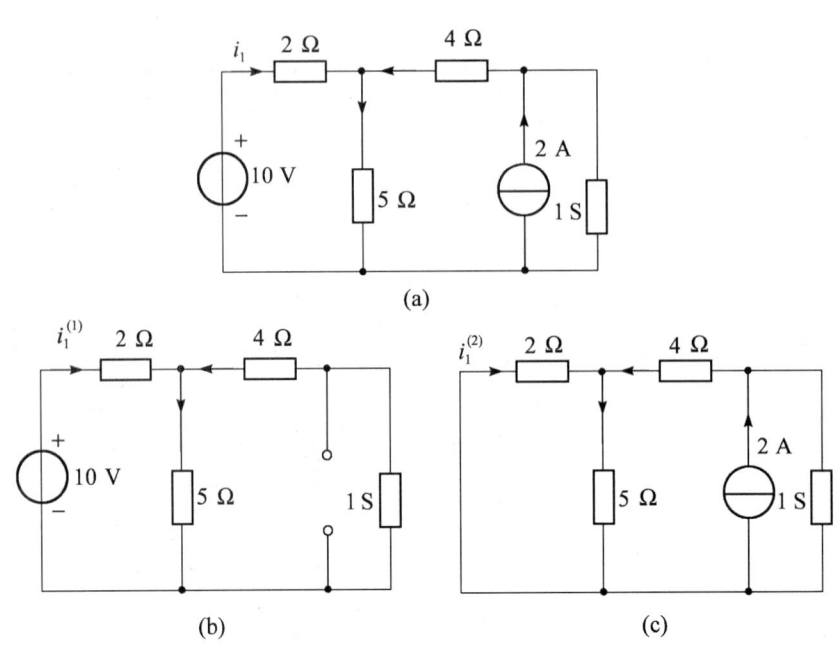

图 3-2　例 3-1 图

例 3-2　如图 3-3(a) 所示电路图,求 i。

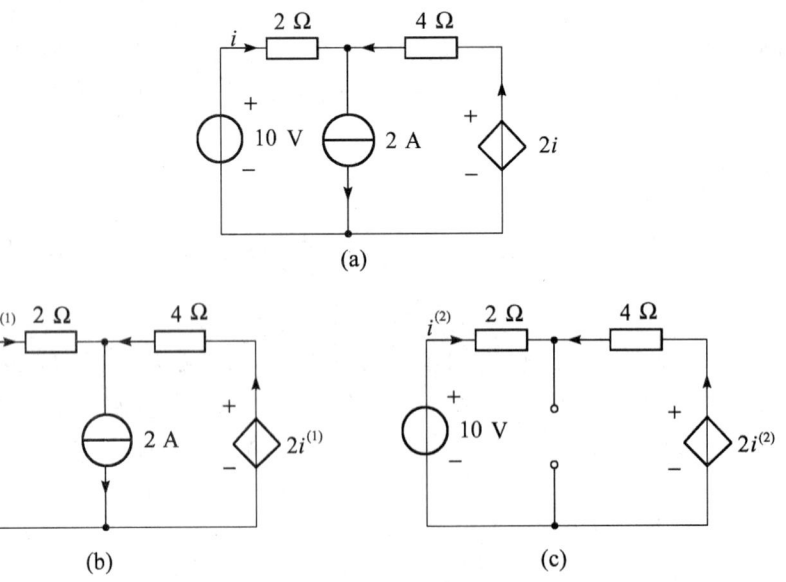

图 3-3　例 3-2 图

解　两个独立电源分别作用,如图 3-3(b)、(c) 所示。对图 3-3(b) 有 KVL 方程:
$$2i^{(1)} - 4(2 - i^{(1)}) + 2i^{(1)} = 0$$

得 $$i^{(1)} = 1 \text{A}$$

对图 3-3(c) 有 KVL 方程:

$$-10\,\text{V} + 2i^{(2)} - 4(-i^{(2)}) + 2i^{(2)} = 0$$

得

$$i^{(2)} = \frac{5}{4}\,\text{A}$$

所以

$$i = i^{(1)} + i^{(2)} = \frac{9}{4}\,\text{A}$$

本例是含受控电源线性电路,读者可体会在应用叠加定理时受控电源的处理方法。

*知识点二 替 代 定 理

对于任意网络电路(线性和非线性),如果某条支路的电压 u_k 或 i_k 已知,则此支路可以用一个源电压 $u_S = u_k$ 的电压源或一个源电流 $i_S = i_k$ 的电流源替代,替代除对该支路产生影响外,对网络中其余支路均无影响,这就是替代定理。如图 3-4 所示,图 3-4(a) 表示第 k 支路电压或电流已知的网络电路,图 3-4(b)、(c) 分别表示用电压源或电流源替代后的网络电路。

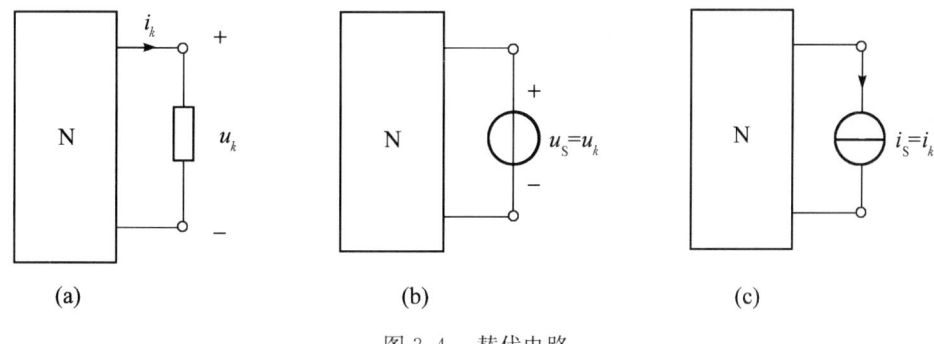

图 3-4 替代电路

例 3-3 如图 3-5 所示电路,求 u。

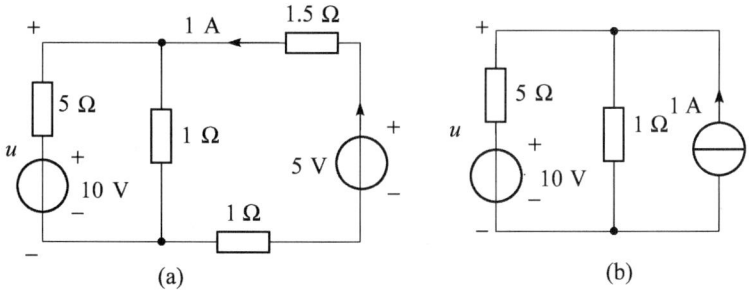

图 3-5 例 3-3 图

解 根据替代定理可得图 3-5(b),所以有

$$u = \frac{3\,\text{A}}{1.2\,\text{S}} = 2.5\,\text{V}$$

知识点三 二端线性网络理论简介

在实际电路分析中,有时只关心电路中某一条支路的电流或者电压,如果列出各条支路方程联立求解则很烦琐。如果将待分析的支路从网络电路的其他部分分离,网络电路的其余部分只是由两个端子与该支路连接,则称其余部分电路组成网络为二端网络。

上述二端网络概念可以扩展。分离出来的不一定总是一条支路,也可以是一部分电路。把电路中任意划出来的有两个引出端的部分称为二端网络。如图 3-6 所示,图中 N₁ 和 N₂ 部分都是二端网络。若网络内部含电源,则称为有源二端网络(如 N₁),否则称为无源二端网络(如 N₂)。图中电流 i 称为二端网络电流。端口的输入电流和输出电流必然等值反向。二端网络两个端子之间的电压称为二端网络的电压。电压和电流是二端口与外界发生作用的两个参量。

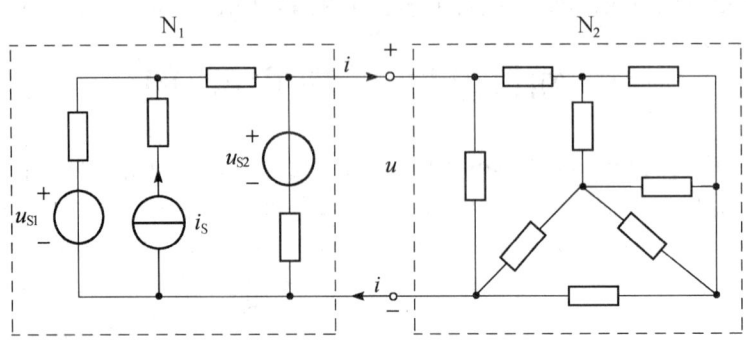

图 3-6　有源二端网络和无源二端网络

对于无源二端网络,最简单的二端网络是由电阻元件组成的网络,其电压和电流满足欧姆定律:

$$u = R_{eq} i$$

式中,R_{eq} 为网络的等效电阻。

对于有源二端网络,其简化分析要用到戴维南定理和诺顿定理。

知识点四　　戴维南定理和诺顿定理

有源二端网络对于外电路来说具有电源特性。戴维南定理指出:任何线性有源二端网络,就其外部特性而言,都可以用一个电压源和电阻的串联组合电路等效替代,其中源电压等于有源二端网络的开路电压,串联内电阻等于有源二端网络内部独立电源全部置零时在输出端求得的等效电阻。戴维南定理可以由替代定理和叠加定理推出。

如图 3-7 所示,图 3-7(a) 中 N 表示一个有源二端网络,假设外接电阻为 R_0,网络输出电流和电压分别为 i 和 u,根据替代定理,替代后电路如图 3-7(b) 所示。应用叠加定理分析图 3-7(b),得到图 3-7(c) 和 图 3-7(d),其中 u_{oc} 为二端网络开路时两端口之间的电压;图 3-7(d) 中 N₀ 表示网络内部所有独立电源置零后的二端网络,假设其等效电阻为 R_{eq},则 $u^{(2)} = -R_{eq} i$。由此得

$$u = u^{(1)} + u^{(2)} = u_{oc} - R_{eq} i$$

即图 3-7(a) 二端网络可以等效为图 3-7(e),定理得证。

戴维南定理还存在一个对偶定理 —— 诺顿定理。诺顿定理指出:任何线性有源二端网络,就其外部特性而言,都可以用一个电流源和电导的并联组合电路等效替代,其中源电流等于有源二端网络的短路电流,并联内电导等于有源二端网络内部的独立电源全部置零时在输出端求得的等效电导。诺顿定理也可以由替代定理和叠加定理推出。

图 3-8 所示为诺顿定理证明过程。在替代时先用电压源,后用电流源。根据替代定理和叠加定理,有

$$i = i^{(1)} + i^{(2)} = i_{sc} - G_{eq} u$$

式中，i_{sc} 和 G_{eq} 分别为二端网络输出端短路时的电流，网络内部的独立电源全部置零时在输出端求得的等效电导。这样，图 3-8(a) 二端网络可以等效为图 3-8(e)，诺顿定理得证。

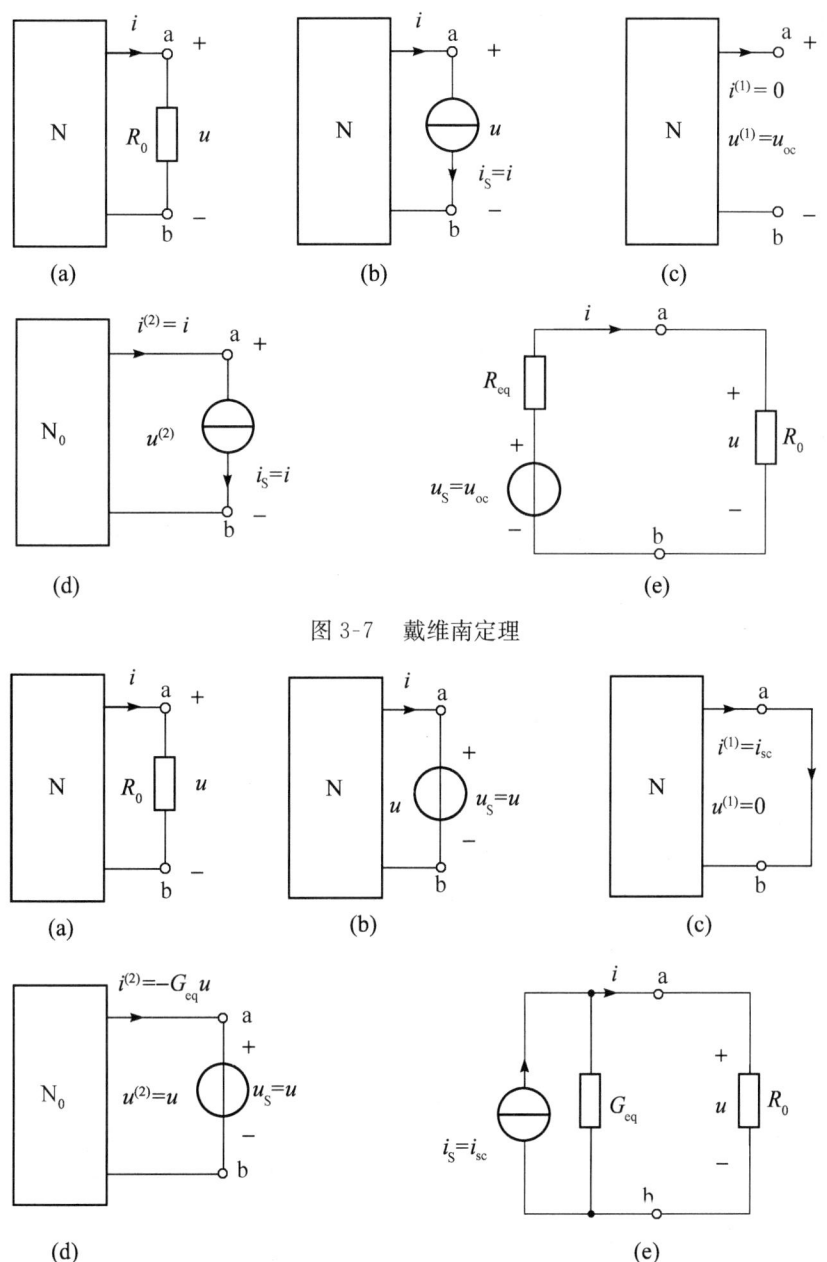

图 3-7　戴维南定理

图 3-8　诺顿定理

戴维南定理和诺顿定理是分析线性二端网络的重要定理，两者可以通过电源的等效变换得到，即 $i_{sc} = \dfrac{u_{oc}}{R_{eq}}$，$G_{eq} = \dfrac{1}{R_{eq}}$。应用这两个定理的关键是求解有源二端网络的 u_{oc}、i_{sc} 和等效电阻 R_{eq}，注意到 $i_{sc} = \dfrac{u_{oc}}{R_{eq}}$，故只需求两个参量即可。下面举例说明这两个定理的应用。

例 3-4　如图 3-9(a) 所示电桥电路，利用戴维南定理求解电桥中的电流 i_g。

解　将图 3-9(a) 变形得图 3-9(b)，电流计支路相当于外接电路，而其余部分变为有源二端网络。可以利用戴维南定理将图 3-9(b) 简化为图 3-9(c)。

（1）求 u_{oc}。

将 b 和 c 端口开路，其开路电压为

$$u_{oc} = u_{bc} = u_{bd} + u_{dc} = \frac{R_3}{R_1 + R_3} e_S - \frac{R_4}{R_2 + R_4} e_S$$

$$= \frac{R_2 R_3 - R_1 R_4}{(R_1 + R_3)(R_2 + R_4)} e_S$$

（2）求 R_{eq}。

将二端网络内独立电源置零，即电压源用短路替代，则网络内为电阻串并混联。有

$$R_{eq} = (R_1 /\!/ R_3) + (R_2 /\!/ R_4)$$

$$= \frac{R_1 R_3 (R_2 + R_4) + R_2 R_4 (R_1 + R_3)}{(R_1 + R_3)(R_2 + R_4)}$$

（3）求 i_g。

由 KVL，得

$$i_g = \frac{u_{oc}}{R_{eq} + R_g} = \frac{(R_2 R_3 - R_1 R_4) e_S}{R_1 R_3 (R_2 + R_4) + R_2 R_4 (R_1 + R_3) + R_g (R_2 + R_4)(R_1 + R_3)}$$

如果 $R_2 R_3 = R_1 R_4$，则电桥平衡。

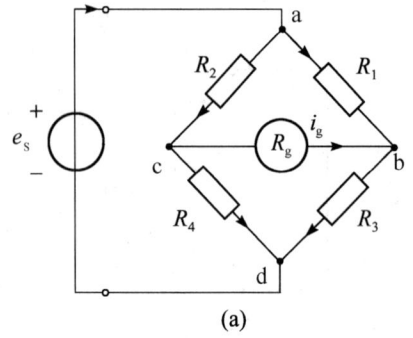

(a)

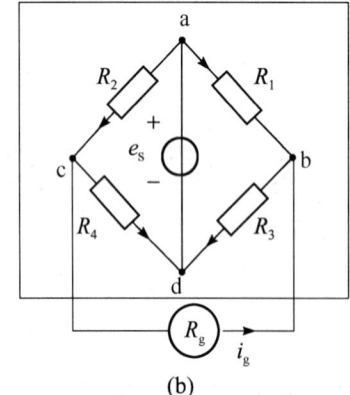

(b)

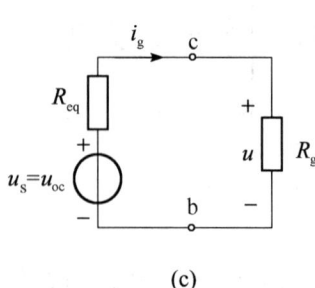

(c)

图 3-9　电桥电路

例 3-5　如图 3-10(a) 所示电路，求其戴维南等效电路。

解　（1）求 u_{oc}。

开路时 $i = 0$，CCCS 为零，根据 KVL，有 $u_{oc} = 2\,\text{V} - 2\,\text{V} = 0$。

（2）求 R_{eq}。

如图 3-10(b) 所示，网络中电压源短路，但要保留 CCCS，此时端电压为 u，电流为 i。根据 KVL，有

$$u = 2i + (i + 2i) \times 2 = 8i$$

$$R_{eq} = \frac{u}{i} = 8\ \Omega$$

这样，戴维南等效电路如图 3-10(c) 所示。

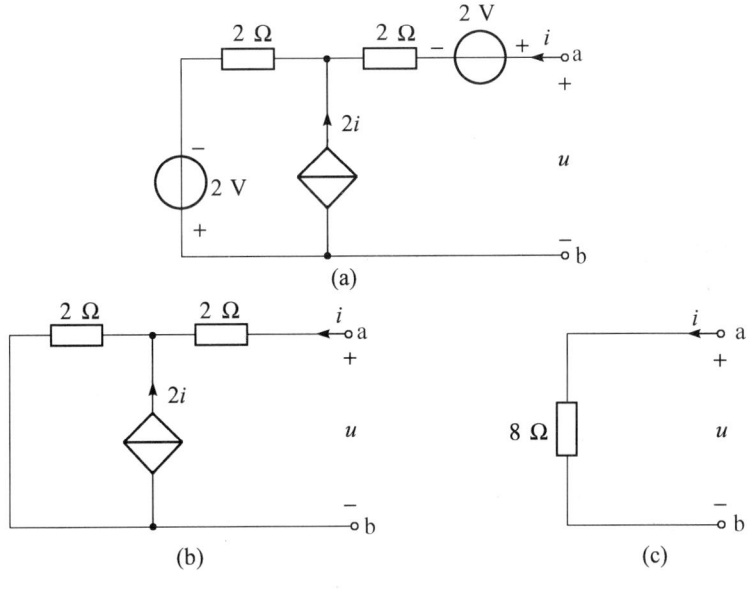

图 3-10　例 3-5 图

本例包含受控电源，由于受控电源是线性的，故戴维南定理仍适用，但受控电源不能像独立电源那样置零。

例 3-6　如图 3-11(a) 所示电路，求其诺顿等效电路。

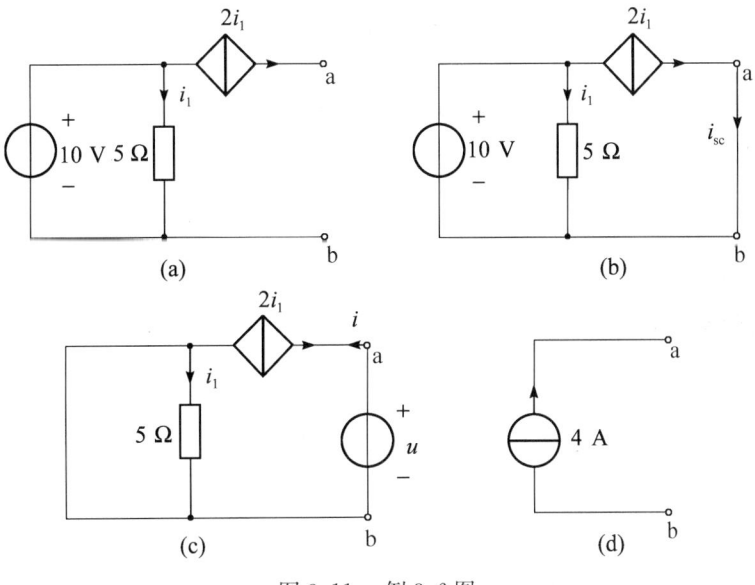

图 3-11　例 3-6 图

解 (1) 求 i_{sc}。

短路时如图 3-11(b) 所示，$i_1 = \dfrac{10\ \text{V}}{5\ \Omega} = 2\ \text{A}$，CCCS 为 4 A，有 $i_{sc} = 4\ \text{A}$。

(2) 求 G_{eq}。

如图 3-11(c) 所示，网络中电压源短路，但要保留 CCCS，此时外加端电压为 u，电流为 i。根据 VCR，有：$i_1 = 0, i = 0, R_{eq} = \dfrac{u}{i} = \infty, G_{eq} = 0$。

这样，诺顿等效电路如图 3-11(d) 所示，它是理想电流源模型。本例题由于 $R_{eq} = \infty$，求不出确定的 u_{oc}，故不存在戴维南等效电路。

知识点五　　最大功率传输定理

对于有源线性二端网络，根据戴维南定理和诺顿定理，可以将其等效替换为一个电源模型。如果有源二端网络端口外接负载，对其传输功率的分析就变成了电源供电问题。在知识点三中，已经分析了一个实际电源向负载供电的问题，两者类比得到：有源线性二端网络向负载供电时，若负载 $R_L = R_{eq}$，则有最大功率输出，称为最大功率传输定理。满足 $R_L = R_{eq}$ 条件时，称为最大功率匹配。其最大功率为

$$p_{max} = \frac{u_{oc}^2}{4R_{eq}} \tag{3-4}$$

或

$$p_{max} = \frac{i_{sc}^2}{4G_{eq}} \tag{3-5}$$

当满足最大传输功率条件时，功率传输效率为 50%，效率较低。对于传送微弱信号，一般要求最大功率传输，而不看重效率；但对于电力传输，则尽可能提高功率传输效率，以便充分利用能源。

例 3-7 如图 3-12(a) 所示传输电路，求：

(1) R_L 为何值时获得最大功率；

(2) 获得最大功率时，电压源的功率传输效率。

解 应用诺顿定理，由图 3-12(b) 求得 $i_{sc} = 0.001\,25\ \text{A} = 1.25\ \text{mA}$，再由图 3-12(c) 求得 $G_{eq} = \dfrac{1}{R_{eq}} = \dfrac{1}{1\,200}\ \text{S}$，所以诺顿等效电路如图 3-12(d) 所示。

(1) 根据最大传输功率定理，当 $R_L = 1\,200\ \Omega$ 时，负载获得最大功率。

(2) 获得最大功率时，负载吸收功率 $p_{max} = \dfrac{i_{sc}^2}{4G_{eq}} = \dfrac{15}{32}\ \text{mW}$，电源发出功率 $p_s = 119\ \text{mW}$，所以，效率 $\eta = \dfrac{p_{max}}{p_s} \approx 0.4\%$。

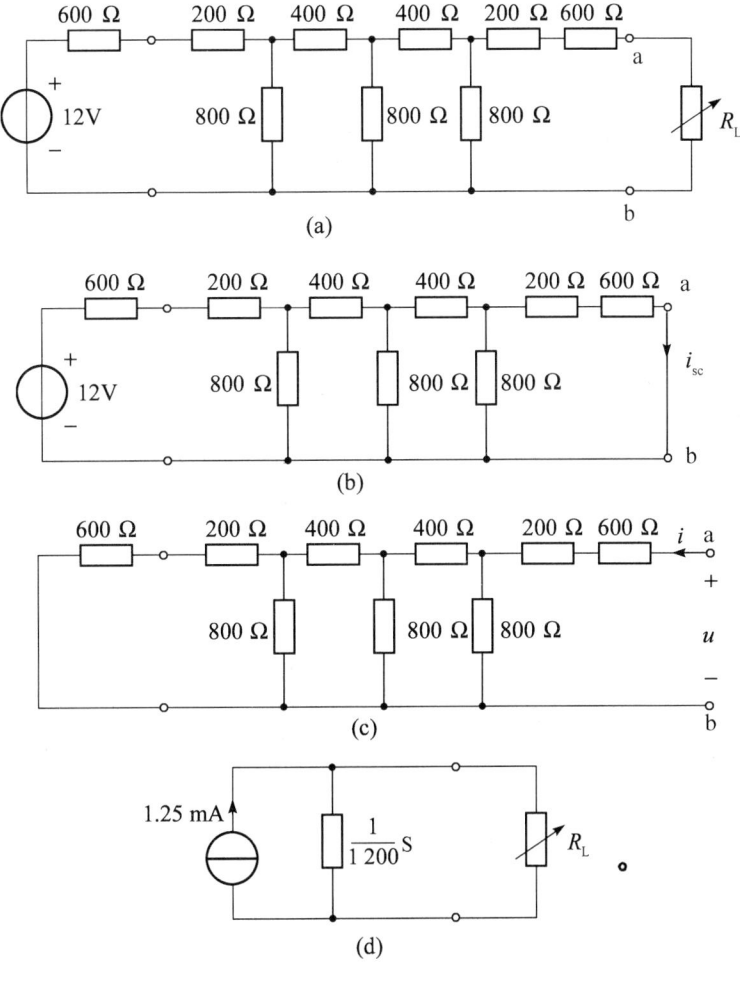

图 3-12　例 3-7 图

实践应用

本单元介绍的几个线性网络定理在网络电路分析中经常用到,结合实践理解定理很重要。下面举几个例子供读者参考。

例 3-8　例 3-4 中,利用戴维南定理求解电桥中电流 i_g。在求得开路电压后,可否直接应用欧姆定律求得 $i_g = \dfrac{u_{oc}}{R_g}$?当接入电流计后,网络端口电压是否还是 u_{oc}?

解　不能直接应用 $i_g = \dfrac{u_{oc}}{R_g}$。应用戴维南定理将有源二端网络电路等效后,二端网络等效为一个具有内电阻的独立电源,电源的源电压为 u_{oc},内阻为 R_{eq}。当外接电流计后,端口电压 $u = u_{oc} - i_g R_{eq}$,将发生变化。即电路的约束关系发生变化,电路参量会发生相应变化。

例 3-9　如图 3-13(a) 所示电路,求解 I_1 和 I_2。

解　此电路为非线性电路,将两个二极管以外的电路组成线性网络,可应用戴维南定理等效变换。当端口 a 和 b 开路时,由于 b 端为接地端,只要得到开路时 a 端电位即可求出 U_{oc}。有

$$U_{oc} = U_a = 12 \text{ V} - \frac{12 \text{ V} - (-24 \text{ V})}{(3 \text{ k}\Omega + 6 \text{ k}\Omega)} \times 6 \text{ k}\Omega = -12 \text{ V}$$

$$R_{eq} = \frac{6 \text{ k}\Omega \times 3 \text{ k}\Omega}{6 \text{ k}\Omega + 3 \text{ k}\Omega} = 2 \text{ k}\Omega$$

则戴维南等效电路如图 3-13(b) 所示,由图可知

D_2 正向连接,导通,$I_2 = \dfrac{12 \text{ V}}{2 \text{ k}\Omega} = 6 \text{ mA}$。

D_1 反向连接,$I_1 = 0$。

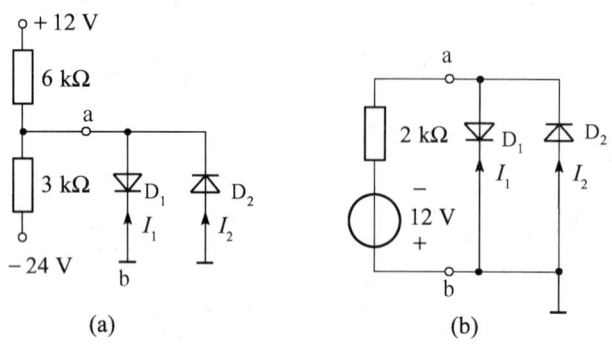

图 3-13　例 3-9 图

本例题旨在说明戴维南定理应用具有灵活性。虽然戴维南定理等适用于线性二端网络,但对于非线性网络电路,只要所选二端网络部分为线性网络,在局部仍然可以运用。

在实际电路分析中,经常要分析判断二极管是否导通,尤其当二极管接在复杂电路中时,往往不易看出。本例题从图 3-13(a) 直接观察,很容易误判 D_1 导通。但采用戴维南定理将其余部分电路简化后,问题得到解决。

例 3-10　利用电压表测量电路的电压时,由于电压表从被测电路分流,会引起测量误差。如果我们用两个不同内阻的电压表进行测量,则从两次测得的数据及电压表的内阻可以确知被测电压的实际值。设对某电路用内阻为 100 kΩ 的电压表测量,测得电压为 45 V;若用内阻为 50 kΩ 电压表测量,测得电压为 30 V,求实际电压。

解　测量电压电路如图 3-14 所示。由于不知道具体电路,我们用一个二端网络表示。被测的实际电压应为网络的开路电压 U_{oc}。应用戴维南定理将网络等效变换,如图 3-14(b)、(c) 所示。

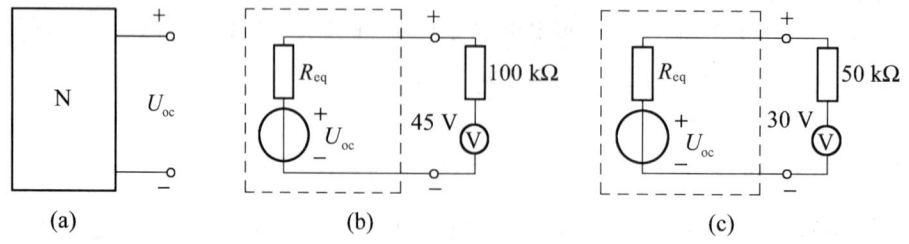

图 3-14　测量电压电路

对图 3-14(b) 应用 KVL,有

$$45 \text{ V} - U_{oc} + \frac{45 \text{ V}}{100\ 000 \ \Omega} R_{eq} = 0$$

对图 3-14(c) 应用 KVL,有

$$30\ \text{V} - U_{\text{oc}} + \frac{30\ \text{V}}{50\ 000\ \Omega}R_{\text{eq}} = 0$$

解得

$$U_{\text{oc}} = 90\ \text{V}$$

即被测电压的实际值为 90 V。本例题提供了一种精确测量电压的实验方法,同时进一步说明了戴维南定理在实际中的应用。

以上举例旨在说明理论对实践具有指导作用。其他具体的实践应用,读者可以结合实际自行体会总结。

 **单元小结**

(1)叠加定理是分析线性电路的基础,它反映线性网络电路中内在的线性叠加关系。在线性电阻电路中,任一电压或电流都是电路中各个独立电源单独作用时,在该处产生的电压或电流的叠加。应用叠加定理应注意其适用范围。

(2)替代定理适用于任意网络电路。如果某条支路的电压 u_k 或电流 i_k 已知,则此支路可以用一个源电压 $u_S = u_k$ 的电压源或一个源电流 $i_S = i_k$ 的电流源替代。替代除对该支路产生影响外,对网络中其余支路均无影响。

(3)二端网络分为有源二端网络和无源二端网络。对于无源二端网络,其电压和电流满足欧姆定律。对于有源二端网络,用戴维南定理和诺顿定理等进行分析。

(4)戴维南定理指出:任何线性有源二端网络,就其外部特性而言,都可以用一个电压源和电阻的串联组合电路等效替代,其中源电压等于有源二端网络的开路电压,串联内电阻等于有源二端网络内部独立电源全部置零时,在输出端求得的等效电阻。

诺顿定理指出:任何线性有源二端网络,就其外部特性而言,都可以用一个电流源和电导的并联组合电路等效替代,其中源电流等于有源二端网络的短路电流,并联内电导等于有源二端网络内部的独立电源全部置零时,在输出端求得的等效电导。

(5)有源二端网络端口外接负载时,若负载 $R_L = R_{\text{eq}}$,则有最大功率输出。

(6)线性网络定理在网络电路分析中经常用到,结合实践理解定理很重要。

单元练习

1.分别用叠加定理和戴维南定理求如图 3-15 所示电路中的电流 I。

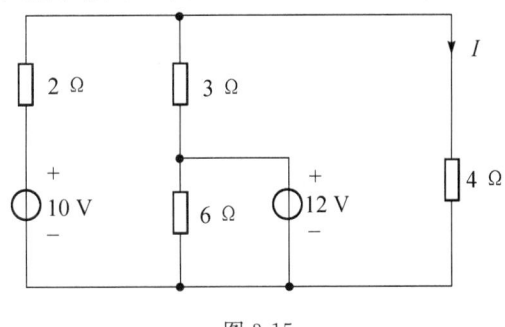

图 3-15

2.求如图 3-16 所示电路的戴维南等效电路。

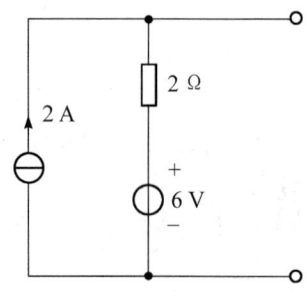

图 3-16

3.用叠加定理求如图 3-17 所示电路中的 i_1, i_2, u。

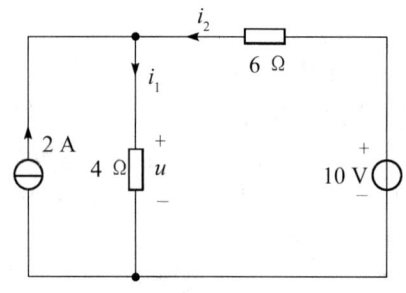

图 3-17

4.在如图 3-18 所示的电路中,电阻 R 所获得的最大功率是多少?电路传输的效率为多少?

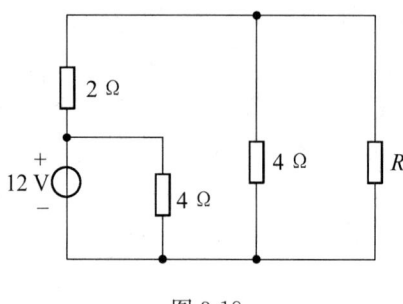

图 3-18

5.如图 3-19 所示,当电阻 R 为多大时,它所吸收的功率最大?并求该最大功率。

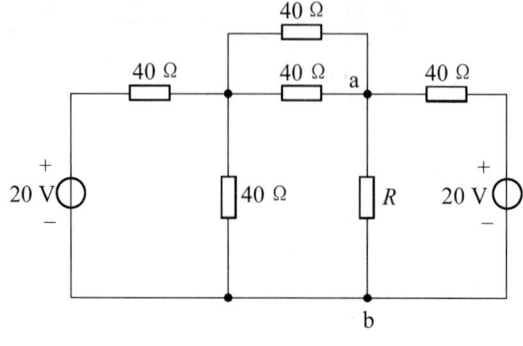

图 3-19

6.应用诺顿定理求如图 3-20 所示电路中 2 Ω 电阻的功率。

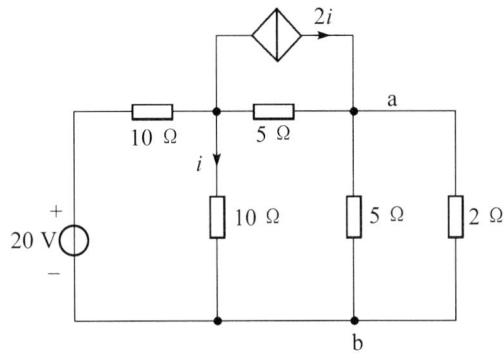

图 3-20

7.试证明:对于含源二端网络,戴维南等效电阻等于二端网络开路电压与短路电流之比,即

$$R_{eq} = \frac{u_{oc}}{i_{sc}}$$

8.求如图 3-21 所示电路 ab 端口的戴维南等效电路。

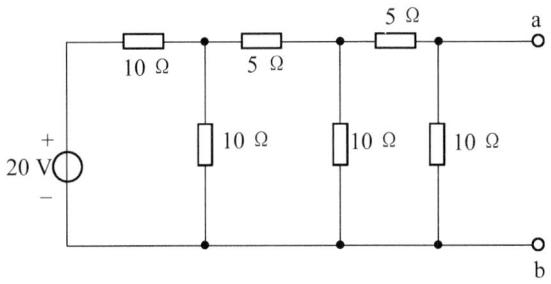

图 3-21

9.求如图 3-22 所示分压器的戴维南等效电路。

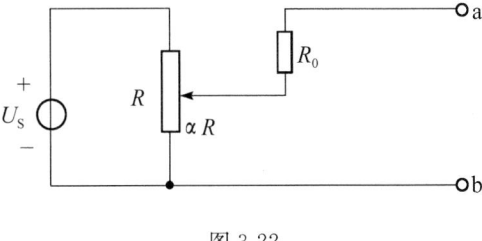

图 3-22

单元四
动态电路的分析

单元导读

在实际电路中,有时要求电路能够完成能量的存储和交换过程。本单元引入动态元件——电容元件 C 和电感元件 L——来模拟具有存储效应的电路模型,通过对电容、电感伏安特性的分析来了解电路的动态性,为进行电路的动态分析奠定必要的基础。

相关知识

知识点一　一阶动态电路

含有电容、电感元件的电路,当电路工作状态发生改变时,电容、电感元件存在惯性,使得电路状态变化具有一个过渡过程——动态性。对电路的动态分析,首先要从分析电容、电感元件的特性入手。

一、电容元件

电容器是存储电能的实际元件,当电压加在电容器两端时,电容器极板上就积累电荷,并建立电场;即使将外加电压去掉,电荷仍可以继续积累在极板上,电场仍然存在。所以电容器是一种能储存电能的元件。如果将电容器模型化,可用一个理想化的电路模型来表示上述过程,如图 4-1(a) 所示,图中元件 C 为电容元件。

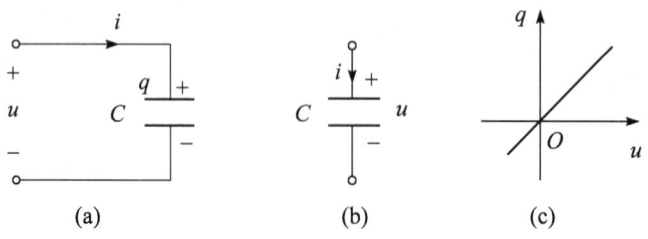

图 4-1　电容元件

如果电容元件的 u-q 关系满足简单的线性关系:

$$q = Cu \tag{4-1}$$

式中,C 为电容元件的参数,称为电容。它是电容元件的特性参量,是一个正常数。满足上述关系的电容元件称为线性电容元件,其图形符号如图 4-1(b) 所示。

在国际单位制中,电容的单位为法拉(简称法,用符号 F 表示)。1 F = 1 C/V。由于法拉单位过大,实际中经常采用微法(μF) 和皮法(pF) 做单位,1 F = 10^6 μF = 10^{12} pF。

若在 u-q 平面上表示线性电容元件,其 u-q 特性曲线如图 4-1(c) 所示,它是一条通过原点的直线。

如果电容元件的电流 i 和电压 u 的参考方向为关联选择,如图 4-1(b) 所示,则根据电流定义,得到电容元件的电流 i 和电压 u 的微分关系为

$$i = \frac{\mathrm{d}q}{\mathrm{d}t} = \frac{\mathrm{d}(Cu)}{\mathrm{d}t} = C \frac{\mathrm{d}u}{\mathrm{d}t} \tag{4-2}$$

式(4-2) 表明,电容元件的电流与电压的变化率成正比,电容具有动态性;电容在直流作用的情况下,当电压稳定后,电压不随时间变化,即 $\frac{\mathrm{d}u}{\mathrm{d}t} = 0$,电流为零,电容元件相当于开路,这说明电容具有"隔直"特性。

将式(4-2) 两边积分,可以得到电容元件的电压 u 和电流 i 的积分关系:

$$u = \frac{1}{C} \int_{-\infty}^{t} i(\tau) \mathrm{d}\tau = \frac{1}{C} q \tag{4-3}$$

式中,右边的积分部分为 t 时刻电容存储的电荷量 $q(t)$(简写为 q);积分下限取为 $-\infty$,是因为 t 时刻电容存储的电荷量 $q(t)$ 包含 t 时刻以前所有时间内积累的电荷量,$\tau = -\infty$ 认为是电容未储存电量的时刻。式(4-3) 说明,电容在 t 时刻的电压 $u(t)$(简写为 u)并不仅仅取决于 t 时刻的电流值,而是由 t 时刻以前任意时刻的电流 $i(\tau)$ 决定,即 t 时刻以前任意时刻的电流对 t 时刻的电压皆有贡献。这正是电容存储过程的反映,即电容具有记忆性。

如果指定某时刻 t_0 为初始时刻,并取为零时刻,则式(4-3) 可改写为

$$u = \frac{1}{C} \int_{-\infty}^{t} i(\tau) \mathrm{d}\tau = \frac{1}{C} \int_{-\infty}^{0} i(\tau) \mathrm{d}\tau + \frac{1}{C} \int_{0}^{t} i(\tau) \mathrm{d}\tau$$

$$= u(0) + \frac{1}{C} \int_{0}^{t} i(\tau) \mathrm{d}\tau \tag{4-4}$$

式中,$u(0)$ 为电容电压的初始值。式(4-4) 表明,任意时刻的电容电压总是在前一时刻电容电压基础上增加或者减少,电容电压具有连续性,即电容具有惯性。

在电压和电流参考方向关联的情况下,电容吸收的功率为

$$p = ui = Cu \frac{\mathrm{d}u}{\mathrm{d}t} \tag{4-5}$$

从 $t = -\infty$ 到 t 时刻,电容吸收的电场能为

$$W = \int_{-\infty}^{t} Cu \frac{\mathrm{d}u}{\mathrm{d}\tau} \mathrm{d}\tau - \int_{u(-\infty)}^{u(t)} Cu(\tau) \mathrm{d}u(\tau) - \frac{1}{2} Cu^2(t) \quad \frac{1}{2} Cu^2(-\infty)$$

由于 $u(-\infty)$ 对应电容元件未存储电荷时刻的电压,故 $u(-\infty) = 0$。即

$$W = \frac{1}{2} Cu^2(t) \tag{4-6}$$

从初始时刻到 t 时刻,电容吸收的电场能为

$$W = \int_{u(0)}^{u(t)} Cu(\tau) \mathrm{d}u(\tau) = \frac{1}{2} Cu^2(t) - \frac{1}{2} Cu^2(0) = W(t) - W(0)$$

上式说明,若 $W(t) > W(0)$,电容吸收能量全部存储在电容内,电容是一个储能元件;若 $W(t) < W(0)$,电容释放电场能量,释放的能量等于电容内电场能的减少量,电容不会释放多于它储存的能量,即电容是无源元件。

以上分析是在理想的线性电容模型基础上进行的,实际电容除有储能作用外,一般也要消耗一部分电能,这时电容器可以采用电容元件与电阻并联组合代替。

思考题:"未被充电的电容相当于短路"是否正确?如何理解?

二、电感元件

电感线圈是存储磁场能的实际元件,当电流流过电感线圈时,线圈周围就建立起磁场,线圈储存磁场能量。因此,电感线圈是一种能储存磁场能的部件。如果将电感线圈模型化,可用一个理想化的电路模型来表示上述过程,如图 4-2(a) 所示,图中元件 L 为电感元件。

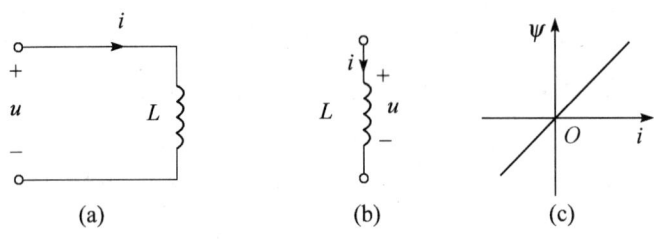

图 4-2　电感元件

如果电感元件的 i-Ψ 关系满足简单的线性关系:

$$\Psi = Li \tag{4-7}$$

式中,L 为电感元件的参数,称为电感。它是电感元件的特性参量,是一个正常数。满足上述关系的电感元件称为线性电感元件,其图形符号如图 4-2(b) 所示。

在国际单位制中,电感单位为亨利(简称亨,用符号 H 表示)。实际中经常采用毫亨(mH)和微亨(μH)做单位,$1\ \text{H} = 10^3\ \text{mH} = 10^6\ \mu\text{H}$。

若在 i-Ψ 平面上表示线性电感元件,其 Ψ-i 特性曲线如图 4-2(c) 所示,它是一条通过原点的直线。

如果电感元件的电流 i 和电感磁链方向满足右手螺旋关系,且电流 i 和电压 u 的参考方向为关联选择,如图 4-3 所示,则根据法拉第电磁感应定律,得到电感元件的电流 i 和电压 u 的微分关系为

$$u = \frac{\mathrm{d}\Psi}{\mathrm{d}t} = \frac{\mathrm{d}(Li)}{\mathrm{d}t} = L\frac{\mathrm{d}i}{\mathrm{d}t} \tag{4-8}$$

式(4-8)表明,电感元件的电压与电流的变化率成正比,电感具有动态性。电感在直流作用的情况下,当电流稳定后,电流不随时间变化,即 $\frac{\mathrm{d}i}{\mathrm{d}t} = 0$,电压为零,电感元件相当于短路。

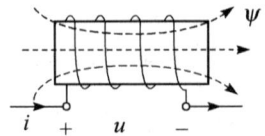

图 4-3　磁链、电流和电压参考方向

将式(4-8)两边积分,可以得到电感元件的电流 i 和电压 u 的积分关系:

$$i = \frac{1}{L}\int_{-\infty}^{t} u(\tau)\mathrm{d}\tau \tag{4-9}$$

式中,右边的积分部分并不仅仅取决于 t 时刻的电压值,而是由 $-\infty$ 到 t 时刻所有电压 $u(\tau)$

决定的,即 t 时刻以前任意时刻的电压对 t 时刻的电流皆有贡献。因此,电感电流对电压具有记忆能力,电感也具有记忆性。

如果指定某时刻 t_0 为初始时刻,并取为零时刻,则式(4-9)可改写为

$$i = \frac{1}{L}\int_{-\infty}^{t} u(\tau)\mathrm{d}\tau = \frac{1}{L}\int_{-\infty}^{0} u(\tau)\mathrm{d}\tau + \frac{1}{L}\int_{0}^{t} u(\tau)\mathrm{d}\tau = i(0) + \frac{1}{L}\int_{0}^{t} u(\tau)\mathrm{d}\tau \qquad (4\text{-}10)$$

式中,$i(0)$ 为电感电流的初始值。式(4-10)表明,任意时刻的电感电流总是在前一时刻电感电流的基础上增加或者减少,电感电流具有连续性,即电感也具有惯性。

在电压和电流参考方向关联情况下,电感吸收功率为

$$p = ui = Li\frac{\mathrm{d}i}{\mathrm{d}t} \qquad (4\text{-}11)$$

从 $t = -\infty$ 到 t 时刻电感吸收的磁场能为

$$W = \int_{-\infty}^{t} Li(\tau)\frac{\mathrm{d}i(\tau)}{\mathrm{d}\tau}\mathrm{d}\tau = \int_{i(-\infty)}^{i(t)} Li(\tau)\mathrm{d}i(\tau) = \frac{1}{2}Li^2(t) - \frac{1}{2}Li^2(-\infty)$$

由于 $i(-\infty) = 0$,故

$$W = \frac{1}{2}Li^2(t) \qquad (4\text{-}12)$$

从初始时刻到 t 时刻电感吸收的磁场能为

$$W = \int_{u(0)}^{u(t)} Li(\tau)\mathrm{d}i(\tau) = \frac{1}{2}Li^2(t) - \frac{1}{2}Li^2(0) = W(t) - W(0)$$

上式说明,若电流 $i(t) > i(0)$,有 $W(t) > W(0)$,即电流增加时,电感吸收能量并全部存储在电感内,电感是一个储能元件;若 $i(t) < i(0)$,有 $W(t) < W(0)$,即电流减小时,电感释放磁场能量,释放的能量等于电感内磁场能的减少量。电感不会释放多于它储存的能量,即电感也是无源元件。

以上分析是在理想的线性电感模型基础上进行的,实际电感除有储能作用外,一般也要消耗一部分电能,这时电感可以采用电感元件与电阻元件串联组合代替。

思考题:"没有储能的电感相当于开路"是否正确?如何理解?

三、换路定理及电路初始条件的确定

对于含有电容、电感元件的电路,若其工作状态突然发生变化,则称之为换路。由于电容、电感具有惯性,换路后电路中的各个电流、电压按照新电路特定的约束关系逐步达到一个新的稳定工作状态,这一过程称为瞬态过程,又称过渡过程。对换路时前后稳定工作状态的过渡分析,称为瞬态分析。

如图4-4所示电路,图中电容 C 原来与左边电路连接,假设电路在 t_0 时刻换路,与右边电路连接。

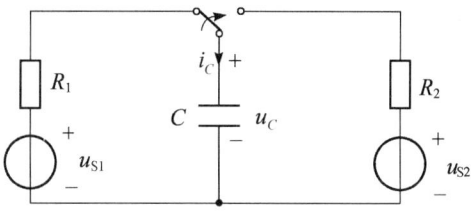

图 4-4　电容电路换路

如果认为换路在瞬间完成,用 t_0^- 和 t_0^+ 分别表示换路前后时刻,则 $t_0^- = t_0 = t_0^+$,这是一种理想情况。这样,电容 C 的电压 u_C 和电流 i_C 的积分关系为

$$u_C(t_0^+) = \frac{1}{C}\int_{-\infty}^{t_0^+} i_C(\tau)\mathrm{d}\tau = \frac{1}{C}\int_{-\infty}^{t_0^-} i_C(\tau)\mathrm{d}\tau + \frac{1}{C}\int_{t_0^-}^{t_0^+} i_C(\tau)\mathrm{d}\tau$$

如果在 t_0^- 时刻到 t_0^+ 时刻,认为 i_C 有限,则上式右侧第二项积分为零,得

$$u_C(t_0^+) = \frac{1}{C}\int_{-\infty}^{t_0^-} i_C(\tau)\mathrm{d}\tau = \frac{1}{C}\int_{-\infty}^{t_0^-} i_C(\tau)\mathrm{d}\tau + \frac{1}{C}\int_{t_0^-}^{t_0^+} i_C(\tau)\mathrm{d}\tau = u_C(t_0^-) \tag{4-13}$$

式(4-13)说明,电容元件换路前后电压不能突变。

对于电感电路的瞬态分析,与电容类似,下面举例说明。

如图 4-5 所示电路,图中电感 L 原来与左边电路连接,假设电路在 t_0 时刻换路,与右边电路连接。在理想换路情况下,有 $t_0^- = t_0 = t_0^+$,这样,电感 L 的伏安积分关系为

$$i_L(t_0^+) = \frac{1}{L}\int_{-\infty}^{t_0^+} u_L(\tau)\mathrm{d}\tau = \frac{1}{L}\int_{-\infty}^{t_0^-} u_L(\tau)\mathrm{d}\tau + \frac{1}{L}\int_{t_0^-}^{t_0^+} u_L(\tau)\mathrm{d}\tau$$

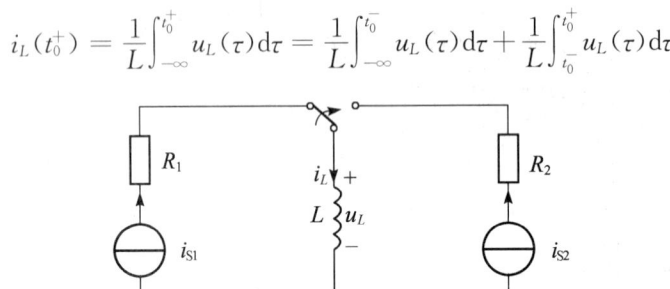

图 4-5 电感电路换路

若在 t_0^- 时刻到 t_0^+ 时刻,u_L 有限,则上式右侧第二项积分为零,得

$$i_L(t_0^+) = \frac{1}{L}\int_{-\infty}^{t_0^+} u_L(\tau)\mathrm{d}\tau = \frac{1}{L}\int_{-\infty}^{t_0^-} u_L(\tau)\mathrm{d}\tau + \frac{1}{L}\int_{t_0^-}^{t_0^+} u_L(\tau)\mathrm{d}\tau = i_L(t_0^-) \tag{4-14}$$

即电感元件换路前后电流不能突变,电感电流具有连续性。

以上对电容、电感电路的瞬态分析可以概括为换路定理:对于含有电容、电感元件的电路,换路时电容电压和电感电流不能突变,即

$$u_C(t_0^+) = u_C(t_0^-), \quad i_L(t_0^+) = i_L(t_0^-) \tag{4-15}$$

换路定理对确定动态电路的初始条件很重要。若要确定电路的初始条件,应先画出电路换路瞬间的等效电路图,再应用电路分析方法求出初始条件。

对于电容元件,如果在 $t = 0^-$ 时刻已经存储一定电荷 $q(0^-)$,电压为 $u_C(0^-) = U_0$,根据换路定理,电压不应突变,故换路后有 $u_C(0^+) = u_C(0^-) = U_0$,可见换路瞬间电容可视为一个电压为 U_0 的理想电压源;若在 $t = 0^-$ 时刻电容不带电荷,即电压 $u_C(0^-) = 0$,根据换路定理,换路后应有 $u_C(0^+) = u_C(0^-) = 0$,可见换路瞬间未充电的电容相当于短路。

对于电感元件,如果在 $t = 0^-$ 时刻通过电流 $i_L(0^-) = I_0$,根据换路定理,电感电流不应突变,故换路后有 $i_L(0^+) = i_L(0^-) = I_0$,可见换路瞬间电感可视为一个电流为 I_0 的理想电流源;若在 $t = 0^-$ 时刻电感电流为零,即 $i_L(0^-) = 0$,根据换路定理,换路后应有 $i_L(0^+) = i_L(0^-) = 0$,可见换路瞬间没有电流流过的电感相当于开路。

对于一个动态电路,若初始时刻为 $t = 0$ 时刻,其独立的初始条件为电容电压 $u_C(0^+)$ 和电感电流 $i_L(0^+)$,一般可以根据它们在 $t = 0^-$ 时刻的值 $u_C(0^-)$ 和 $i_L(0^-)$,依据换路定理来确定。该电路的非独立初始条件,即电阻的电压或电流、电容电流和电感电压等则需要通过独立初始条件来获得。下面举例说明。

例 4-1 如图 4-6 所示电路,换路前开关闭合,电路已达到稳态,求开关在 $t = 0$ 时刻突然打开时的 $u_C(0^+)$、$i_C(0^+)$、$i_L(0^+)$、$u_L(0^+)$、$i_{R_2}(0^+)$ 和 $i_{R_3}(0^+)$。

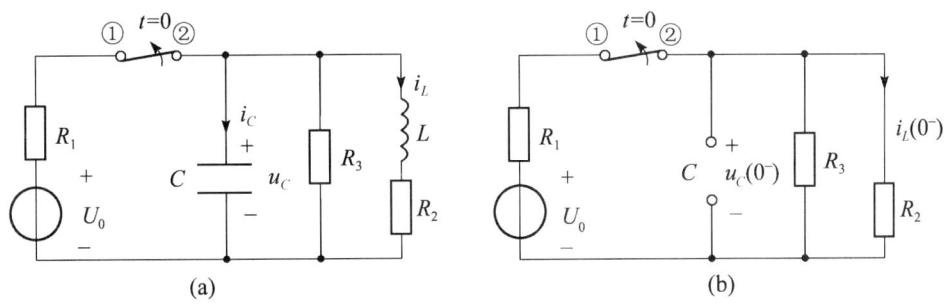

图 4-6 换路前 $(t=0^-)$ 动态电路及其等效电路

解 要确定换路前后各电压、电流的初始值,必须要弄清电容、电感元件的初始状态 $u_C(0^-)$ 和 $i_L(0^-)$,它们是独立初始条件。为此,我们先看图 4-6(a),当电路状态稳定后,电路中电压、电流不再变化。电容不再充电,电容对直流呈现开路状态,同时电感对直流呈现短路状态,故 $t=0^-$ 时刻的等效电路如图 4-6(b) 所示。得

$$u_C(0^-) = \frac{U_0}{R_1 + (R_2 /\!/ R_3)} \cdot (R_2 /\!/ R_3) = \frac{R_2 R_3}{R_1 R_2 + R_1 R_3 + R_2 R_3} U_0$$

$$i_L(0^-) = \frac{u_C(0^-)}{R_2} = \frac{R_3}{R_1 R_2 + R_1 R_3 + R_2 R_3} U_0$$

换路时,根据换路定理,电容电压和电感电流不会突变,得

$$u_C(0^+) = u_C(0^-) = \frac{R_2 R_3}{R_1 R_2 + R_1 R_3 + R_2 R_3} U_0$$

$$i_L(0^+) = i_L(0^-) = \frac{R_3}{R_1 R_2 + R_1 R_3 + R_2 R_3} U_0$$

为了求得其他非独立的初始值,根据替代定理,可将已求得的 $u_C(0^+)$ 和 $i_L(0^+)$ 分别用电压源和电流源来替代,得到 $t=0^+$ 时刻的等效电路,如图 4-7 所示。

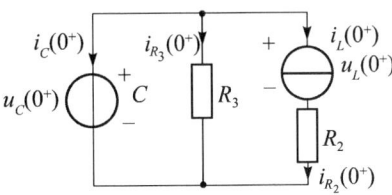

图 4-7 换路后 $(t=0^+)$ 初始值等效电路

应用 KVL、KCL 和 VCR,得

$$i_{R_3}(0^+) = \frac{u_C(0^+)}{R_3} = \frac{R_2}{R_1 R_2 + R_1 R_3 + R_2 R_3} U_0$$

$$i_{R_2}(0^+) = i_L(0^+) = \frac{R_3}{R_1 R_2 + R_1 R_3 + R_2 R_3} U_0$$

$$u_L(0^+) = u_C(0^+) - i_{R_2}(0^+) R_2 = 0$$

$$i_C(0^+) = -i_L(0^+) - i_{R_3}(0^+) = -\frac{R_3 + R_2}{R_1 R_2 + R_1 R_3 + R_2 R_3} U_0$$

本例题旨在体现动态电路在换路时初始条件的确定方法。在换路瞬间,其独立的初始条件为电容电压 $u_C(0^+)$ 和电感电流 $i_L(0^+)$,一般可以根据它们在 $t=0^-$ 时刻的值 $u_C(0^-)$ 和

$i_L(0^-)$，依据换路定理来确定。该电路的非独立初始条件，即电阻的电压或电流、电容电流和电感电压等则需要通过初始值电路，根据 KVL、KCL 和 VCR 求得。

知识点二　　一阶电路的零输入响应

凡用一阶方程描述的电路就称为一阶电路。一般只包含一个动态元件的电路都是一阶电路，如 RC 电路和 RL 电路。一阶电路是最简单的动态电路。一阶电路的零输入响应就是一阶电路没有外施激励时，由电路中动态元件的初始储能引起的响应。

一、RC 电路的零输入响应

如图 4-8 所示的 RC 电路，开关 K 先接于接点①，当电路达到稳定状态后，电容 C 已储有电荷，其电压为 U_0。这时换路，将开关 K 接于接点②，电容储存的电场能就将通过电阻 R 发热而转化为热能。假设在 $t = 0$ 时刻换路，则 $t \geqslant 0^+$ 表示开关接于接点②后的时间，根据 KVL 和 VCR，得

$$\left.\begin{array}{l} u_R + u_C = 0 \\ u_R = iR \end{array}\right\} \tag{4-16}$$

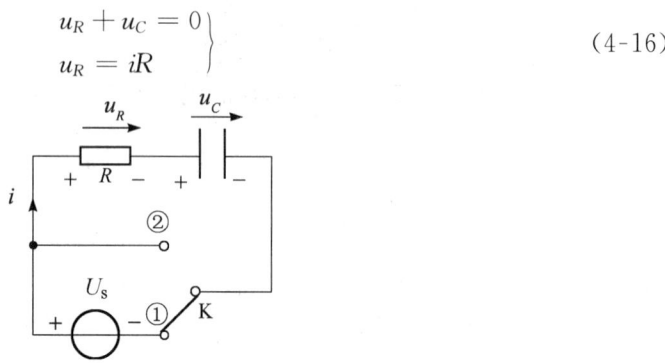

图 4-8　RC 电路的零输入响应

将 $i = \dfrac{\mathrm{d}q}{\mathrm{d}t} = C\dfrac{\mathrm{d}u_C}{\mathrm{d}t}$ 代入式(4-16)，得到一阶 RC 电路方程：

$$RC\frac{\mathrm{d}u_C}{\mathrm{d}t} + u_C = 0 \tag{4-17}$$

这是一个一阶齐次方程，根据换路定理，可知初始条件 $u_C(0^+) = u_C(0^-) = U_0$。方程的通解为

$$u_C(t) = A\mathrm{e}^{-\frac{t}{RC}}$$

代入初始条件，可知 $A = U_0$，即

$$u_C(t) = U_0\mathrm{e}^{-\frac{t}{RC}} \tag{4-18}$$

这就是电容放电过程中电压的表达式。根据 $i = \dfrac{\mathrm{d}q}{\mathrm{d}t} = C\dfrac{\mathrm{d}u_C}{\mathrm{d}t}$，可以求得电容放电过程中电流的表达式为

$$i(t) = -\frac{U_0}{R}\mathrm{e}^{-\frac{t}{RC}} \tag{4-19}$$

式(4-19)表明电流的流向与图示参考方向相反。图中电阻 R 的电压为

$$u_R = -u_C = -U_0\mathrm{e}^{-\frac{t}{RC}} \tag{4-20}$$

即电阻上的电压与图示参考方向相反。

从以上表达式可以看出,电压 u_C、u_R 和电流 i 都是按照同样的指数规律衰减,衰减的快慢取决于 RC 的乘积值。由于指数因子没有量纲,RC 的乘积单位应为时间单位,若电容、电阻取国际单位,则 RC 乘积单位为秒(s)。令 $\tau = RC$,则 τ 被称为 RC 电路的时间常数,它是反映过渡过程快慢的一个重要参量。这样式(4-18)变为

$$u_C(t) = U_0 \mathrm{e}^{-\frac{t}{\tau}}$$

其变化曲线如图 4-9 所示,可以看出电压衰减得很快。

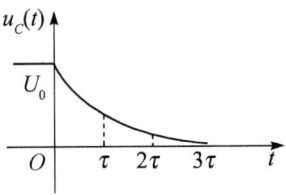

图 4-9　电容电压的零输入响应曲线

表 4-1 列出了电容电压与时间的数值关系,从中看出,理论上经过无限长时间放电才结束,但工程上认为只要经过 $4\tau \sim 5\tau$ 的时间电容放电便基本结束。

表 4-1　电容电压与时间的数值关系

t	0	τ	2τ	3τ	4τ	5τ	$\cdots$	∞
$u_C(t)$	U_0	$0.368U_0$	$0.135U_0$	$0.05U_0$	$0.018U_0$	$0.007U_0$	$\cdots$	0

在电容放电过程中,电阻 R 消耗的总电能为

$$W_R = \int_0^\infty i_R^2(t)R\mathrm{d}t = \int_0^\infty \left(-\frac{U_0}{R}\mathrm{e}^{-\frac{t}{\tau}}\right)^2 R\mathrm{d}t = \frac{1}{2}CU_0^2$$

上式计算结果正好等于电容存储的电能,说明电容释放的能量的确已全部转化为电阻消耗的能量。

例 4-2　如图 4-10(a) 所示电路,已知 $R_1 = R_2 = R_3 = 4\ \Omega$,$U_S = 6\ \mathrm{V}$,$C = 500\ \mu\mathrm{F}$,电路原先闭合并已达到稳定状态,若在 $t = 0$ 时刻突然断开开关,求 $t \geqslant 0$ 时的电容电压 $u_C(t)$。

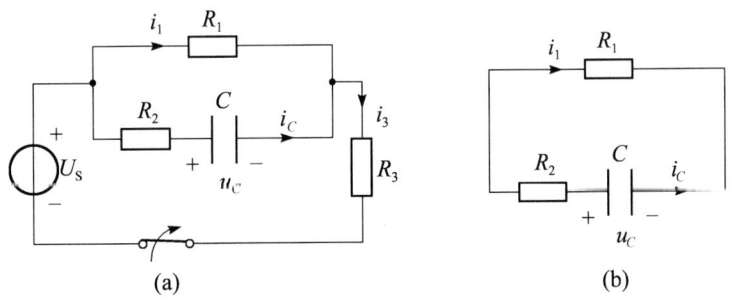

图 4-10　例 4-2 图

解　根据题意,开关打开前电容已充电,并处于稳定状态,所以电容支路等效于开路。根据 KVL,有

$$u_C(0^-) = u_{R_1}(0^-)$$

$$u_{R_1}(0^-) = \frac{U_S}{R_1 + R_3} \cdot R_1 = \frac{4\ \Omega}{4\ \Omega + 4\ \Omega} \times 6\ \mathrm{V} = 3\ \mathrm{V}$$

当 $t = 0$ 时,开关断开,电容 C 通过 R_1 和 R_2 放电,电路如图 4-10(b) 所示。则

$$u_C(0^+) = u_C(0^-) = 3 \text{ V}$$

$$\tau = R_{总}C = (R_1 + R_2)C = 8 \text{ } \Omega \times (500 \times 10^{-6}) \text{ F} = 4 \times 10^{-3} \text{ s}$$

$$u_C(t) = u_C(0^+)e^{-\frac{t}{\tau}} = 3e^{-\frac{t}{4 \times 10^{-3}}} \text{ V}$$

若电路中含有多个电阻,只要含有一个电容,就可以将电阻电路等效化简,进而求解零输入响应。

二、RL 电路的零输入响应

如图 4-11(a) 所示 RL 电路,开关 K 先接于接点 ①,当电路达到稳定状态后,电路中电压、电流不再变化,电感 L 流有恒流 I_0 并储存磁场能。这时换路,如图 4-11(b) 所示,将开关 K 接于接点 ②,电感储存的磁场能就将通过电阻 R 释放。假设在 $t = 0$ 时刻换路,则 $t \geqslant 0^+$ 表示开关接于 ② 后的时间,根据 KVL 和 VCR,得

$$\left. \begin{array}{r} u_R + u_L = 0 \\ u_R = i_L R \end{array} \right\} \tag{4-21}$$

将 $u_L = \dfrac{\mathrm{d}\Psi}{\mathrm{d}t} = L\dfrac{\mathrm{d}i_L}{\mathrm{d}t}$ 代入式(4-21),得一阶 RL 电路方程

$$L\frac{\mathrm{d}i_L}{\mathrm{d}t} + i_L R = 0 \tag{4-22}$$

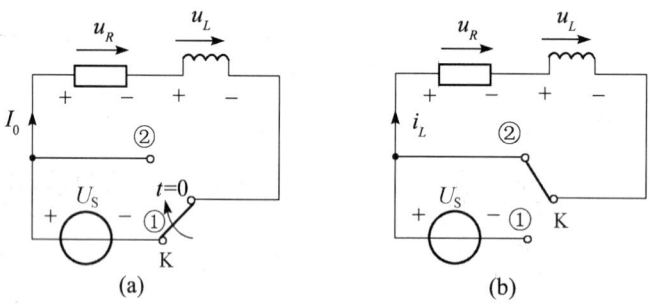

图 4-11　RL 电路的零输入响应

这也是一个一阶齐次方程。根据换路定理,可知初始条件 $i_L(0^+) = i_L(0^-) = I_0$。方程的通解为

$$i_L(t) = Ae^{-\frac{R}{L}t}$$

代入初始条件,可知 $A = I_0$,即

$$i_L(t) = I_0 e^{-\frac{R}{L}t} \tag{4-23}$$

这就是电感放电过程中电流的表达式。根据 $u_L = L\dfrac{\mathrm{d}i_L}{\mathrm{d}t}$,可以求得电感放电过程中电压的表达式为

$$u_L(t) = -RI_0 e^{-\frac{R}{L}t} \tag{4-24}$$

图中电阻 R 两端的电压为

$$u_R = -u_L = RI_0 e^{-\frac{R}{L}t} \tag{4-25}$$

从以上分析可以看出,RL 电路和 RC 电路的零输入响应分析类似,都是按指数规律衰

>>>>>>>

减,但时间常数不一样,RL 电路对应 $\tau = \dfrac{L}{R}$。若电感、电阻取国际单位,则 τ 的单位为秒(s)。

这样,式(4-23)变为

$$i_L(t) = I_0 e^{-\frac{t}{\tau}}$$

其变化曲线如图 4-12 所示,可以看出电流衰减得很快。

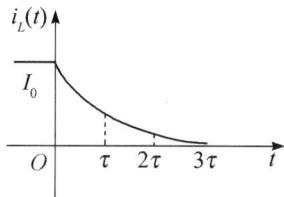

图 4-12 电感电流的零输入响应曲线

例 4-3 如图 4-13(a) 所示,已知 $R_1 = 990\ \Omega$,$R_2 = R_3 = 10\ \Omega$,$U_S = 6\ V$,$L = 1 \times 10^{-3}\ H$,电路原先闭合并已达到稳定状态,若在 $t = 0$ 时刻突然断开开关,求 $t \geqslant 0$ 时的电阻 R_1 的电压 $u_{R_1}(t)$。

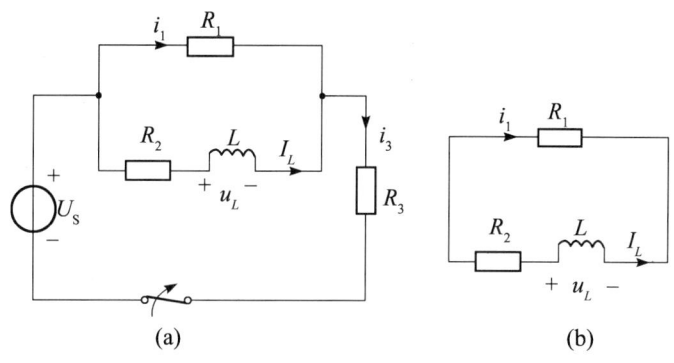

图 4-13 例 4-3 图

解 根据题意,开关打开前电路处于稳定状态,所以电感部分等效于短路。根据 KVL、KCL,有

$$i_L(0^-) = i_{R_2}(0^-)$$

$$u_{R_2}(0^-) = \frac{U_S}{(R_1 /\!/ R_2) + R_3} \cdot (R_1 /\!/ R_2) = \frac{6\ V}{9.9\ \Omega + 10\ \Omega} \times 9.9\ \Omega = 2.985\ V$$

$$i_L(0^-) = i_{R_2}(0^-) = \frac{u_{R_2}(0^-)}{R_2} = 0.298\,5\ A$$

当 $t = 0$ 时,开关断开,电感 L 通过 R_1 和 R_2 释放磁场能,电路如图 4-13(b) 所示。则

$$i_L(0^+) = i_L(0^-) = 0.298\,5\ A$$

$$\tau = \frac{L}{R_1 + R_2} = \frac{1 \times 10^{-3}\ H}{990\ \Omega + 10\ \Omega} = 1 \times 10^{-6}\ s$$

$$i_L(t) = i_L(0^+) e^{-\frac{t}{\tau}} = 0.298\,5 e^{-\frac{t}{1 \times 10^{-6}}}\ A$$

$$i_{R_1}(t) = i_L(t)$$

所以

$$u_{R_1}(t) = R_1 i_{R_1}(t) = 990\ \Omega \times 0.298\,5 e^{-\frac{t}{\tau}}\ A = 295.5 e^{-\frac{t}{\tau}}\ V$$

在断开瞬间,即 $t = 0^+$,可知 $u_{R_1}(t) = 295.5\ V$,此电压远远高于电源电压。实际中必须

注意电感电路的这种特点,若瞬间电压过高,可能损坏电路,但这种现象也被利用,如日光灯的启动器等。

知识点三 一阶电路的零状态响应

一阶电路的零状态响应就是一阶电路在零初始状态下(动态元件初始储能为零)由外施激励引起的响应。下面仍以 RC 电路、RL 电路为例进行说明。

一、RC 电路的零状态响应

如图 4-14 所示的 RC 电路,开关 K 闭合前,电容 C 处于零初始状态,若在 $t = 0$ 时刻闭合开关 K,有

$$u_C(0^-) = 0 \tag{4-26}$$

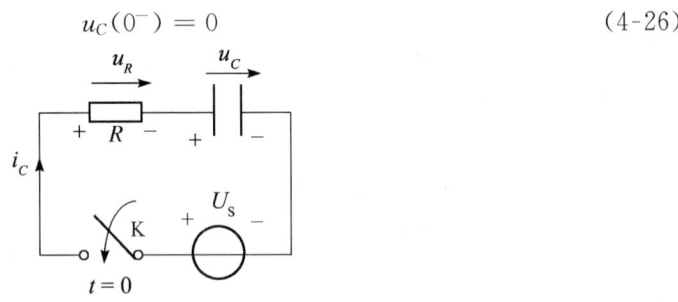

图 4-14 RC 电路的零状态响应

开关闭合后,电路接入电源,电容被充电。$t \geqslant 0^+$ 表示开关闭合后的时间,根据 KVL 和 VCR 得

$$\left.\begin{array}{r} -U_S + u_R + u_C = 0 \\ u_R = i_C R \end{array}\right\} \tag{4-27}$$

将 $i_C = \dfrac{dq}{dt} = C\dfrac{du_C}{dt}$ 代入式(4-27),得到一阶 RC 电路方程为

$$RC\frac{du_C}{dt} + u_C = U_S \tag{4-28}$$

这是一个一阶非齐次方程,其解可用其齐次方程的通解 $u_{Ch}(t)$ 与非齐次方程的一个特解 $u_{Cp}(t)$ 组合而成。即

$$u_C(t) = u_{Ch}(t) + u_{Cp}(t)$$

齐次方程的通解为

$$u_{Ch}(t) = Ae^{-\frac{t}{\tau}}$$

容易看出非齐次方程的一个特解为

$$u_{Cp}(t) = U_S$$

所以

$$u_C(t) = u_{Ch}(t) + u_{Cp}(t) = Ae^{-\frac{t}{\tau}} + U_S \tag{4-29}$$

根据换路定理,可知初始条件 $u_C(0^+) = u_C(0^-) = 0$。代入式(4-29),可知 $A = -U_S$。即

$$u_C(t) = U_S(1 - e^{-\frac{t}{\tau}}) \tag{4-30}$$

这就是电容充电过程中电压的表达式。根据 $i = C\dfrac{du_C}{dt}$,可以求得电容充电过程中电流的表达

式为

$$i_C(t) = \frac{U_S}{R} e^{-\frac{t}{\tau}} \qquad (4\text{-}31)$$

从以上表达式可以看出,电压 $u_C(t)$ 和电流 $i_C(t)$ 都是按照同样的指数规律趋近于它们各自的恒定值,当达到恒定值后,电路处于稳态。电路趋于稳态的快慢取决于时间常数 τ 的值,它是反映过渡过程快慢的一个重要参量。

对于 $u_C(t)$,其变化曲线如图 4-15 所示,可以看出 $u_C(t)$ 按照指数方式随 t 增大,最后达到稳定值 U_S。

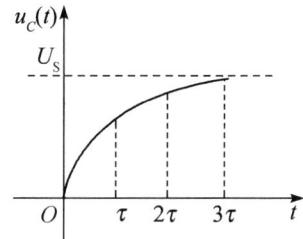

图 4-15　电容电压的零状态响应曲线

表 4-2 列出了电容电压与时间的数值关系,从中看出,理论上经过无限长时间电容充电才结束,但工程上认为只要经过 $4\tau \sim 5\tau$ 的时间电容充电便基本结束。

表 4-2　电容电压与时间的数值关系

t	0	τ	2τ	3τ	4τ	5τ	$\cdots$	∞
$u_C(t)$	0	$0.632U_S$	$0.865U_S$	$0.95U_S$	$0.982U_S$	$0.993U_S$	$\cdots$	U_S

例 4-4　如图 4-16(a) 所示电路,电路在开关闭合前为零初始状态,若在 $t=0$ 时刻突然闭合开关,求 $t \geqslant 0$ 时的电容电压 $u_C(t)$。

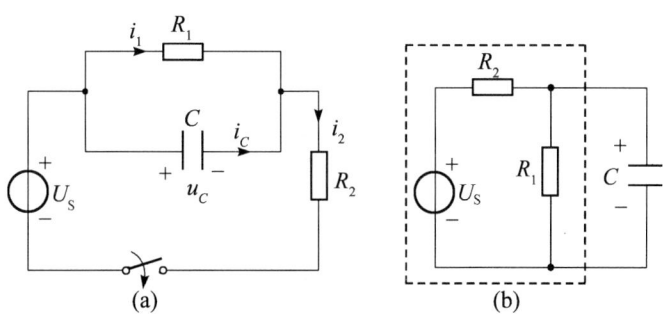

图 4-16　例 4-4 图

解　根据题意,开关闭合前电容处于零初始状态,有

$$u_C(0^-) = u_{R_1}(0^-) = 0$$

闭合后,根据 KVL、KCL 和 VCR,有

$$\left.\begin{array}{l} i_2 R_2 + u_C(t) = U_S \\ i_2 = i_1 + i_C \\ i_1 = \dfrac{u_C(t)}{R_1} \end{array}\right\}$$

将 $i_C = C\dfrac{\mathrm{d}u_C}{\mathrm{d}t}$ 代入,得

$$R_2 C \frac{\mathrm{d}u_C}{\mathrm{d}t} + \frac{R_1 + R_2}{R_1} u_C = U_S$$

解方程得通解为

$$u_C(t) = u_{Cp}(t) + u_{Ch}(t) = \frac{R_1}{R_1 + R_2} U_S + A\mathrm{e}^{-\frac{t}{(R_1 /\!/ R_2)C}}$$

当 $t = 0$ 时开关闭合，根据换路定理有

$$u_C(0^+) = u_C(0^-) = 0$$

$$A = -\frac{R_1}{R_1 + R_2} U_S$$

所以

$$u_C(t) = \frac{R_1}{R_1 + R_2} U_S + A\mathrm{e}^{-\frac{t}{(R_1 /\!/ R_2)C}} = \frac{R_1}{R_1 + R_2} U_S(1 - \mathrm{e}^{-\frac{t}{(R_1 /\!/ R_2)C}})$$

本题还可以通过图 4-16(b) 应用戴维南定理求解，直接写出答案。

二、RL 电路的零状态响应

如图 4-17 所示 RL 电路，开关 K 闭合前，电感 L 处于零初始状态。若在 $t = 0$ 时刻将开关闭合，即 $i_L(0^-) = 0$，$t \geqslant 0^+$ 表示开关闭合后的时间，电感将有电流流过，则根据 KVL 和 VCR，得

$$\left. \begin{aligned} u_R + u_L &= U_S \\ u_R &= i_L R \end{aligned} \right\} \tag{4-32}$$

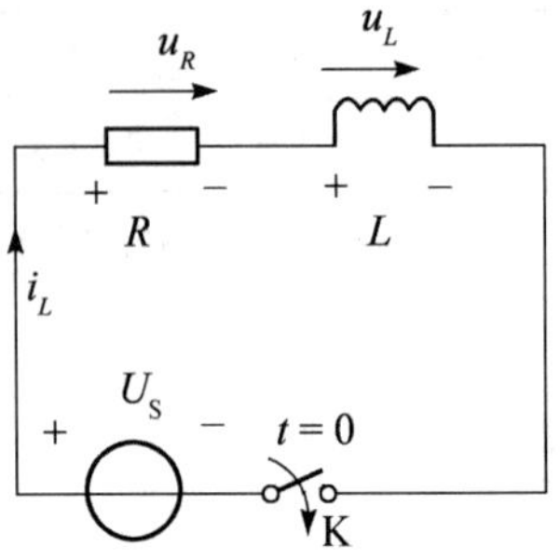

图 4-17 RL 电路的零状态响应

将 $u_L = \frac{\mathrm{d}\Psi}{\mathrm{d}t} = L\frac{\mathrm{d}i_L}{\mathrm{d}t}$ 代入式(4-32)，得到一阶 RL 电路方程：

$$L\frac{\mathrm{d}i_L}{\mathrm{d}t} + i_L R = U_S \tag{4-33}$$

这也是一个一阶非齐次微分方程。方程的求解可以采用分离变量法，将方程变形为

$$\frac{\mathrm{d}i_L(t)}{i_L(t) - \dfrac{U_S}{R}} = -\frac{R}{L}\mathrm{d}t$$

令 $I_S = \dfrac{U_S}{R}$，$\tau = \dfrac{L}{R}$，方程可以化为

$$\frac{\mathrm{d}[i_L(t) - I_S]}{i_L(t) - I_S} = -\frac{1}{\tau}\mathrm{d}t$$

两边积分得

$$\ln[i_L(t) - I_S] = -\frac{1}{\tau}t + C$$

式中,C 为积分常数。求得

$$i_L(t) = I_S + \mathrm{e}^{-\frac{1}{\tau}t+C} = I_S + A\mathrm{e}^{-\frac{1}{\tau}t}$$

式中,$A = \mathrm{e}^C$ 为待定系数。方程的解也可以直接由通解和特解组合得出。读者可以通过以上推导,相互验证。

根据换路定理,可知初始条件 $i_L(0^+) = i_L(0^-) = 0$。代入初始条件,可知

$$A = -I_S$$

即

$$i_L(t) = I_S(1 - \mathrm{e}^{-\frac{t}{\tau}}) \tag{4-34}$$

这就是电感电流零状态响应表达式。根据 $u_L = L\dfrac{\mathrm{d}i_L}{\mathrm{d}t}$,可以求得电感电压的表达式为

$$u_L(t) = U_S\mathrm{e}^{-\frac{t}{\tau}} \tag{4-35}$$

从以上分析可以看出,RL 电路和 RC 电路的零状态响应分析类似,分析结果都是按指数规律变化,但时间常数不一样,RL 电路对应 $\tau = \dfrac{L}{R}$。$i_L(t)$ 变化曲线如图 4-18 所示,可以看出电流按照指数方式随 t 增大,最后达到稳定值 I_S。

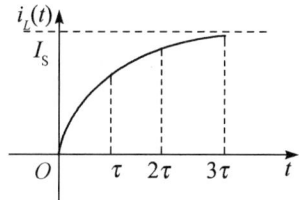

图 4-18　电感电流的零状态响应曲线

例 4-5　如图 4-19 所示,电路在开关闭合前为零初始状态,若在 $t = 0$ 时刻突然闭合开关,求 $t \geqslant 0$ 时的电感电流 $i_L(t)$ 和电阻电流 $i_{R_1}(t)$。

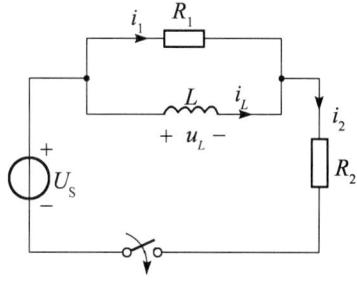

图 4-19　例 4-5 图

解　根据题意,开关闭合前电感处于零初始状态,有

$$i_L(0^-) = 0$$

闭合后,根据戴维南定理,有

$$\left.\begin{array}{l} U_e = \dfrac{R_1}{R_1 + R_2}U_S \\[3mm] R_e = R_1 /\!/ R_2 = \dfrac{R_1 R_2}{R_1 + R_2} \end{array}\right\}$$

所以

$$I_S = \frac{U_e}{R_e} = \frac{U_S}{R_2}, \tau = \frac{L}{R_e}$$

$$i_L(t) = I_S(1 - e^{-\frac{t}{\tau}}) = \frac{U_S}{R_2}(1 - e^{-\frac{t}{\tau}})$$

将 $u_L(t) = L\dfrac{\mathrm{d}i_L}{\mathrm{d}t}$ 代入,得

$$u_L(t) = LI_S \frac{1}{\tau} e^{-\frac{t}{\tau}} = LI_S \frac{R_e}{L} e^{-\frac{t}{\tau}} = \frac{R_1 U_S}{R_1 + R_2} e^{-\frac{t}{\tau}}$$

根据并联原理,可知

$$i_1(t) = \frac{u_L(t)}{R_1} = \frac{U_S}{R_1 + R_2} e^{-\frac{t}{\tau}}$$

可以看出,当 $t = 0^+$ 时,$i_L(t) = \dfrac{U_S}{R_2}(1 - e^{-\frac{t}{\tau}})\Big|_{t=0^+} = 0$,$i_1(t) = \dfrac{U_S}{R_1 + R_2}$,即零初始状态

电感相当于开路;当 $t \to \infty$ 时,$i_L(t) = \dfrac{U_S}{R_2}(1 - e^{-\frac{t}{\tau}})\Big|_{t\to\infty} = \dfrac{U_S}{R_2}$,$i_1(t) = 0$,即此时电感相当

于短路。

知识点四　　一阶电路的全响应

　　一阶电路的全响应是指一个非零初始状态的一阶电路受到激励时电路产生的响应。

　　如图 4-20 所示的 RC 电路,开关 K 先接于接点 ①,当电路达到稳定状态后,电容 C 已储有电荷,其电压为 U_0。这时换路,将开关 K 接于接点 ②,假设在 $t = 0$ 时刻换路,则 $t \geqslant 0^+$ 表示开关接于接点 ② 后的时间,根据 KVL 和 VCR,得

$$\left.\begin{array}{r} u_R + u_C = U_S \\ u_R = iR \end{array}\right\} \tag{4-36}$$

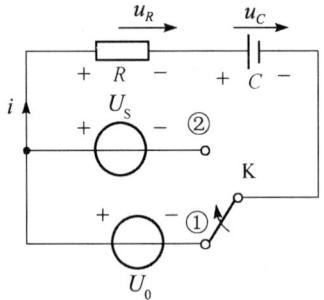

图 4-20　RC 电路的全响应

　　将 $i = \dfrac{\mathrm{d}q}{\mathrm{d}t} = C\dfrac{\mathrm{d}u_C}{\mathrm{d}t}$ 代入式(4-36),得到一阶 RC 电路方程为

$$RC\frac{\mathrm{d}u_C}{\mathrm{d}t} + u_C = U_S \tag{4-37}$$

这是一个一阶非齐次方程,根据换路定理,可知初始条件 $u_C(0^+) = u_C(0^-) = U_0$。方程的通解为

$$u_C(t) = U_S + Ae^{-\frac{t}{RC}}$$

代入初始条件，可知 $A = U_0 - U_S$。即

$$u_C(t) = U_S + (U_0 - U_S)e^{-\frac{t}{RC}} \tag{4-38}$$

这就是 RC 电路全响应表达式。可以看出，式(4-38)第一项是 RC 电路的稳态分量，而第二项是瞬态分量。这说明，RC 电路的全响应是稳态分量和瞬态分量的叠加。

$$全响应 = 稳态分量 + 瞬态分量$$

如果将式(4-38)改写为

$$u_C(t) = U_0 e^{-\frac{t}{RC}} + U_S(1 - e^{-\frac{t}{RC}}) \tag{4-39}$$

可以看出，式(4-39)第一项是 RC 电路的零输入响应，而第二项恰好是零状态响应。这说明，RC 电路的全响应是零输入响应和零状态响应的叠加。

$$全响应 = 零输入响应 + 零状态响应$$

以上两种分解办法可以用于求解一阶电路的全响应。但是不论哪种分解办法，其实质都是求解响应的初始值、特解和时间常数。

例 4-6　如图 4-21 所示电路，其中 $U_S = 10\text{ V}, I_S = 2\text{ A}, R = 2\text{ }\Omega, L = 4\text{ H}$，求开关闭合后电路中的电流 i_L。

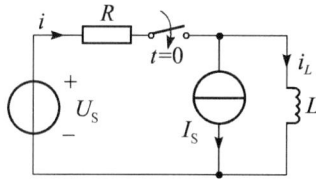

图 4-21　例 4-6 图

解　（1）先求零输入响应 $i_L{}'(t)$。

零输入响应对应于外接电压源置零，得

$$i_L{}'(0^+) = i_L{}'(0^-) = -2\text{ A}$$

$$\tau = \frac{L}{R} = \frac{4\text{ H}}{2\text{ }\Omega} = 2\text{ s}$$

所以
$$i_L{}'(t) = i_L{}'(0^+)e^{-\frac{t}{\tau}} = -2e^{-\frac{t}{2}}\text{ A}$$

（2）再求零状态响应 $i_L{}''(t)$。

零状态响应对应于电感为零初始状态，得

$$i_L{}''(0^+) = i_L{}''(0^-) = 0$$

$$\tau = \frac{L}{R} = \frac{4\text{ H}}{2\text{ }\Omega} = 2\text{ s}$$

所以　　　$i_L{}''(t) = I_S(1 - e^{-\frac{t}{\tau}}) = (5-2)(1 - e^{-\frac{t}{2}})\text{ A} = 3(1 - e^{-\frac{t}{2}})\text{ A}$

（3）电路的全响应为

$$i_L(t) = i_L{}'(t) + i_L{}''(t) = -2e^{-\frac{t}{2}} + 3(1 - e^{-\frac{t}{2}}) = (3 - 5e^{-\frac{t}{2}})\text{ A}$$

知识点五　一阶电路的三要素公式

根据前面分析可知，对于一阶动态电路，不论求解哪一种响应，只要知道其初始值、一个特解和时间常数这三个要素，就可写出其响应表达式。下面介绍求解一阶动态电路响应的三

要素法。

前面分析的一阶动态电路,不论是 RC 电路还是 RL 电路,其动态方程总可以变形为

$$\tau \frac{\mathrm{d}f(t)}{\mathrm{d}t} + f(t) = f_0(t) \tag{4-40}$$

式中,$f(t)$ 为响应,而 $f_0(t)$ 表示外接激励。这里我们只介绍直流激励的情况,即 $f_0(t) = F_0$。显然,F_0 是方程的一个特解,所以,式(4-40)的通解可以表示为

$$f(t) = f_h(t) + f_p(t) = Ae^{-\frac{t}{\tau}} + F_0 \tag{4-41}$$

由初始条件 $f(0^+)$,得

$$A = f(0^+) - F_0$$

当 $t \to \infty$ 时,$f(\infty) = F_0$,有

$$f(t) = \left[f(0^+) - f(\infty) \right] e^{-\frac{t}{\tau}} + f(\infty) \tag{4-42}$$

从式(4-42)可以看出,对于直流激励,只要求得初始值 $f(0^+)$、特解 $f(\infty)$ 和时间常数 τ 这三个要素,就可求出响应表达式。这就是一阶电路的三要素法。

应用三要素法解题,可遵循以下步骤:

(1)根据换路定理确定初始值 $f(0^+)$。

(2)求 $f(\infty)$:当 $t \to \infty$ 时,电路对应稳态,电容元件相当于开路,电感元件相当于短路,再根据电路求得 $f(\infty)$。

(3)确定时间常数 τ:可将动态元件从电路中隔离,剩余部分组成线性二端网络,运用网络定理将网络电路化简,求得 R_{eq},进而求出 τ。

下面举例说明三要素法的应用。

例 4-7 应用三要素法重解例 4-6。

解 (1)求 $f(0^+)$。观察电路,容易看出

$$i_L(0^+) = i_L(0^-) = -2\ \mathrm{A}$$

(2)求特解 $f(\infty)$。开关闭合后,当 $t \to \infty$ 时,L 相当于短路。

$$i_L(\infty) = 5\ \mathrm{A} - 2\ \mathrm{A} = 3\ \mathrm{A}$$

(3)求时间常数 τ。$R_{eq} = R = 2\ \Omega$,故

$$\tau = \frac{L}{R_{eq}} = 2\ \mathrm{s}$$

(4)求得 $f(t)$。

$$i_L(t) = (-2 - 3)e^{-\frac{t}{2}} + 3 = (3 - 5e^{-\frac{t}{2}})\ \mathrm{A}$$

本题旨在说明三要素法的应用方法,并供读者在不同解法间进行比较分析。

例 4-8 如图 4-22 所示电路,已知 $R_1 = R_2 = R_3 = 4\ \Omega, U_S = 6\ \mathrm{V}, C = 20\ \mu\mathrm{F}$,求当 $t = 0$ 时闭合开关后的电容电压 $u_C(t)$。

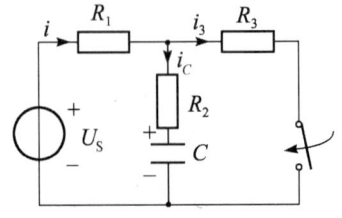

图 4-22 例 4-8 图

解 （1）求 $f(0^+)$。观察电路，容易看出

$$u_C(0^+) = u_C(0^-) = 6 \text{ V}$$

（2）求特解 $f(\infty)$。开关闭合后，当 $t \to \infty$ 时，C 相当于开路。

$$u_C(\infty) = \frac{U_s}{R_1 + R_3}R_3 = 3 \text{ V}$$

（3）求时间常数 τ。$R_{eq} = R_2 + (R_1 /\!/ R_3) = 6 \text{ }\Omega$，故

$$\tau = R_{eq}C = 6 \text{ }\Omega \times (20 \times 10^{-6})\text{F} = 1.2 \times 10^{-4} \text{ s}$$

（4）求得 $f(t)$。

$$u_C(t) = (6-3) \times \mathrm{e}^{-\frac{t}{1.2 \times 10^{-4}}} + 3 = 3(1 + \mathrm{e}^{-\frac{t}{1.2 \times 10^{-4}}}) \text{ V}$$

*知识点六　简单的二阶电路分析

用二阶微分方程描述的动态电路称为二阶动态电路。二阶电路一般含有两个独立储能元件，初始条件应有两个。RLC 串联电路是最简单的二阶动态电路，本知识点只简要讨论 RLC 二阶电路。

一、RLC 电路的零输入响应

如图 4-23(a) 所示 RLC 串联电路，电容原先被充电，其电压为 U_0。设 $t=0$ 时闭合开关，时间 $t \geqslant 0^+$ 对应的放电过程就是 RLC 电路的零输入响应，如图 4-23(b) 所示。根据 KVL，得

$$u_L - u_C + u_R = 0 \tag{4-43}$$

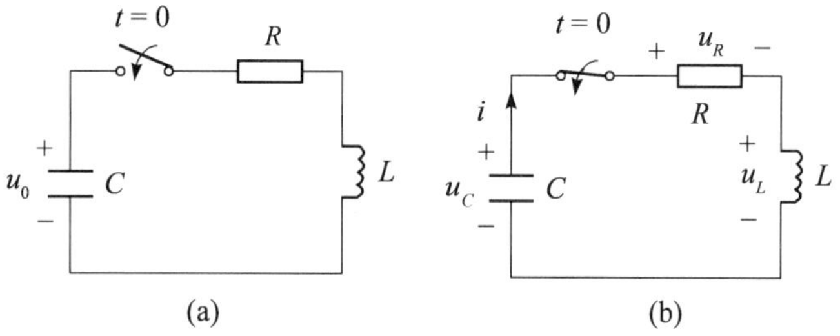

图 4-23　RLC 动态电路

将 $i = -C\dfrac{\mathrm{d}u_C}{\mathrm{d}t}, u_R = iR, u_L = L\dfrac{\mathrm{d}i}{\mathrm{d}t}$ 代入式(4-43)，得

$$LC\frac{\mathrm{d}^2 u_C}{\mathrm{d}t^2} + RC\frac{\mathrm{d}u_C}{\mathrm{d}t} + u_C = 0 \tag{4-44}$$

很显然，此方程是关于 u_C 的二阶微分方程。设方程的通解为

$$u_C(t) = A_1 u_{C1}(t) + A_2 u_{C2}(t)$$

式中，A_1、A_2 是两个常数，$u_{C1}(t)$ 和 $u_{C2}(t)$ 是方程两个线性独立的特解。根据一阶方程经验，可取 $u_C(t) = \mathrm{e}^{pt}$ 形式，p 为常数。代入二阶方程得

$$LC\frac{\mathrm{d}^2 u_C}{\mathrm{d}t^2} + RC\frac{\mathrm{d}u_C}{\mathrm{d}t} + u_C = \mathrm{e}^{pt}(LCp^2 + RCp + 1) \tag{4-45}$$

可见，只要满足 $LCp^2 + RCp + 1 = 0$，$u_C(t) = \mathrm{e}^{pt}$ 就是方程的特解。这个关于 p 的代数方程又称为二阶微分方程的特征方程。特征方程的根为

$$p_1 = -\beta + \sqrt{\beta^2 - \omega_0{}^2} \atop p_2 = -\beta - \sqrt{\beta^2 - \omega_0{}^2} \Bigg\} \qquad (4\text{-}46)$$

其中

$$\beta = \frac{R}{2L} \atop \omega_0 = \sqrt{\frac{1}{LC}} \Bigg\} \qquad (4\text{-}47)$$

在此分三种情况对所得结果进行讨论。

(1)$\beta^2 - \omega_0{}^2 > 0$。

这时，p_1 和 p_2 是实数，$\mathrm{e}^{p_1 t}$ 和 $\mathrm{e}^{p_2 t}$ 是两个独立实数解，故通解为

$$u_C(t) = A_1 \mathrm{e}^{p_1 t} + A_2 \mathrm{e}^{p_2 t} \qquad (4\text{-}48)$$

根据换路定理，可得初始条件

$$u_C(0^+) = u_C(0^-) = U_0$$
$$i_L(0^+) = i_L(0^-) = 0$$

代入式(4-48)得

$$A_1 = \frac{p_2 U_0}{p_2 - p_1}$$

$$A_2 = \frac{p_1 U_0}{p_1 - p_2}$$

故满足初始条件的解为

$$u_C(t) = \frac{U_0}{2\sqrt{\beta^2 - \omega_0{}^2}}(p_1 \mathrm{e}^{p_2 t} - p_2 \mathrm{e}^{p_1 t})$$

其曲线如图 4-24 中 ① 所示，是过阻尼振荡。

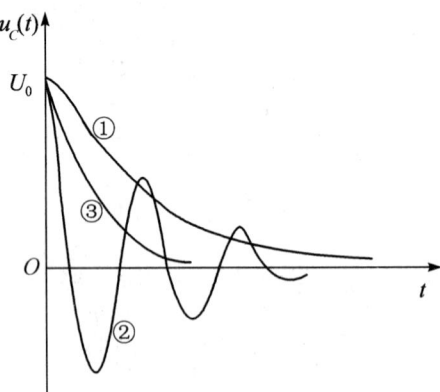

图 4-24　RLC 电路的零输入响应曲线

(2)$\beta^2 - \omega_0{}^2 < 0$。

这时，p_1 和 p_2 是虚数，p_1 和 p_2 改写为

$$p_1 = -\beta + \mathrm{j}\sqrt{\omega_0{}^2 - \beta^2} = -\beta + \mathrm{j}\omega \atop p_2 = -\beta - \mathrm{j}\sqrt{\omega_0{}^2 - \beta^2} = -\beta - \mathrm{j}\omega \Bigg\}$$

考虑到 $u_C(t)$ 是实数，要找到实数特解，可将复数展开为实部和虚部，如

$$e^{p_1 t} = e^{(-\beta + j\omega)t} = e^{-\beta t}\cos\omega t + je^{-\beta t}\sin\omega t$$

数学证明,若一个复数是方程的解,它的实部和虚部也是方程的解。上式实部和虚部都是实数,也都是方程的特解,且线性独立。故通解为

$$u_C(t) = A_1 e^{-\beta t}\cos\omega t + A_2 e^{-\beta t}\sin\omega t$$

上式可化简为

$$u_C(t) = A_1 e^{-\beta t}\cos\omega t + A_2 e^{-\beta t}\sin\omega t = A e^{-\beta t}\cos(\omega t + \varphi) \tag{4-49}$$

根据初始条件得

$$A = \frac{U_0}{\cos\varphi}, \quad \varphi = \arctan\left(-\frac{\beta}{\omega}\right)$$

代入式(4-49)得

$$u_C(t) = \frac{U_0}{\cos\varphi} e^{-\beta t}\cos(\omega t + \varphi)$$

其响应曲线是阻尼振荡曲线,如图 4-24 中 ② 所示,衰减因子为 $e^{-\beta t}$,振荡频率为 ω。

(3)$\beta^2 - \omega_0^2 = 0$。

这时,$p_1 = p_2 = -\beta$,只能得到一个解 $e^{-\beta t}$,这时可设通解为

$$u_C(t) = (A_1 + A_2 t)e^{-\beta t} \tag{4-50}$$

根据初始条件,得

$$A_1 = U_0$$
$$A_2 = \beta U_0$$

故满足初始条件的解为

$$u_C(t) = U_0(1 + \beta t)e^{-\beta t} \tag{4-51}$$

其曲线如图 4-24 中 ③ 所示,是临界阻尼振荡。

二、RLC 电路的零状态响应

如图 4-25(a) 所示 RLC 电路,电路原先处于零初始状态。设 $t = 0$ 时闭合开关,时间 $t \geqslant 0^+$ 对应的充电过程就是 RLC 电路的零状态响应过程,如图 4-25(b) 所示。根据 KVL,得

$$u_L + u_C + u_R = U_S \tag{4-52}$$

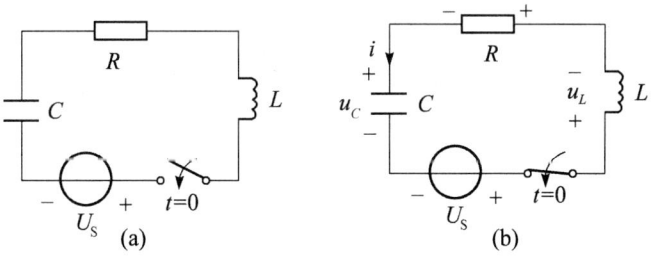

图 4-25　RLC 电路的零状态响应

将 $i = C\dfrac{du_C}{dt}, u_R = iR, u_L = L\dfrac{di}{dt}$ 代入式(4-52),得

$$LC\frac{d^2 u_C}{dt^2} + RC\frac{du_C}{dt} + u_C = U_S \tag{4-53}$$

很显然,此方程是关于 u_C 的二阶非齐次微分方程。其通解可用其齐次方程的通解 $u_{Ch}(t)$ 与非齐次方程的一个特解 $u_{Cp}(t)$ 组合构成。即

$$u_C(t) = u_{Ch}(t) + u_{Cp}(t) \tag{4-54}$$

齐次方程的通解已经在前面进行了分析,现在只要找到方程(4-53)的一个特解即可,这个特解可根据稳态电路求出。稳态对应电容充电完毕状态,此时电容 C 相当于开路,由于是串联回路,导致稳态电流为零,电压全部加在电容上,即 $u_C(t) = U_S$,是一个特解。所以,RLC 零状态响应为

$$u_C(t) = A_1 u_{C1}(t) + A_2 u_{C2}(t) + U_S \tag{4-55}$$

式中,A_1、A_2 是两个常数,$u_{C1}(t)$ 和 $u_{C2}(t)$ 是齐次方程两个线性独立的特解。也分三种情况讨论。

(1)$\beta^2 - \omega_0^2 > 0$。

$$u_C(t) = A_1 e^{p_1 t} + A_2 e^{p_2 t} + U_S \tag{4-56}$$

其响应曲线如图 4-26 中 ① 所示,是过阻尼振荡。

(2)$\beta^2 - \omega_0^2 < 0$。

$$u_C(t) = A e^{-\beta t} \cos(\omega t + \varphi) + U_S \tag{4-57}$$

其响应曲线是阻尼振荡曲线,如图 4-26 中 ② 所示,衰减因子为 $e^{-\beta t}$,振荡频率为 ω。

(3)$\beta^2 - \omega_0^2 = 0$。

$$u_C(t) = (A_1 + A_2 t) e^{-\beta t} + U_S \tag{4-58}$$

其响应曲线如图 4-26 中 ③ 所示,是临界阻尼振荡。

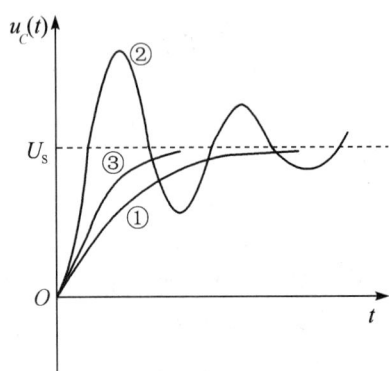

图 4-26　RLC 电路的零状态响应曲线

以上通解中待定系数可根据初始条件得出,根据换路定理,图示 RLC 电路零状态响应的初始条件为

$$u_C(0^+) = u_C(0^-) = 0$$
$$i_L(0^+) = i_L(0^-) = 0$$

思考题:衰减因子和哪些因素相关?能否给出一个无阻尼振荡模型?

🔄 **单元小结** ▰▰▰▰▰

(1)电容元件的电压 u 和电流 i 具有动态关系,电容元件是一个动态元件;电容电压对电流具有记忆性;电容电压连续变化,具有惯性。电感元件也是动态元件,电感电流对电压具有记忆性;电感电流连续变化,具有惯性。电容和电感都是储能元件。

(2)换路定理:对于含有电容、电感元件的电路,换路时,电容电压和电感电流不能突变,

即 $u_C(t_0^+) = u_C(t_0^-), i_L(t_0^+) = i_L(t_0^-)$。换路定理对确定动态电路的初始条件很重要。

（3）一阶电路的零输入响应就是一阶电路没有外施激励时，由电路中动态元件的初始储能引起的响应。一阶电路的零输入响应按照指数规律衰减，衰减的快慢取决于时间常数。

（4）一阶电路的零状态响应就是一阶电路在零初始状态下（动态元件初始储能为零）由外施激励引起的响应。一阶电路的零状态响应按照指数规律趋近于它们各自的恒定值，当达到恒定值后，电路处于稳态。电路趋于稳态的快慢取决于时间常数 τ 的值。

（5）一阶电路的全响应就是指一个非零初始状态的一阶电路受到激励时电路产生的响应。

$$全响应 = 稳态分量 + 瞬态分量$$
$$全响应 = 零输入响应 + 零状态响应$$

（6）三要素法：一阶动态电路的响应，可以由初始值、特解和时间常数这三个要素来决定。

对直流激励，一阶动态电路的响应为

$$f(t) = \left[f(0^+) - f(\infty) \right] e^{-\frac{t}{\tau}} + f(\infty)$$

应用三要素法解题，可遵循以下步骤：

① 根据换路定理确定初始值 $f(0^+)$。

② 求 $f(\infty)$：当 $t \to \infty$ 时，电路对应稳态，电容元件相当于开路，电感元件相当于短路，根据电路求得 $f(\infty)$。

③ 确定时间常数 τ：可将动态元件从电路中隔离，剩余部分组成线性二端网络，运用网络定理将网络电路化简，求得 R_{eq}，进而求出 τ。

 单元练习

1. 如图 4-27 所示电路中，开关 S 在 $t = 0$ 时动作，试求电路中 R、L、C 元件的电压、电流在 $t = 0^+$ 时刻的值。

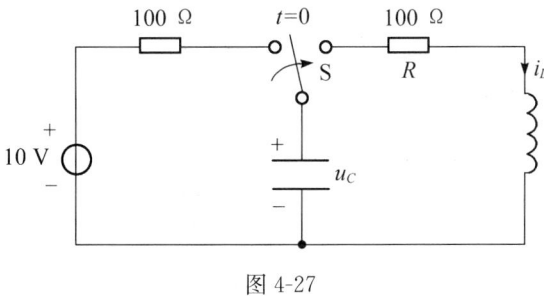

图 4-27

2. 在如图 4-28 所示电路中，求 $t \geqslant 0$ 时的 i_L 和 u_L。

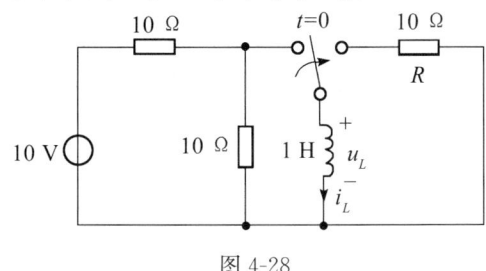

图 4-28

3. 在如图 4-29 所示电路中,求 $t \geqslant 0$ 时的 i_C 和 u_C。

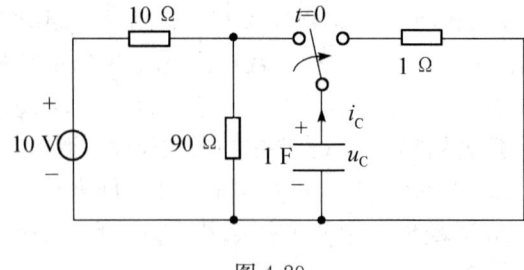

图 4-29

4. 如图 4-30 所示电路在换路前已达稳态,求 $t \geqslant 0$ 时的全响应 $u_C(t)$,并把 $u_C(t)$ 的稳态分量、瞬态分量、零输入响应和零状态响应分量分别写出来。

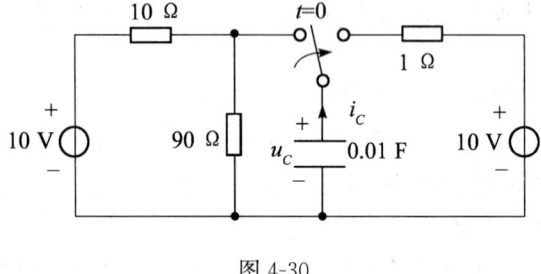

图 4-30

5. 如图 4-31 所示的电路已稳定。若在 $t = 0$ 时,开关由 1 转向 2,试写出 $u_C(t)$ 的微分方程,并求 $t > 0$ 时的零输入响应 $u_C(t)$。

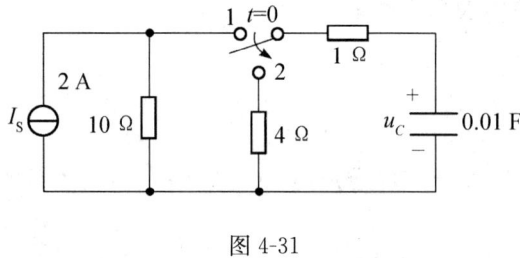

图 4-31

6. 在如图 4-32 所示的一阶电路中,开关闭合前,电路已处于稳定状态。在 $t = 0$ 时,将开关闭合。求电路的零状态响应 $u_C(t)$、$i_C(t)$。

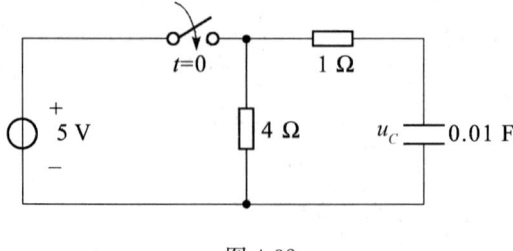

图 4-32

7. 用三要素法求如图 4-33 所示电路在换路后的 $i(t)$、$i_L(t)$。

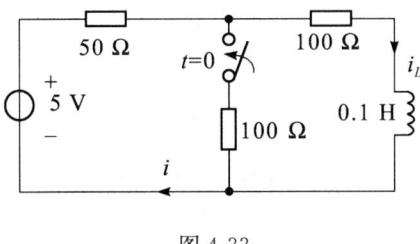

图 4-33

8. 在如图 4-34 所示电路中，$U_S = 6$ V，$R_1 = 1$ kΩ，$R_2 = 2$ kΩ，$R_3 = 2$ kΩ，$L = 200$ mH。开关原来闭合并且电路处于稳态。$t = 0$ 时，把开关打开。求开关打开后：

(1) 电感中的电流；

(2) 电感上的电压；

(3) 在整个过渡过程中，电阻 R_2 所吸收的能量。

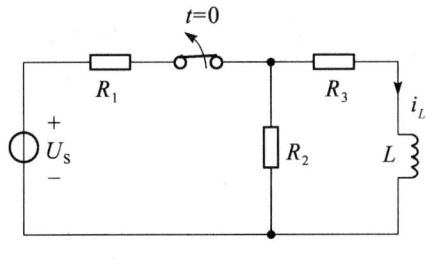

图 4-34

9. 如图 4-35 所示电路中，开关原来打开并且电路处于稳态，当 $t = 0$ 时，开关闭合。求电流 $i(t)$。

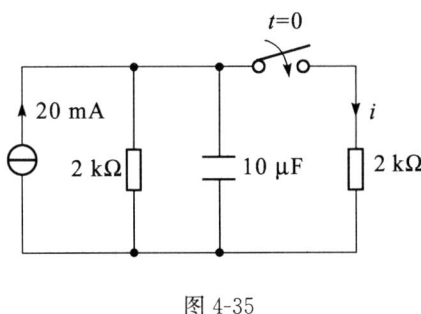

图 4-35

10. 如图 4-36 所示微分电路，已知输入的矩形脉冲 $u_1(t)$ 的波形，$t_p \gg \tau$，求输出 $u_2(t)$ 的表达式，并画出波形图。

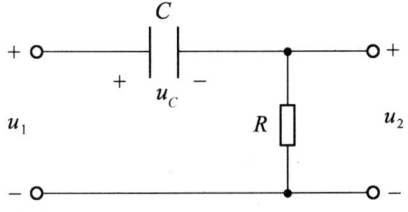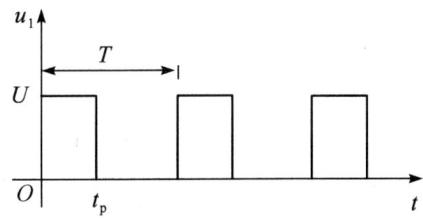

图 4-36

单元五
正弦稳态电路的分析

单元导读

正弦稳态电路是一种应用非常广泛的电路。线性非时变动态电路在正弦激励下形成正弦稳态响应,称这样的电路为正弦稳态电路。前面对动态电路的分析一般采用解微分方程的方法,但当电路复杂时,解微分方程很困难。本单元介绍相量法,它是分析正弦稳态电路的有效方法。

相关知识

知识点一　正弦信号的特征参量

一、正弦信号及其波形

正弦稳态电路的激励源是正弦信号。所谓正弦信号,就是指电信号的幅值和方向随时间呈正弦变化。如果将正弦信号写成函数形式,以电流为例,则为

$$i(t) = I_\mathrm{m}\sin(\omega t + \varphi_i) \tag{5-1}$$

其波形如图 5-1 所示。

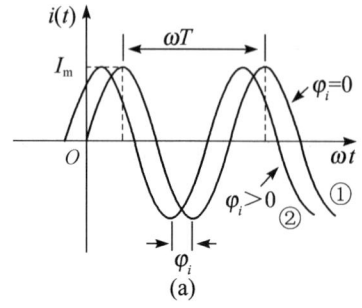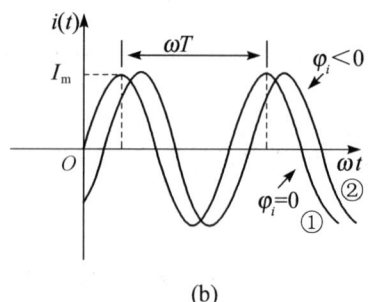

图 5-1　正弦电流波形

容易看出,电流波形的幅度由 I_m 的大小决定,波形周期性(重复性)由 ω 决定,而 φ_i 决定波形是超前还是滞后。也就是说,只要确定 I_m、ω 和 φ_i 就可以完全确定正弦信号。

二、正弦信号的三要素

由于 I_m、ω 和 φ_i 决定正弦信号,故称它们为正弦信号的三要素。

视频
正弦量三要素

1. 幅值、有效值

I_m 决定波形的幅度,称其为振幅,它是正弦电流变化所能达到的最大值。正弦电压信号的振幅用 U_m 表示。

由于正弦信号的电流和电压的大小、方向按正弦规律变化,求解电功要用积分方法,很不方便,为了解决这一问题,在工程上常采用有效值来计算。

有效值的定义为:若电流 $i(t)$ 为正弦信号,其在一个周期 T 内通过电阻 R 产生的电功 W_i 和一个电流为 I 的直流电流流过同一电阻 R 在相同时间内产生的电功 W_I 相等,则认为 I 和 $i(t)$ 等效,称 I 为 $i(t)$ 的有效值。对于电压,有效值的定义类似。可得

$$W_i = \int_0^T Ri^2(t)\mathrm{d}t = \int_0^T RI_\mathrm{m}^2\sin^2(\omega t + \varphi_i)\mathrm{d}t = \frac{1}{2}RI_\mathrm{m}^2\int_0^T\{1+\cos[2(\omega t + \varphi_i)]\}\mathrm{d}t$$

$$= \frac{1}{2}RI_\mathrm{m}^2 T + \frac{1}{2}RI_\mathrm{m}^2\int_0^T\cos[2(\omega t + \varphi_i)]\mathrm{d}t = \frac{1}{2}RI_\mathrm{m}^2 T$$

$$W_I = I^2RT$$

所以

$$I = \frac{\sqrt{2}}{2}I_\mathrm{m} \approx 0.707I_\mathrm{m} \tag{5-2}$$

同理可得

$$U = \frac{\sqrt{2}}{2}U_\mathrm{m} \approx 0.707U_\mathrm{m} \tag{5-3}$$

电压有效值、电流有效值很常见,日常使用的交流电电压 220 V 就是指有效值,其振幅约为 311 V。

2. 角频率、相位和初相

式(5-1)中的 $(\omega t + \varphi_i)$ 对应角度,令 $\psi = \omega t + \varphi_i$,称其为正弦信号的相位。这样,$\omega = \dfrac{\mathrm{d}\psi}{\mathrm{d}t}$,表示单位时间内变化的弧度数,称为正弦信号的角频率。由于正弦函数具有周期性,周期为 2π,即 $\sin\psi = \sin(\psi + 2\pi)$,所以存在以下关系:

$$i(t) = i(t+T) \quad (T \text{ 为信号的时间周期})$$

有

$$\sin(\omega t + \varphi_i) = \sin[\omega(t+T)+\varphi_i]$$

可得

$$\omega T = 2\pi$$

即

$$\omega = \frac{2\pi}{T} = 2\pi f \tag{5-4}$$

式(5-4)为角频率、频率和周期的换算关系,经常用到。

φ_i 决定波形超前或落后。由于 φ_i 包含在相位中,且 $\varphi_i = \psi|_{t=0}$,即 φ_i 是正弦信号在 $t=0$ 时刻的相位,故称其为初相。在图 5-1(a) 中,波形 ① 对应 $\varphi_i = 0$ 时的正弦波形,波形 ② 对应 $\varphi_i > 0$ 时的正弦波形,波形 ② 比波形 ① 超前 φ_i 达到最大幅值。在图 5-1(b) 中,波形 ② 对应 $\varphi_i < 0$ 时的正弦波形,波形 ② 比波形 ① 滞后 $|\varphi_i|$ 达到最大幅值。

例 5-1 已知正弦电流振幅为 10 mA,频率为 50 Hz,初相为 $\dfrac{\pi}{4}$,求其函数表达式。

解 要确定正弦信号表达式,只需知道三要素即可。

由题意知

$$\omega = 2\pi f = 100\pi \text{ rad/s}$$

所以

$$i(t) = 10\sin(100\pi t + \frac{\pi}{4})\text{mA}$$

思考题: 某电器最高耐压 250 V,该电器是否可以接在 220 V 交流电源上?

三、相位差

在电路分析中,经常会遇到两个或多个正弦信号相遇叠加的情况,信号叠加后是相消还是相长至关重要,这涉及相位差的概念。所谓相位差,就是指两个信号的相位之差。

假设有两个正弦电流信号 $i_1(t)$ 和 $i_2(t)$,其表达式为

$$i_1(t) = I_{m1}\sin(\omega t + \varphi_1) = I_{m1}\sin\Psi_1$$
$$i_2(t) = I_{m2}\sin(\omega t + \varphi_2) = I_{m2}\sin\Psi_2$$

则 $i_1(t)$ 和 $i_2(t)$ 相位差为

$$\Psi = \Psi_1 - \Psi_2 = \varphi_1 - \varphi_2 \tag{5-5}$$

式(5-5)表明,同频正弦信号的相位差由初相决定,且与时间无关,即相位差恒定。相位差与波形的关系如图 5-2 所示。

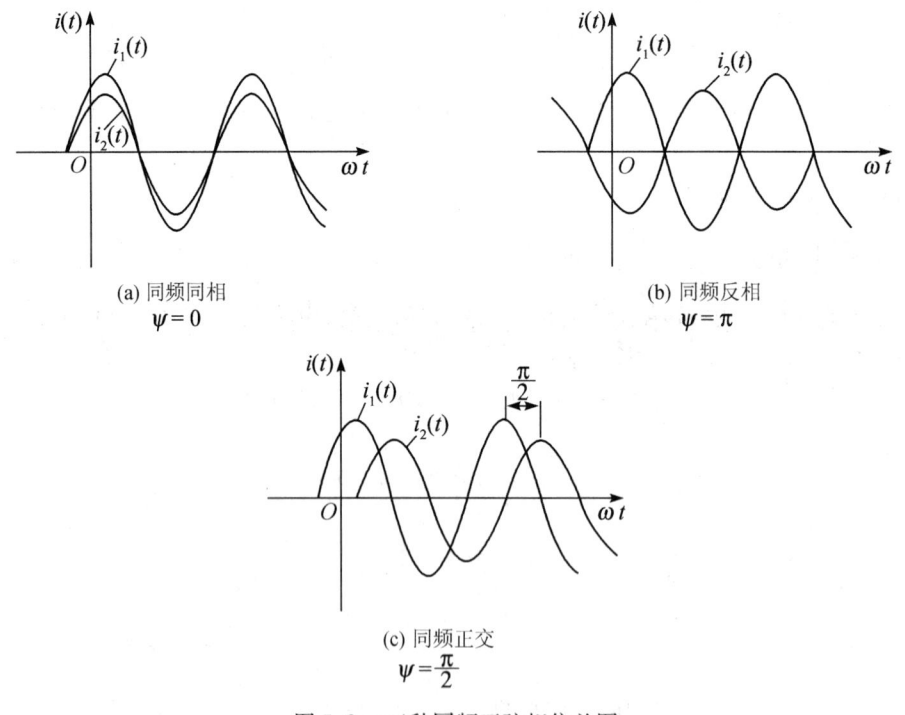

(a) 同频同相
$\psi = 0$

(b) 同频反相
$\psi = \pi$

(c) 同频正交
$\psi = \dfrac{\pi}{2}$

图 5-2 三种同频正弦相位差图

思考题: 两列不同频率的正弦信号的相位差恒定吗?为什么?

知识点二 正弦信号的相量表示

正弦稳态信号分析经常采用相量法。所谓相量法,其实质就是先将正弦信号在复平面内用相量表示,然后进行运算求解。相量法直观简便,是一种非常实用的分析方法。下面首先介

绍复数的基本知识,再介绍正弦量的相量表示法及相量运算。

一、复数基本知识

1. 复数及其表示

设有任意复数 F,其数学形式为

$$F = a + \mathrm{j}b$$

式中,a、b 分别表示复数 F 的实部和虚部。可以写为

$$a = \mathrm{Re}(F), \quad b = \mathrm{Im}(F)$$

若在复平面内对 F 进行几何描述,可先作一直角坐标系,横轴表示实部,称为实轴,标记为"$+1$";纵轴表示虚部,称为虚轴,标记为"$+\mathrm{j}$"。两轴交点为原点,可利用复数 F 的实部 a 和虚部 b 唯一确定一个点 (a,b),从原点出发,向该点作一矢量 $\boldsymbol{r}$,该矢量由点 (a,b) 唯一确定。反之,复平面内的任一矢量,也唯一确定一个复数,两者形成一一对应的关系,如图 5-3 所示。

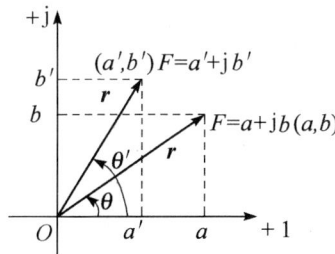

图 5-3　复数与矢量一一对应

从图 5-3 容易看出,复数 F 还可以由 $\boldsymbol{r}$ 的大小 r(即线段的长短)和 $\boldsymbol{r}$ 与实轴的夹角 θ 来描述,且 (r,θ) 与 F 也是一一对应的。即

$$r = |\boldsymbol{r}| = \sqrt{a^2 + b^2}$$

$$\theta = \arctan \frac{b}{a}$$

$$F = r\cos\theta + \mathrm{j}r\sin\theta \qquad \text{(三角形式)}$$

上式变形为

$$F = r\cos\theta + \mathrm{j}r\sin\theta = r(\cos\theta + \mathrm{j}\sin\theta) = r\mathrm{e}^{\mathrm{j}\theta} \qquad \text{(指数形式)}$$

或

$$F = |F| \underline{/\theta} \qquad \text{(极坐标形式)}$$

2. 复数运算法

(1)复数加减运算。

代数法:实部与实部相加减,虚部与虚部相加减。

矢量法:满足平行四边形法则。

(2)复数乘除运算。

采用指数形式运算简单。

二、正弦量的相量表示法

假设正弦信号为

$$i(t) = I_{\mathrm{m}}\sin(\omega t + \varphi_i)$$

根据复数知识,得

$$i(t) = I_\mathrm{m}\sin(\omega t + \varphi_i) = \mathrm{Im}[I_\mathrm{m}e^{j(\omega t + \varphi_i)}] = \mathrm{Im}(I_\mathrm{m}e^{j\varphi_i}e^{j\omega t})$$

令 $\dot{I}_\mathrm{m} = I_\mathrm{m}e^{j\varphi_i}$，则 $I_\mathrm{m} = |\dot{I}_\mathrm{m}|$，复数 $\dot{I}_\mathrm{m}$ 的辐角恰好是 $i(t)$ 的初相。$\dot{I}_\mathrm{m} = I_\mathrm{m}e^{j\varphi_i}$ 被称为电流相量。将正弦信号用相量表示，称为相量表示法。即

$$\left.\begin{aligned} i(t) &= \mathrm{Im}(\dot{I}_\mathrm{m}e^{j\omega t}) \\ u(t) &= \mathrm{Im}(\dot{U}_\mathrm{m}e^{j\omega t}) \end{aligned}\right\} \tag{5-6}$$

由以上分析可知，正弦信号的相量是与时间无关的常量，但它包含了两个要素，即幅值和初相。角频率要素包含在 $e^{j\omega t}$。以上分析是从正弦信号到其相量表示，反过来，也可以由其相量表示得到正弦信号，这就是相量法。相量法的本质是一种能够将正弦信号复杂的微积分求解变为简单直观的相量运算的方法。

上面的相量是用振幅定义的，也可以用有效值来定义，两者并无本质区别，只是差一个常数因子而已。

三、相量图

根据相量表达式，很容易得到相量在复平面上的表示图，称为相量图。$\dot{I}_\mathrm{m} = I_\mathrm{m}e^{j\varphi_i}$ 的相量图如图 5-4 所示。

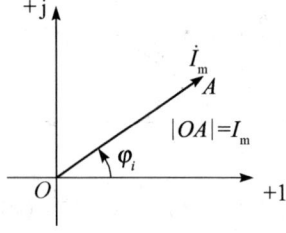

图 5-4　电流相量图

例 5-2　写出下列正弦量的相量表示。

(1) $i(t) = -5\sin(100\pi t + \dfrac{\pi}{3})$ A；　　　(2) $u(t) = 311\cos(100\pi t + \dfrac{\pi}{3})$ V。

解　(1) $i(t) = -5\sin(100\pi t + \dfrac{\pi}{3})$ A $= 5\sin(100\pi t + \dfrac{\pi}{3} - \pi)$ A $= 5\sin(100\pi t - \dfrac{2\pi}{3})$ A，

故 $\dot{I}_\mathrm{m} = 5e^{j(-\frac{2\pi}{3})}$ A。

(2) 将 $u(t)$ 变形为正弦形式，即

$$u(t) = 311\cos(100\pi t + \frac{\pi}{3})\ \mathrm{V} = 311\cos(\frac{\pi}{2} + 100\pi t - \frac{\pi}{6})\ \mathrm{V}$$

$$= -311\sin(100\pi t - \frac{\pi}{6})\ \mathrm{V} = 311\sin(100\pi t + \pi - \frac{\pi}{6})\ \mathrm{V} = 311\sin(100\pi t + \frac{5}{6}\pi)\ \mathrm{V},$$

故 $\dot{U}_\mathrm{m} = 311e^{j\frac{5\pi}{6}}$ V。

四、相量运算

用相量表示正弦信号后，接下来要按相量运算规则进行运算。运算规则如下：

1. 同频正弦信号代数运算

$$\dot{I}_\mathrm{m} = \dot{I}_{\mathrm{m}1} \pm \dot{I}_{\mathrm{m}2} \tag{5-7}$$

设 $i_1(t) = I_{\mathrm{m}1}\sin(\omega t + \varphi_1)$，$i_2(t) = I_{\mathrm{m}2}\sin(\omega t + \varphi_2)$，$i(t) = i_1(t) \pm i_2(t)$。

根据相量表示，$i_1(t)$、$i_2(t)$ 和 $i(t)$ 对应的相量分别为

$$\dot{I}_{m1} = I_{m1}e^{j\varphi_1}, \quad \dot{I}_{m2} = I_{m2}e^{j\varphi_2}, \quad \dot{I}_m = I_me^{j\varphi}$$

根据式(5-6)得

$$\text{Im}(\dot{I}_me^{j\omega t}) = \text{Im}(\dot{I}_{m1}e^{j\omega t}) \pm \text{Im}(\dot{I}_{m2}e^{j\omega t}) = \text{Im}[(\dot{I}_{m1} \pm \dot{I}_{m2})e^{j\omega t}]$$

若上式在任何时刻都成立,则

$$\dot{I}_m = \dot{I}_{m1} \pm \dot{I}_{m2}$$

即正弦信号和的相量等于正弦信号相量的和。相量的运算可以采用图解法,也可以采用复数法。

例 5-3　已知 $i_1(t) = 5\sin(100\pi t + \dfrac{\pi}{3})$ A,$i_2(t) = 5\sin(100\pi t + \dfrac{2\pi}{3})$ A,试求 $i(t) = i_1(t) + i_2(t)$。

解　因为　$i_1(t) = 5\sin(100\pi t + \dfrac{\pi}{3})$ A,$i_2(t) = 5\sin(100\pi t + \dfrac{2\pi}{3})$ A

所以　　　　　　　　　　$\dot{I}_{m1} = 5e^{j\frac{\pi}{3}}$ A,$\dot{I}_{m2} = 5e^{j\frac{2\pi}{3}}$ A

根据运算法则,有

$$\dot{I}_m = \dot{I}_{m1} + \dot{I}_{m2}$$

(1)图解法,如图 5-5 所示。

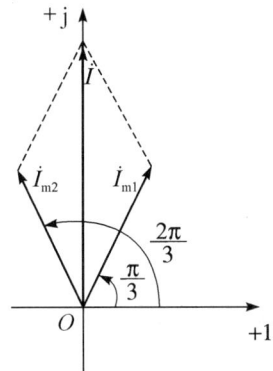

图 5-5　相量和运算的图解法

根据图示几何关系容易求得

$$|\dot{I}_m| = I_m = 5\sqrt{3} \text{ A}, \varphi = \dfrac{\pi}{2}$$

所以 $\dot{I}_m = 5\sqrt{3}e^{j\frac{\pi}{2}}$,求得

$$i(t) = \text{Im}(\dot{I}_me^{j100\pi t}) = 5\sqrt{3}\sin(100\pi t + \dfrac{\pi}{2})$$

(2)复数运算法。

$$\dot{I}_m = \dot{I}_{m1} + \dot{I}_{m2} = (2.5 + j\dfrac{5\sqrt{3}}{2}) \text{ A} + (-2.5 + j\dfrac{5\sqrt{3}}{2}) \text{ A} = j5\sqrt{3} \text{ A} = 5\sqrt{3}e^{j\frac{\pi}{2}} \text{ A}$$

故 $i(t) = 5\sqrt{3}\sin(100\pi t + \dfrac{\pi}{2})$。

2. 微分运算

$$\dfrac{di(t)}{dt} \text{ 的相量} = j\omega \times [i(t) \text{ 的相量}] = j\omega\dot{I}_m \qquad (5-8)$$

设 $i(t) = I_m\sin(\omega t + \varphi_i)$，对其求一阶导数：

$$\frac{\mathrm{d}i(t)}{\mathrm{d}t} = \frac{\mathrm{d}}{\mathrm{d}t}\left[\mathrm{Im}(\dot{I}_m\mathrm{e}^{j\omega t})\right] = \mathrm{Im}\left[\frac{\mathrm{d}}{\mathrm{d}t}(\dot{I}_m\mathrm{e}^{j\omega t})\right] = \mathrm{Im}\left[j\omega(\dot{I}_m\mathrm{e}^{j\omega t})\right]$$

$$= \mathrm{Im}\left[j\omega\dot{I}_m\cos\omega t + j^2\omega\dot{I}_m\sin\omega t\right] = \omega\dot{I}_m\cos\omega t$$

又

$$\frac{\mathrm{d}i(t)}{\mathrm{d}t} = \omega\dot{I}_m\cos\omega t = \omega\dot{I}_m\sin\left(\omega t + \frac{\pi}{2}\right)$$

所以 $\dfrac{\mathrm{d}i(t)}{\mathrm{d}t}$ 的相量表示为

$$\frac{\mathrm{d}i(t)}{\mathrm{d}t}\text{ 的相量} = \omega\dot{I}_m\mathrm{e}^{j\frac{\pi}{2}} = j\omega\dot{I}_m$$

得证。

3. 积分运算

$$\int i(t)\mathrm{d}t\text{ 的相量} = \frac{1}{j\omega} \times \left[i(t)\text{ 的相量}\right] = \frac{1}{j\omega}\dot{I}_m \tag{5-9}$$

设 $i(t) = I_m\sin(\omega t + \varphi_i)$，对其求积分：

$$\int i\,\mathrm{d}t = \int\left[\mathrm{Im}(\dot{I}_m\mathrm{e}^{j\omega t})\right]\mathrm{d}t = \mathrm{Im}\left[\int(\dot{I}_m\mathrm{e}^{j\omega t})\mathrm{d}t\right] = \mathrm{Im}\left[\frac{1}{j\omega}(\dot{I}_m\mathrm{e}^{j\omega t}) + C\right]$$

$$= \mathrm{Im}\left[\frac{1}{j\omega}\dot{I}_m\cos\omega t + \frac{1}{j\omega}j\dot{I}_m\sin\omega t + C\right] = -\frac{1}{\omega}\dot{I}_m\cos\omega t$$

又

$$\int i\,\mathrm{d}t = -\frac{1}{\omega}\dot{I}_m\cos\omega t = -\frac{1}{\omega}\dot{I}_m\sin\left(\omega t + \frac{\pi}{2}\right)$$

所以 $\int i\,\mathrm{d}t$ 的相量表示为

$$\int i(t)\mathrm{d}t\text{ 的相量} = -\frac{1}{\omega}\dot{I}_m\mathrm{e}^{j\frac{\pi}{2}} = \frac{1}{j\omega}\dot{I}_m$$

得证。

以上相量运算公式很有用，它们可以把微分和积分等运算简化为相量运算。

知识点三　　电阻、电容和电感元件的电压与电流的相量关系

电阻、电容和电感元件是构成动态电路的基本元件，下面简要介绍这三种理想元件上的电压与电流的相量关系。

一、电阻元件的电压与电流的相量关系

电阻元件的电压与电流瞬时值关系满足欧姆定律：

$$u = Ri$$

由于 R 为常数，很明显，电压与电流的相量关系应满足

$$\dot{U}_m = R\dot{I}_m \tag{5-10}$$

即满足同频同相关系，符合电阻的线性规律。相量图如图 5-6 所示，图 5-6(a) 所示为电阻相量模型，图 5-6(b) 所示为相量图。

容易看出，电阻元件的电压和电流的振幅、相位满足

$$\left.\begin{array}{l}U_m = RI_m\\\varphi_u = \varphi_i\end{array}\right\} \tag{5-11}$$

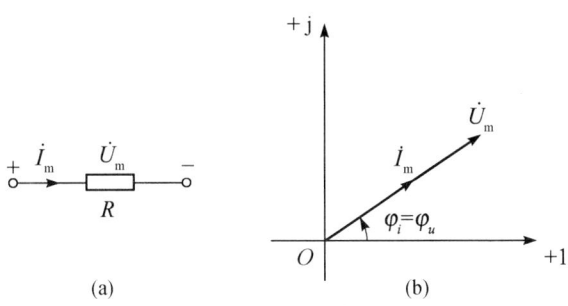

图 5-6　电阻元件的电压电流相量关系

二、电容元件的电压与电流的相量关系

电容元件的电压与电流瞬时值关系满足

$$i(t) = C\frac{\mathrm{d}u(t)}{\mathrm{d}t}$$

由于 C 为常数，应用微分或积分相量运算，有

$$\dot{U}_{\mathrm{m}} = \frac{1}{C}\left(\frac{1}{\mathrm{j}\omega}\dot{I}_{\mathrm{m}}\right) = -\mathrm{j}\frac{1}{\omega C}\dot{I}_{\mathrm{m}} \qquad (5\text{-}12)$$

式（5-12）表明，$-\mathrm{j}\dfrac{1}{\omega C}$ 复数因子反映电容电压与电流的相量关系，即电容元件的电压与电流相量不再同相。由于 $-1 = \mathrm{e}^{\mathrm{j}\pi}$，$\mathrm{j} = \mathrm{e}^{\mathrm{j}\frac{\pi}{2}}$，因此 $\dot{I}_{\mathrm{m}}$ 比 $\dot{U}_{\mathrm{m}}$ 相位超前 $\dfrac{\pi}{2}$，相量图如图 5-7 所示。图 5-7（a）所示为电容相量模型，图 5-7（b）所示为相量图。

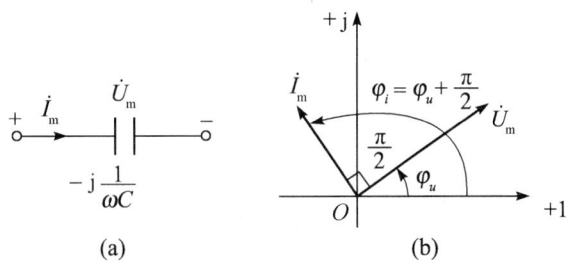

图 5-7　电容元件的电压电流相量关系

若令 $Z_C = -\mathrm{j}\dfrac{1}{\omega C}$，则式（5-12）变为

$$\dot{U}_{\mathrm{m}} = -\mathrm{j}\frac{1}{\omega C}\dot{I}_{\mathrm{m}} = Z_C\dot{I}_{\mathrm{m}} \qquad (5\text{-}13)$$

类比欧姆定律，Z_C 被称为复阻抗，又称复容抗。

电容元件的电压和电流的振幅、相位满足

$$\left.\begin{array}{r} U_{\mathrm{m}} = \dfrac{1}{\omega C}I_{\mathrm{m}} \\[3mm] \varphi_u = \varphi_i - \dfrac{\pi}{2} \end{array}\right\} \qquad (5\text{-}14)$$

三、电感元件的电压与电流的相量关系

电感元件的电压与电流瞬时值关系满足

$$u(t) = L\frac{\mathrm{d}i(t)}{\mathrm{d}t}$$

由于 L 为常数,应用微分相量运算,有

$$\dot{U}_\mathrm{m} = L(\mathrm{j}\omega \dot{I}_\mathrm{m}) = \mathrm{j}\omega L \dot{I}_\mathrm{m} \qquad (5\text{-}15)$$

式(5-15)表明,$\mathrm{j}\omega L$ 复数因子反映电感电压与电流的相量关系。即电感元件的电压与电流相量不再同相,由于 $\mathrm{j} = \mathrm{e}^{\mathrm{j}\frac{\pi}{2}}$,因此 $\dot{U}_\mathrm{m}$ 比 $\dot{I}_\mathrm{m}$ 相位超前 $\dfrac{\pi}{2}$,相量图如图 5-8 所示。图 5-8(a)所示为电感相量模型,图 5-8(b)所示为相量图。

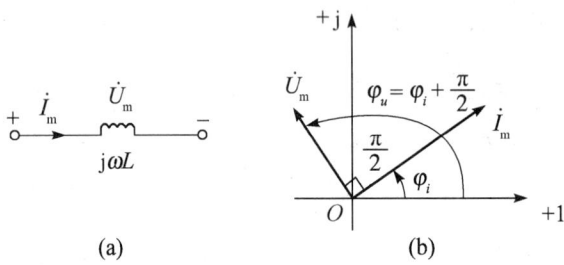

图 5-8　电感元件的电压电流相量关系

若令 $Z_L = \mathrm{j}\omega L$,则式(5-15)变为

$$\dot{U}_\mathrm{m} = \mathrm{j}\omega L \dot{I}_\mathrm{m} = Z_L \dot{I}_\mathrm{m} \qquad (5\text{-}16)$$

类比欧姆定律,Z_L 被称为复阻抗,又称复感抗。

电感元件的电压和电流的振幅、相位满足

$$\left. \begin{array}{l} U_\mathrm{m} = \omega L I_\mathrm{m} \\[2mm] \varphi_u = \varphi_i + \dfrac{\pi}{2} \end{array} \right\} \qquad (5\text{-}17)$$

例 5-4　如图 5-9(a)所示的 RL 串联电路,已知 $R = 30\ \Omega, L = 17.3\ \mathrm{mH}, u(t) = 5\sin 1\,000t$ V,求电压 $u_L(t)$。

解　(1)采用相量图法。

对于串联电路,由于流过各元件的电流相同,因此以电流相量作为参考方向比较方便。如图 5-9(b)所示,选 $\dot{I}_\mathrm{m}$ 为参考方向,则电阻电压 $\dot{U}_{Rm}$ 与电流 $\dot{I}_\mathrm{m}$ 同相,电感电压 $\dot{U}_{Lm}$ 比 $\dot{I}_\mathrm{m}$ 超前 $\dfrac{\pi}{2}$,且电压比例应满足串联电路的分压特性,即满足

$$\frac{U_{Lm}}{U_{Rm}} = \frac{\omega L}{R} = \frac{10^3\ \mathrm{rad/s} \times (17.3 \times 10^{-3})\ \mathrm{H}}{30\ \Omega} \approx \frac{\sqrt{3}}{3}$$

根据 $\dot{U}_\mathrm{m} = \dot{U}_{Lm} + \dot{U}_{Rm}$,得到图 5-9(b)所示相量关系。

根据已知条件,$\dot{U}_\mathrm{m} = 5\mathrm{e}^{\mathrm{j}0}$ V,即其初相为零,故只需在图 5-9(b)中以 $\dot{U}_\mathrm{m}$ 为实轴作相量图即可,如图 5-9(c)所示。有

$$\tan \varphi_{uL} = \sqrt{3}, \quad \varphi_{uL} = \frac{\pi}{3}$$

$$\dot{U}_{Lm} = \dot{U}_\mathrm{m} \cos \varphi_{uL} = \frac{1}{2}\dot{U}_\mathrm{m}$$

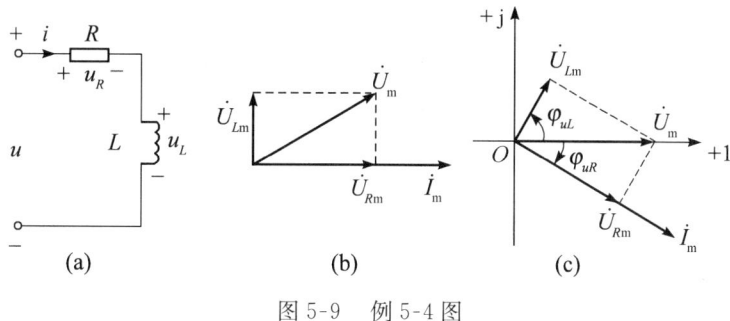

图 5-9   例 5-4 图

所以

$$u_L(t) = 2.5\sin(1\,000t + \frac{\pi}{3})$$

（2）采用复数运算法。

根据 KVL，有

$$u = u_R + u_L$$

根据相量运算，有

$$\dot{U}_m = \dot{U}_{Rm} + \dot{U}_{Lm} = \dot{I}_m R + j\omega L \dot{I}_m = \dot{I}_m (R + j\omega L)$$
$$R + j\omega L = (30 + j17.3)\ \Omega$$

根据题意，$\dot{U}_m = 5e^{j0}$，有

$$\dot{I}_m = \frac{\dot{U}_m}{R + j\omega L} = \frac{5\ \text{V}}{(30 + j17.3)\ \Omega}$$

所以

$$\dot{U}_{Lm} = \dot{U}_m - \dot{U}_{Rm} = 5 - \dot{I}_m R = \left[5 - \frac{5}{(30 + j17.3)} \times 30\right]\text{V}$$

$$= \left[5 - \frac{5 \times 30 \times (30 - j17.3)}{(30 + j17.3)(30 - j17.3)}\right]\text{V}$$

$$= \left\{(5 - \frac{15}{4}) + j\left[0 - (-\frac{5\sqrt{3}}{4})\right]\right\}\text{V}$$

$$= 2.5 \times (\frac{1}{2} + j\frac{\sqrt{3}}{2})\ \text{V} = 2.5e^{j\frac{\pi}{3}}\ \text{V}$$

以下重复解法（1）步骤，答案相同。

知识点四   正弦稳态电路定律的相量形式

在电路分析中，VCR、KCL 和 KVL 是基础，它们在相量分析法中也成立。下面介绍它们的相量形式。

一、VCR 的相量形式

如图 5-10（a）所示的电阻元件，瞬时 VCR 关系为

$$u(t) = Ri(t)$$

VCR 相量关系为

$$\dot{U}_\mathrm{m} = R\dot{I}_\mathrm{m} \tag{5-18}$$

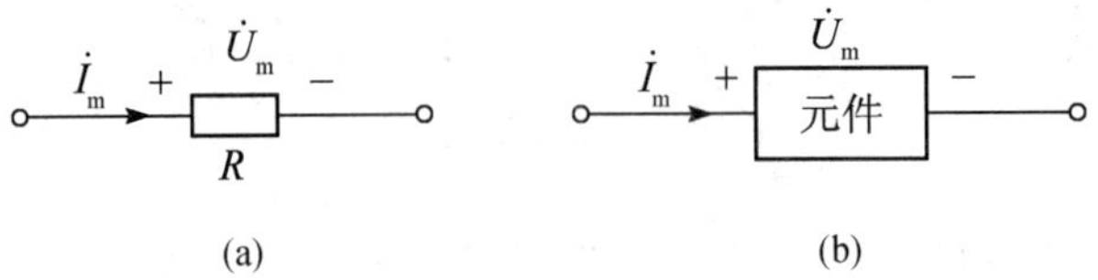

图 5-10 电路元件的 VCR 关系

若将此关系类比到一般线性电路元件,如图 5-10(b) 所示,令

$$Z = \frac{\dot{U}_\mathrm{m}}{\dot{I}_\mathrm{m}} \tag{5-19}$$

则 Z 具有电阻单位,故称之为该电路元件的复阻抗,简称阻抗。这样,电路元件的 VCR 关系扩展为

$$\dot{U}_\mathrm{m} = Z\dot{I}_\mathrm{m} \tag{5-20}$$

若令 $Y = \dfrac{1}{Z}$,则 VCR 关系为

$$\dot{I}_\mathrm{m} = \frac{1}{Z}\dot{U}_\mathrm{m} = Y\dot{U}_\mathrm{m} \tag{5-21}$$

式(5-21)说明 Y 具有电导 G 的意义,具有电导单位,称之为导纳。

当多个电路元件的阻抗相互连接时,满足的规律和电阻的连接类似。即

(1) 阻抗串联:
$$Z_\mathrm{eq} = \sum_{i=1}^{n} Z_i \tag{5-22}$$

(2) 阻抗并联:
$$\frac{1}{Z_\mathrm{eq}} = \sum_{i=1}^{n} \frac{1}{Z_i} \tag{5-23}$$

(3) 导纳并联:
$$Y_\mathrm{eq} = \sum_{i=1}^{n} Y_i \tag{5-24}$$

二、KCL、KVL 的相量形式

对于正弦稳态电路,基尔霍夫定律对电流瞬时值也成立。即在任意时刻,有

$$\sum \dot{I}_\mathrm{m} = 0 \tag{5-25}$$

所以,在正弦稳态电路中,对任一结点,各支路电流相量的代数和为零。

对于正弦稳态电路,基尔霍夫定律对电压瞬时值也成立。即在任意时刻,有

$$\sum \dot{U}_\mathrm{m} = 0 \tag{5-26}$$

所以,在正弦稳态电路中,对任一回路,各电压相量的代数和为零。

以上结论可根据相量运算关系证明,这里不再赘述。

知识点五　正弦稳态电路的相量分析法

本知识点介绍正弦稳态电路相量分析法的步骤。如图 5-11(a) 所示是一个 RLC 串联电路,现在用正弦电源激励,$u_\mathrm{S} = U_\mathrm{Sm}\sin(\omega t + \varphi_u)$。若求其稳态时的电感电压 u_L,为了避免解二阶非齐次方程,可采用相量分析法进行分析如下:

根据图 5-11(a) 所示电路,得到电路相量模型,如图 5-11(b) 所示。根据 KVL 的相量形

式,有

$$\dot{U}_{Sm} = \dot{U}_{Cm} + \dot{U}_{Rm} + \dot{U}_{Lm}$$

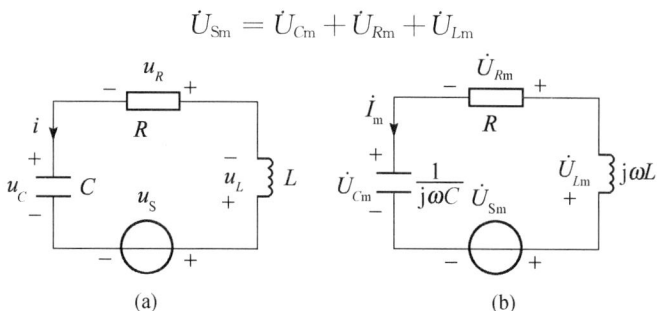

图 5-11　电路的相量模型

由于电路串联,所以流过各元件的电流相同。将 VCR 的相量形式代入上式,得

$$\dot{U}_{Sm} = \dot{I}_{m} Z_C + \dot{I}_{m} Z_R + \dot{I}_{m} Z_L$$

若以电流相量为参考相量,参考相量图如图 5-12(a) 所示。上式可改写为

$$\dot{U}_{Sm} = \dot{I}_{m}(Z_C + Z_R + Z_L) = \dot{I}_{m}\left(-\mathrm{j}\,\frac{1}{\omega C} + R + \mathrm{j}\omega L\right)$$

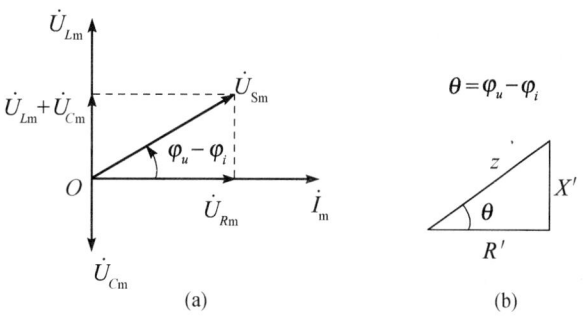

图 5-12　相量图和阻抗三角形

令 $Z = -\mathrm{j}\,\dfrac{1}{\omega C} + R + \mathrm{j}\omega L$,则

$$\dot{I}_{m} = \frac{\dot{U}_{Sm}}{Z}$$

令 $Z = -\mathrm{j}\,\dfrac{1}{\omega C} + R + \mathrm{j}\omega L = R + \mathrm{j}\left(\omega L - \dfrac{1}{\omega C}\right) = R' + \mathrm{j}X'$,则

$$R' = R, \quad X' = \omega L - \frac{1}{\omega C}$$

即电路总阻抗的实部等于电阻,而虚部由动态元件决定,称为电抗。令 $Z = z\mathrm{e}^{\mathrm{j}\theta}, z = |Z|$,则有

$$z = \sqrt{R^2 + X^2}$$

$$\theta = \arctan\frac{X}{R}$$

$$R' = z\cos\theta$$

$$X' = z\sin\theta$$

显然,复阻抗的模 z、实部 R' 和虚部 X' 三者构成三角关系,如图 5-12(b) 所示。但复阻抗 Z 不是正弦相量,所以字母上不带点。

由阻抗定义式(5-18),可知

$$Z = \frac{\dot{U}_{Sm}}{\dot{I}_m} = \frac{U_{Sm}e^{j\varphi_u}}{I_m e^{j\varphi_i}} = ze^{j(\varphi_u - \varphi_i)} = ze^{j\theta}$$

即

$$z = \frac{U_{Sm}}{I_m}, \theta = \varphi_u - \varphi_i$$

所以

$$\dot{I}_m = \frac{\dot{U}_{Sm}}{Z} = \frac{U_{Sm}}{z}e^{j(\varphi_u - \theta)}$$

$$\dot{U}_{Lm} = \dot{I}_m Z_L = \frac{U_{Sm}}{z}e^{j(\varphi_u - \theta)} \cdot (j\omega L) = \frac{\omega L U_{Sm}}{z}e^{j(\varphi_u - \theta + \frac{\pi}{2})}$$

求得

$$u_L(t) = \frac{\omega L U_{Sm}}{z}\sin\left[\omega t + (\varphi_u - \theta + \frac{\pi}{2})\right]$$

从以上分析看出,应用相量法分析稳态电路可以归纳为以下步骤。

(1) 用元件的相量模型表示电路。

根据电路元件的相量模型将稳态电路相量模型化,如图 5-11(b) 所示,其中 $\dot{U}_{Sm} = U_m e^{j\varphi_u}$。

(2) 在相量模型图中标出各个电路元件的阻抗或导纳,计算方法如表 5-1 所示。

表 5-1　相量模型中各电路元件的阻抗或导纳计算方法

阻抗或导纳	元　件		
	电　阻	电　容	电　感
Z	R	$\dfrac{1}{j\omega C}$	$j\omega L$
G	$\dfrac{1}{R}$	$j\omega C$	$\dfrac{1}{j\omega L}$

(3) 根据 VCR、KCL 和 KVL 列方程。

VCR：

$$\dot{U}_m = Z\dot{I}_m \quad 或 \quad \dot{I}_m = \frac{1}{Z}\dot{U}_m = Y\dot{U}_m$$

KCL：

$$\sum_{k=1}^{n} \dot{I}_{mk} = 0$$

KVL：

$$\sum_{k=1}^{n} \dot{U}_{mk} = 0$$

(4) 得到待求相量表达式,写出瞬时表达式。

例 5-5　如图 5-13 所示电路,已知 $u_S = 311\cos(100\pi t + \frac{\pi}{6})$V,$R = 10\ \Omega$,$C = 320\ \mu$F,求 $i(t)$。

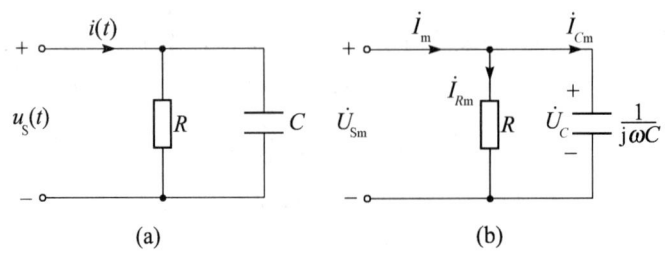

图 5-13　例 5-5 图

解　根据图 5-13(a) 画出电路相量模型,如图 5-13(b) 所示,得

$$Y_{eq} = \frac{1}{R} + j\omega C \approx (0.1 + j0.1)\,S$$

$$\dot{I}_m = Y_{eq}\dot{U}_{Sm} = 0.1 \times (1+j) \times 311 e^{j\frac{\pi}{6}}\,A = 44 e^{j(\frac{\pi}{4}+\frac{\pi}{6})}\,A = 44 e^{j\frac{5\pi}{12}}\,A$$

所以
$$i(t) = 44\cos(100\pi t + \frac{5}{12}\pi)\,A$$

例5-6　如图 5-14 所示电路,已知 $u_S = 4\sqrt{2}\sin(1\,000\pi t + \frac{\pi}{3})$ V,$R = 20\,\Omega$,$C = 16\,\mu F$,$L = 6.4$ mH,求 $i(t)$ 和 $u_C(t)$。

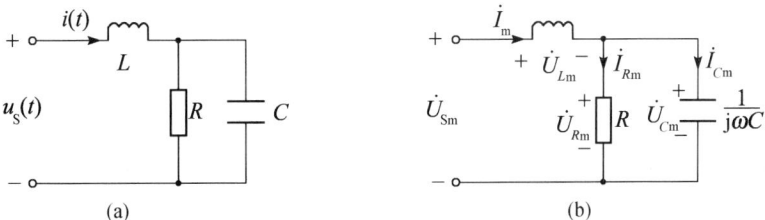

图 5-14　例 5-6 图

解　(1) 求 $i(t)$。

根据图 5-14(a) 画出电路相量模型,如图 5-14(b) 所示,得

$$Z_{eq} = (R /\!/ Z_C) + j\omega L \approx \frac{-20j}{1-j} + j20 = 10 \times (1+j)\,\Omega$$

$$\dot{I}_m = \frac{\dot{U}_{Sm}}{Z_{eq}} = \frac{4\sqrt{2}e^{j\frac{\pi}{3}}\,V}{10(1+j)\,\Omega} = \frac{4\sqrt{2}e^{j\frac{\pi}{3}}\,V}{10\sqrt{2}e^{j\frac{\pi}{4}}\,\Omega} = 0.4 e^{j\frac{\pi}{12}}\,A$$

所以
$$i(t) = 0.4\sin(1\,000\pi t + \frac{1}{12}\pi)\,A$$

(2) 求 $u_C(t)$。

根据 KVL,由图 5-14(b) 得
$$\dot{U}_{Lm} + \dot{U}_{Cm} = \dot{U}_{Sm}$$

因为
$$\dot{I}_m = \frac{\dot{U}_{Sm}}{Z_{eq}} = \frac{4\sqrt{2}e^{j\frac{\pi}{3}}\,V}{10(1+j)\,\Omega} = \frac{4\sqrt{2}e^{j\frac{\pi}{3}}\,V}{10\sqrt{2}e^{j\frac{\pi}{4}}\,\Omega} = 0.4 e^{j\frac{\pi}{12}}\,A$$

所以
$$\dot{U}_{Lm} = \dot{I}_m Z_L = 0.4 e^{j\frac{\pi}{12}}\,A \times 20j\,\Omega = 8j e^{j\frac{\pi}{12}}\,V = 8 e^{j\frac{7\pi}{12}}\,V$$

有
$$\dot{U}_{Cm} = \dot{U}_{Sm} - \dot{U}_{Lm} = (4\sqrt{2}e^{j\frac{\pi}{3}} - 8 e^{j\frac{7\pi}{12}})\,V = (2\sqrt{6} - j2\sqrt{2})\,V = 4\sqrt{2}e^{-j\frac{\pi}{6}}\,V$$

$$u_C(t) = 4\sqrt{2}\sin(1\,000\pi t - \frac{1}{6}\pi)\,V$$

知识点六　　正弦稳态电路的功率

功率分析对于有效利用能源、实现不同信号传输等目的具有重要意义。对于正弦稳态电路,由于其电压和电流随时间呈正弦变化,因而其瞬时功率也随时间变化。

一、瞬时功率与平均功率

设二端口电路的输入电压和电流的瞬时值分别为 $u(t)$ 和 $i(t)$,则其瞬时功率为

$$p(t) = i(t)u(t) \tag{5-27}$$

式(5-27)说明瞬时功率随时间变化。

实际上,有意义的往往是瞬时功率在一个周期内的平均值,即平均功率,用 P 表示。设电路的瞬时功率为 $p(t)$,则其在一个周期 T 内吸收的电能为

$$W_T = \int_0^T p(t)\mathrm{d}t$$

故其平均功率为

$$P = \frac{W_T}{T} = \frac{1}{T}\int_0^T p(t)\mathrm{d}t \tag{5-28}$$

下面以电路元件 R、C 和 L 为例来进一步说明。

1. 电阻元件的功率

电阻元件的瞬时功率满足

$$p(t) = i(t)u(t)$$

设电阻两端电压为 $u(t) = U_\mathrm{m}\sin(\omega t + \varphi_u)$,则

$$i(t) = \frac{u(t)}{R} = \frac{U_\mathrm{m}}{R}\sin(\omega t + \varphi_u) = I_\mathrm{m}\sin(\omega t + \varphi_u)$$

可得

$$p(t) = i(t)u(t) = U_\mathrm{m}I_\mathrm{m}\sin^2(\omega t + \varphi_u)$$

在电压、电流关联选择下,电阻的瞬时电压、电流和功率的关系如图5-15所示,可见其瞬时功率随时间变化。电阻的瞬时功率总为正,说明电阻元件确实是吸收功率,是耗能元件。

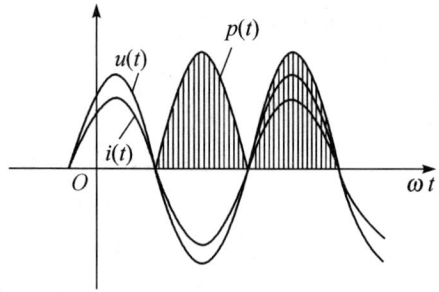

图 5-15　一个周期内电阻元件的瞬时功率

电阻的平均功率为

$$P = \frac{1}{T}\int_0^T p(t)\mathrm{d}t = \frac{1}{T}\int_0^T U_\mathrm{m}I_\mathrm{m}\sin^2(\omega t + \varphi_u)\mathrm{d}t = \frac{1}{2}U_\mathrm{m}I_\mathrm{m} \cdot \frac{1}{T}\int_0^T 2\sin^2(\omega t + \varphi_u)\mathrm{d}t$$

$$= \frac{1}{2}U_\mathrm{m}I_\mathrm{m} \cdot \frac{1}{T}\int_0^T \{1 - \cos[2(\omega t + \varphi_u)]\}\mathrm{d}t = \frac{1}{2}U_\mathrm{m}I_\mathrm{m}$$

即平均功率不随时间变化,只由电阻上电压和电流的振幅决定。根据有效值概念,上式可写为

$$P = \frac{1}{2}U_\mathrm{m}I_\mathrm{m} = UI = \frac{U^2}{R} = I^2 R \tag{5-29}$$

可见,如果用有效值来计算,正弦稳态电路中电阻的平均功率与直流电路功率的公式一样。

2. 电容元件的功率

设电容两端电压为 $u(t) = U_\mathrm{m}\sin(\omega t + \varphi_u)$，则

$$i(t) = C\frac{\mathrm{d}u(t)}{\mathrm{d}t} = I_\mathrm{m}\cos(\omega t + \varphi_u)$$

可得

$$p(t) = i(t)u(t) = \frac{1}{2}U_\mathrm{m}I_\mathrm{m}\sin[2(\omega t + \varphi_u)]$$

在电压、电流关联选择下，电容的瞬时电压、电流和功率的关系如图 5-16 所示，可见其瞬时功率随时间变化。图示说明电容元件吸收功率和释放功率呈现周期变化。

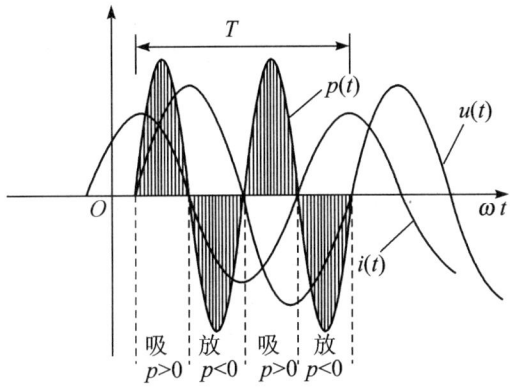

图 5-16　一个周期内电容元件的瞬时功率

电容的平均功率为

$$P = \frac{1}{T}\int_0^T p(t)\mathrm{d}t = \frac{1}{T}\int_0^T U_\mathrm{m}I_\mathrm{m}\sin[2(\omega t + \varphi_u)]\mathrm{d}t = 0 \tag{5-30}$$

即理想电容元件不耗能，只起到能量交换的作用。

3. 电感元件的功率

设电感电流为 $i(t) = I_\mathrm{m}\sin(\omega t + \varphi_i)$，则

$$u(t) = L\frac{\mathrm{d}i(t)}{\mathrm{d}t} = I_\mathrm{m}\cos(\omega t + \varphi_i)$$

可得

$$p(t) = i(t)u(t) = \frac{1}{2}U_\mathrm{m}I_\mathrm{m}\sin[2(\omega t + \varphi_i)]$$

在电压、电流关联选择下，电感的瞬时电压、电流和功率的关系如图 5-17 所示，可见其瞬时功率也随时间变化。图示说明电感元件吸收功率和释放功率也呈现周期变化。

电感的平均功率为

$$P = \frac{1}{T}\int_0^T p(t)\mathrm{d}t = \frac{1}{T}\int_0^T U_\mathrm{m}I_\mathrm{m}\sin[2(\omega t + \varphi_i)]\mathrm{d}t = 0 \tag{5-31}$$

即理想电感元件不耗能，只起到能量交换的作用。

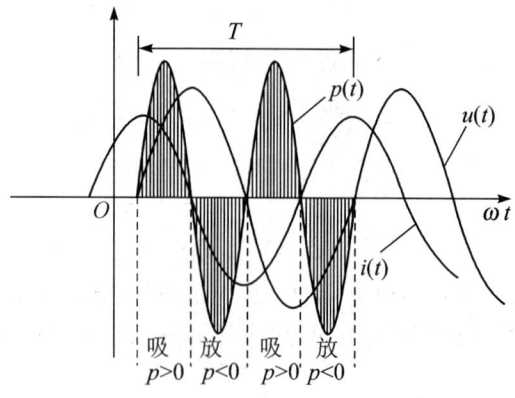

图 5-17　一个周期内电感元件的瞬时功率

二、正弦稳态电路的功率

若将稳态电路看成一个二端网络,则该稳态电路可用图 5-18 所示的电路模型表示。

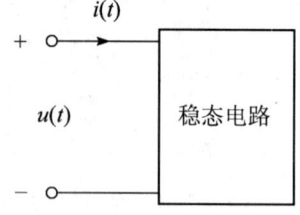

图 5-18　电路模型

设稳态电路的输入电流和电压分别为 $i(t)$ 和 $u(t)$,则有

$$i(t) = I_{\mathrm{m}}\sin(\omega t + \varphi_i)$$
$$u(t) = U_{\mathrm{m}}\sin(\omega t + \varphi_u)$$

瞬时功率为

$$p(t) = i(t)u(t) = \frac{1}{2}I_{\mathrm{m}}U_{\mathrm{m}}\cos(\varphi_u - \varphi_i) - \frac{1}{2}I_{\mathrm{m}}U_{\mathrm{m}}\cos(2\omega t + \varphi_i + \varphi_u) \qquad (5\text{-}32)$$

由式(5-32)可见,正弦稳态电路的瞬时功率分为两项,第一项与时间 t 无关,只由振幅和初相决定,为恒定分量;第二项与时间 t 有关。电路的瞬时电压、电流和功率的关系如图 5-19 所示。与电感或电容元件瞬时功率比较,也存在吸收和释放能量过程,但吸收和释放的能量不再相等,故其平均功率不再为零。其平均功率为

$$P = \frac{1}{T}\int_0^T \left[\frac{1}{2}I_{\mathrm{m}}U_{\mathrm{m}}\cos(\varphi_u - \varphi_i) - \frac{1}{2}I_{\mathrm{m}}U_{\mathrm{m}}(\cos 2\omega t + \varphi_i + \varphi_u)\right]\mathrm{d}t$$

$$= \frac{1}{2}I_{\mathrm{m}}U_{\mathrm{m}}\cos(\varphi_u - \varphi_i) = \frac{1}{2}I_{\mathrm{m}}U_{\mathrm{m}}\cos\varphi = IU\cos\varphi \qquad (5\text{-}33)$$

式(5-33)表明,电路的平均功率不仅与电压、电流的有效值相关,还与因子 $\cos\varphi$ 相关。其中

$$\varphi = \varphi_u - \varphi_i$$

φ 为电压与电流的相位差。

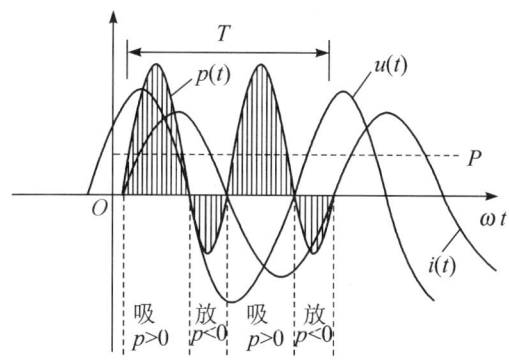

图 5-19　稳态电路瞬时功率$(0 < \varphi = \varphi_u - \varphi_i < \frac{\pi}{2})$

三、功率因数

因子 $\cos\varphi$ 对平均功率来说很重要,把 $\cos\varphi$ 称为功率因数,通常用 λ 表示。稳态电路的平均功率是否存在与功率因数直接相关。由图 5-12 所示电压、电流初相与电路阻抗角 θ 的关系可知,$\cos\varphi$ 就是电路阻抗角的余弦。

对电阻性二端稳态电路,由于电流、电压同相,即 $\varphi = \varphi_u - \varphi_i = 0$,故其平均功率为

$$P = IU$$

对电容性或电感性二端稳态电路,由于电压和电流相位差为 $\mp\frac{\pi}{2}$,即 $\varphi = \varphi_u - \varphi_i = \mp\frac{\pi}{2}$,故其平均功率为

$$P = IU\cos\varphi = 0$$

可见,前面分析的 R、L、C 元件的功率也满足

$$P = IU\cos\varphi$$

实践应用

采用相量法对正弦稳态电路进行分析,可以避免复杂的微积分求解。为了使读者进一步体会相量法的应用,此处提供几个实例分析。

例 5-7　如图 5-20 所示麦克斯韦电桥,求其平衡条件。

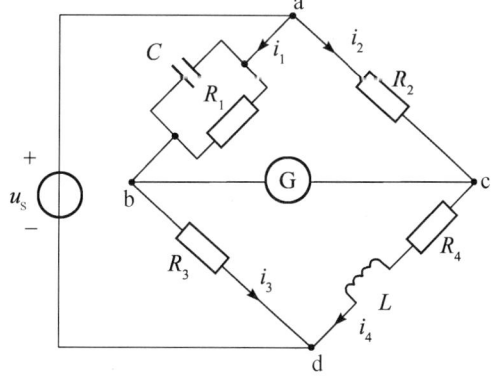

图 5-20　麦克斯韦电桥

解 当电桥平衡时，$i_g = 0$，这要求瞬时值 $u_{bc}(t) = 0$，即

$$u_{ab}(t) = u_{ac}(t), u_{bd}(t) = u_{cd}(t), i_1(t) = i_3(t), i_2(t) = i_4(t)$$

将上式用相量表示，可得

$$\dot{U}_{ab} = \dot{U}_{ac}, \dot{U}_{bd} = \dot{U}_{cd}, \dot{I}_1 = \dot{I}_3, \dot{I}_2 = \dot{I}_4$$

根据 VCR，有

$$\dot{U}_{ab} = \dot{I}_1 Z_1 = \dot{U}_{ac} = \dot{I}_2 Z_2$$

$$\dot{U}_{bd} = \dot{I}_3 Z_3 = \dot{U}_{cd} = \dot{I}_4 Z_4$$

即电桥平衡需满足条件：

$$\frac{Z_1}{Z_2} = \frac{Z_3}{Z_4} \tag{5-34}$$

根据复阻抗串并联原理，得

$$Z_1 = \frac{R_1 \left(\dfrac{1}{j\omega C} \right)}{R_1 + \dfrac{1}{j\omega C}} = \frac{R_1}{1 + jR_1\omega C}$$

$$Z_2 = R_2$$

$$Z_3 = R_3$$

$$Z_4 = R_4 + j\omega L$$

代入平衡条件，并利用复数相等运算法则，得

$$\begin{cases} R_2 R_3 = R_1 R_4 \\ L = C R_2 R_3 \end{cases}$$

上式就是麦克斯韦电桥的平衡条件。麦克斯韦电桥提供了一种测量电感的方法，可以采用可变电容来测量电感。

例 5-8 例 5-7 所示麦克斯韦电桥，能否用电感性支路网络代替电容性支路网络？

解 不能。

由例 5-7 分析可知，电桥若平衡，应满足式(5-34)的平衡条件。令

$$Z = z e^{j\theta}$$

则式(5-34)变为

$$\frac{z_1 e^{j\theta_1}}{z_2 e^{j\theta_2}} = \frac{z_3 e^{j\theta_3}}{z_4 e^{j\theta_4}}$$

根据复数相等运算法则，有

$$\frac{z_1}{z_2} = \frac{z_3}{z_4}$$

$$\theta_1 - \theta_2 = \theta_3 - \theta_4$$

由于 R_2 和 R_3 支路为纯阻抗，阻抗角为零，即 $\theta_2 = \theta_3 = 0$，故

$$\theta_1 = -\theta_4$$

上式说明电桥平衡时，θ_1 和 θ_4 必须异号。即一个若为感性支路，另一个必为容性支路，否则将无法平衡。

例 5-9 如图 5-21(a) 所示电路，已知电路端口电压为 $u(t)$，电路为感性网络，电流为 $i_L(t)$，且功率因数为 $\cos \varphi_L$。若用一个电容为 C 的电容与之并联，如图 5-21(b) 所示，求并联电容后网络的功率因数。

解 设电流的参考方向如图所示，若以电压相量 $\dot{U}$ 为参考相量，则相量图如图 5-22 所示。

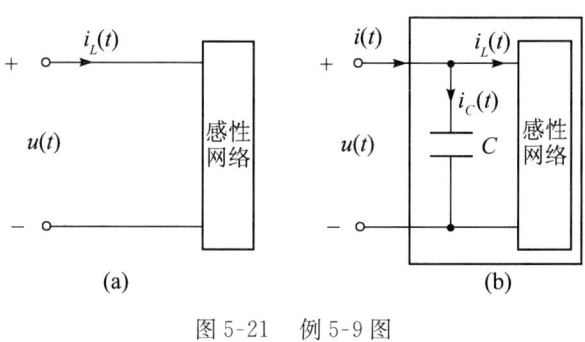

图 5-21　例 5-9 图

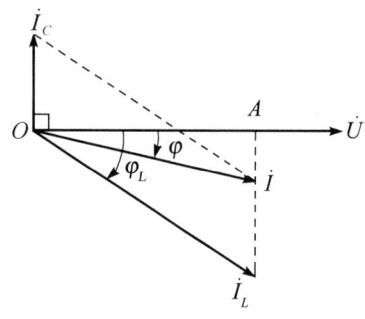

图 5-22　参考相量图

根据电路为感性,且功率因数为 $\cos \varphi_L$,可知 $\dot{I}_L$ 相位比电压 $\dot{U}$ 落后 φ_L。并联电容后,电容支路为纯容抗,故可知 $\dot{I}_C$ 相位比电压 $\dot{U}$ 超前 $\dfrac{\pi}{2}$。由于电路并联,输入电压不变,如要保证原感性网络电路有相同的功率,则感性网络支路电流还应保持 $\dot{I}_L$。这样,在并联电容后,根据 KCL,有

$$i(t) = i_C(t) + i_L(t)$$

用相量表示,则有

$$\dot{I} = \dot{I}_C + \dot{I}_L$$

即 $\dot{I}$、$\dot{I}_C$ 和 $\dot{I}_L$ 满足平行四边形法则。以上分析示于图 5-22 中。图中 φ 即为并联电容后输入电流 $i(t)$ 和电压 $u(t)$ 的相位差,此时图 5-21(b) 电路的功率因数为 $\cos \varphi$。根据图示,有

$$\cos \varphi = \frac{I_{Lm}}{I_m} \cos \varphi_L$$

可知 $\cos \varphi > \cos \varphi_L$,即并联电容后,新电路的功率因数提高了。

本例题结论在实际电路中常用来提高电路的功率因数。选择适当电容,可以使 $\varphi \rightarrow 0$,从而得到最大功率因数。

单元小结

(1) 信号的幅值和方向随时间呈正弦变化的信号称为正弦信号,它由 I_m、ω 和 φ_i 三个要素决定。正弦信号的幅值和有效值满足

$$I = \frac{\sqrt{2}}{2} I_m \approx 0.707 I_m$$

$$U = \frac{\sqrt{2}}{2} U_m \approx 0.707 U_m$$

正弦信号的相位为

$$\psi = \omega t + \varphi_i$$

$$\omega = \frac{2\pi}{T} = 2\pi f$$

式中,φ_i 是正弦信号的初相,初相在稳态电路分析中很重要。同频正弦信号的相位差由初相决定。

(2) 相量法就是先将正弦信号在复平面内用相量表示,然后进行运算求解。

若正弦信号为 $i(t) = I_m \sin(\omega t + \varphi_i)$,其相量为 $\dot{I}_m = I_m e^{j\varphi_i}$。正弦信号与其相量的关系为

$$i(t) = \mathrm{Im}(\dot{I}_\mathrm{m} \mathrm{e}^{\mathrm{j}\omega t})$$
$$u(t) = \mathrm{Im}(\dot{U}_\mathrm{m} \mathrm{e}^{\mathrm{j}\omega t})$$

（3）相量运算要符合相量运算规则。

同频正弦信号代数运算：正弦信号和的相量等于正弦信号相量的和，即

$$i(t) = i_1(t) \pm i_2(t)$$

其相量运算：

$$\dot{I}_\mathrm{m} = \dot{I}_\mathrm{m1} \pm \dot{I}_\mathrm{m2}$$

微分运算：

$$\frac{\mathrm{d}i(t)}{\mathrm{d}t} \text{的相量} = \mathrm{j}\omega \times [i(t) \text{的相量}] = \mathrm{j}\omega \dot{I}_\mathrm{m}$$

积分运算：

$$\int i(t)\mathrm{d}t \text{的相量} = \frac{1}{\mathrm{j}\omega} \times [i(t) \text{的相量}] = \frac{1}{\mathrm{j}\omega} \dot{I}_\mathrm{m}$$

（4）三种理想元件上的电压与电流的相量关系。

① 电阻元件。电压与电流的相量关系满足同频同相关系，符合电阻的线性规律，即

$$\dot{U}_\mathrm{m} = R\dot{I}_\mathrm{m}$$

② 电容元件。电压与电流的相量关系满足

$$\dot{U}_\mathrm{m} = -\mathrm{j}\frac{1}{\omega C}\dot{I}_\mathrm{m} = Z_C\dot{I}_\mathrm{m}$$

③ 电感元件。电压与电流的相量关系满足

$$\dot{U}_\mathrm{m} = \mathrm{j}\omega L\dot{I}_\mathrm{m} = Z_L\dot{I}_\mathrm{m}$$

（5）VCR、KCL 和 KVL 在相量分析法中也成立。它们的相量形式为

$$\dot{U}_\mathrm{m} = Z\dot{I}_\mathrm{m}$$

$$\sum \dot{I}_\mathrm{m} = 0$$

$$\sum \dot{U}_\mathrm{m} = 0$$

（6）正弦稳态电路相量的分析步骤。

① 用元件的相量模型表示电路。

② 在相量模型图中标出各个电路元件的阻抗或导纳。

③ 根据 VCR、KCL 和 KVL 列方程。

④ 得到待求相量表达式，写出瞬时表达式。

（7）正弦稳态电路的瞬时功率为 $p(t) = i(t)u(t)$，平均功率为

$$P = \frac{1}{T}\int_0^T p(t)\mathrm{d}t$$

① 电阻元件：
$$P = \frac{1}{2}U_\mathrm{m}I_\mathrm{m}$$

② 电容元件：
$$P = 0$$

③ 电感元件：
$$P = 0$$

④ 正弦稳态电路：
$$P = \frac{1}{2}I_\mathrm{m}U_\mathrm{m}\cos\varphi = IU\cos\varphi$$

（8）功率因数 $\cos\varphi$ 是影响功率的重要因子，提高电路的功率因数，可有效利用能量。

单元练习

1.已知某正弦电压的振幅为 12 V,频率为 50 Hz,初相为 30°。

(1)写出该电压的瞬时表达式,并画出它的波形图。

(2)求当 $t = 0.002\ 5$ s 时该电压的瞬时相位和瞬时电压值。

2.正弦稳态电路如图 5-23 所示,已知 i_1 和 i_2 分别为

$$i_1(t) = 5\cos(\omega t + 30°)\ \text{A}, i_2(t) = 10\cos(\omega t - 60°)\ \text{A}$$

试求电流 $i(t)$。

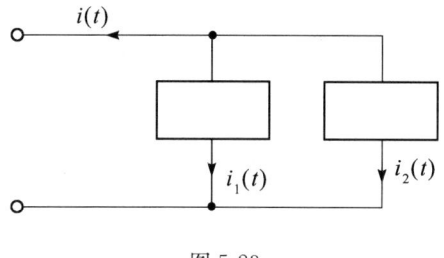

图 5-23

3.如图 5-24 所示 RL 串联正弦稳态电路,已知 $R = 5$ kΩ,$L = 5$ mH,$u_\text{S}(t) = 15\cos10^6 t$ V。求电流 $i(t)$,并画出相量图。

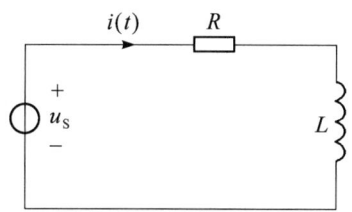

图 5-24

4.已知如图 5-25 所示正弦稳态电路的角频率 $\omega = 100$ rad/s,求 ab 端的等效阻抗。

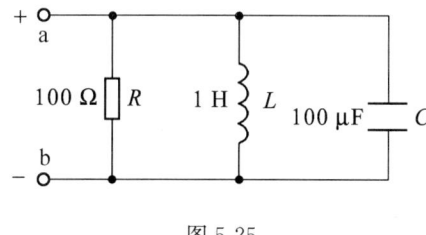

图 5-25

5.如图 5-26 所示为正弦稳态电路,已知 $R_1 = 2$ kΩ,$R_2 = 1$ kΩ,$C = 0.01$ F,$L = 20$ mH,$\omega = 10^5$ rad/s,求 ab 端的等效阻抗 Z_ab。

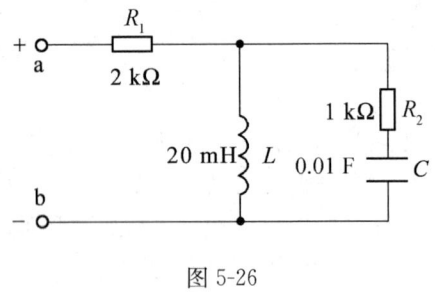

图 5-26

6.已知图 5-27 所示电路中 $u_S(t) = 6\cos 2t$ V,求电流 $i(t)$。

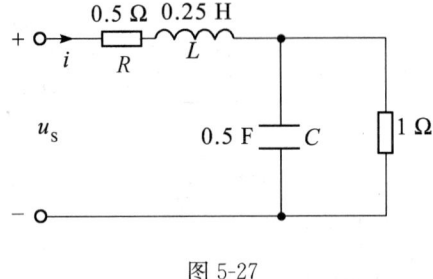

图 5-27

7.电路如图 5-28 所示,已知 $i_S(t) = 5\sqrt{2}\cos 10t$ A,求电阻 R 的平均功率。

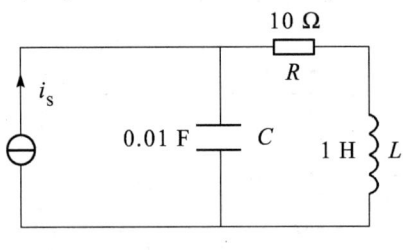

图 5-28

8.如图 5-29 所示电路,已知电压表的读数是 15 V,电流表的读数为 0.6 A,$R = 10$ Ω,正弦电源的角频率 $\omega = 100$ rad/s,求电感 L 和电路消耗的功率 P。

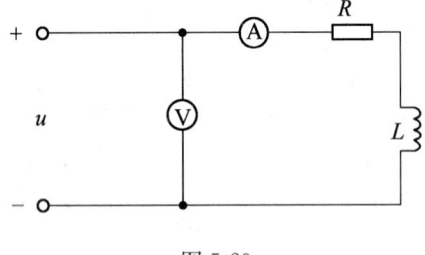

图 5-29

单元六
非正弦周期电流电路分析

单元导读

　　除了前面研究的正弦电流电路,工程实际中还大量存在着非正弦周期电流和电压。本单元以信号的概念引出非正弦周期信号,通过分析其傅里叶级数展开和有效值、平均值等参数的计算方法,初步理解非正弦电流电路。

相关知识

知识点一　信　　号

一、信号的基本概念

　　宇宙万物都处在不停的运动中,物质的一切运动或状态的变化,从广义上讲都是信号(signal),即信号是物质运动的表现形式。例如,钟鼓楼的报时钟声和轮船的汽笛声是声信号;烽火台的烽火和交通路口的红绿灯信号是光信号;电路中的电流和无线电基站发射的电磁波是电信号。在社会活动和日常生活中,人们总要使用语言、文字、数据、图像等多种媒体来传递消息(message),消息是这些语言、文字、数据、图像等信号所代表的具体内容。通信的目的在于通过各种消息的传递,使人们获取不同的信息(information),信息就是指具有新内容、新知识的消息。为了有效地传输和利用消息,通常需要将消息转换成各种便于传输和处理的信号。可见,信号是消息的载体,消息是信号的具体内容。

　　信号通常表现为某种随时间变化的物理量,在各种信号中,电信号最便于传输、控制和处理。因此,在实际应用中,通常将各种非电信号(如声音、图像、温度、压力、位移、转矩、流量等)通过适当的传感器转换成电信号。

二、信号的描述和分类

　　电信号通常表现为电压信号和电流信号,它们都是时间的函数,可分别用 $u(t)$ 和 $i(t)$ 表示,或一般地表示为 $f(t)$、$y(t)$ 等。信号的描述方法通常包括函数表达式法、波形图法、频谱图法和数据列表法。信号的变化规律是多种多样的,可以从不同的研究角度进行分类。

1. 确定信号与随机信号

　　若信号随时间的变化表现为某种确定的规律,能用确定的函数表达式来描述,或者说对于任意一个确定的时刻,信号都有确定的函数值,这种信号称为确定信号。例如,正弦信号就是典型的确定信号。相反,如果信号的取值在不同时刻随机变化,事先无法预知它的变化规律,不能用确定的函数表达式来描述,这种信号称为不确定信号或随机信号。例如,噪声信号就是典型的随机信号。图 6-1 所示为几种常用信号的波形图,其中(a)～(e)是确定信号,(f)是随机信号。

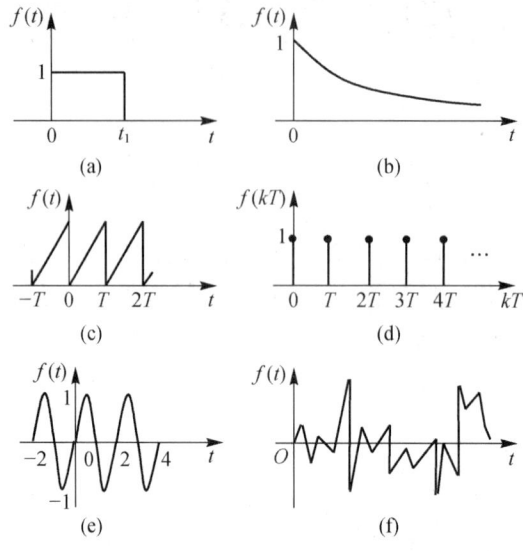

图 6-1　几种常用信号的波形图

由于信号在传输过程中不可避免地要受到各种噪声和干扰的影响,所以在实际应用中,理想的确定信号并不存在。但作为科学的抽象,研究确定信号仍然十分重要,它是研究随机信号的基础。

2. 周期信号与非周期信号

周期信号是按某一固定周期重复出现的信号,它可以表示为

$$f(t) = f(t+nT) \quad n = 0, \pm 1, \pm 2, \cdots \tag{6-1}$$

式中,T 为信号的周期。周期信号的特点在于只要给定任意一个周期内信号的变化规律,就可以确定它在其他时间内的变化规律,如图 6-1(c)所示。

非周期信号不具有周期性,它通常有两种表现方式:一种是仅在某些时间区间存在的信号,如图 6-1(a)、(b)、(d)、(e)、(f)所示;另一种是拟周期信号(概周期信号),如 $f(t) = \sin t + \sin (\sqrt{2}t)$,它的两个正弦分量的频率之比为无理数。另外,通常也可以将非周期信号看作周期为无穷大的周期信号。

3. 连续信号与离散信号

如果一个信号在某个时间区间内除了有限个间断点外都有定义,就称该信号在此区间内为连续时间信号,简称连续信号。应该指出的是,这里所谓的"连续"是指自变量(时间)的连续,而信号的取值可以是连续的,也可以是离散的,如图 6-2 所示。

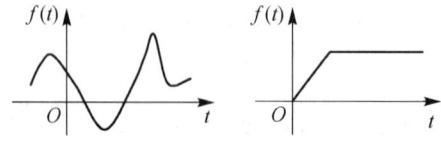

图 6-2　连续时间信号

若信号的取值只在某些离散的时间点上才有定义,则称该信号为离散时间信号,简称离散信号,如图 6-3 所示。一般来讲,离散信号的时间变量取值只能是某个时间间隔的整数倍,如 $f(k\tau)$。其中 τ 为时间间隔,k 取整数,由于时间间隔 τ 处处相同,故可将 τ 略去而把信号改写为 $f(k)$,这样的信号也称为序列。可见,离散信号自变量(时间)的取值是离散的。离散信号的振幅取值可以是实数域内的任意值。如果离散信号的振幅取值只能是某些规定的数值,则将这种离散信号称为数字信号。

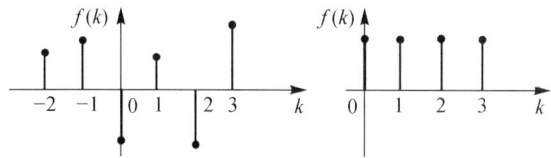

图 6-3　离散时间信号

4. 能量信号与功率信号

设信号 $f(t)$ 为电压或电流信号,其加载在单位电阻上产生的瞬时功率为 $|f(t)|^2$,则在一定的时间区间 $\left(-\dfrac{\tau}{2},\dfrac{\tau}{2}\right)$ 内会消耗一定的能量。把该能量对时间区间取平均,即得信号在此区间内的平均功率。现将时间区间无限扩展,定义信号 $f(t)$ 的能量 E 为

$$E \equiv \lim_{\tau \to \infty} \int_{-\frac{\tau}{2}}^{\frac{\tau}{2}} |f(t)|^2 \mathrm{d}t \tag{6-2}$$

信号 $f(t)$ 的平均功率 P 为

$$P \equiv \lim_{\tau \to \infty} \frac{1}{\tau} \int_{-\frac{\tau}{2}}^{\frac{\tau}{2}} |f(t)|^2 \mathrm{d}t \tag{6-3}$$

如果在无限大的时间区间内信号的能量为有限值(此时平均功率 $P=0$),则称该信号为能量有限信号,简称能量信号。如果在无限大的时间区间内,信号的平均功率为有限值(此时信号能量 $E=\infty$),则称该信号为功率有限信号,简称功率信号。

根据上述定义可知:时限信号(在有限时间区间内存在的非零值信号)必然是能量信号;周期信号是功率信号;非周期信号可能是能量信号,也可能是功率信号。

三、信号的基本运算

信号的基本运算包括信号之间的相加和相乘,信号的反折、平移和尺度变换,信号的微分和积分等。

1. 相加和相乘

(1) 两个信号相加。两个信号 $f_1(t)$ 与 $f_2(t)$ 相加,其和信号 $f(t)$ 在任意时刻的信号值等于两信号在该时刻的信号值之和,记作 $f(t)=f_1(t)+f_2(t)$,如图 6-4(a)所示。

(2) 两个信号相乘。两个信号 $f_1(t)$ 与 $f_2(t)$ 相乘,其积信号 $f(t)$ 在任意时刻的信号值等于两信号在该时刻的信号值之积,记作 $f(t)=f_1(t)\times f_2(t)$,如图 6-4(b)所示。

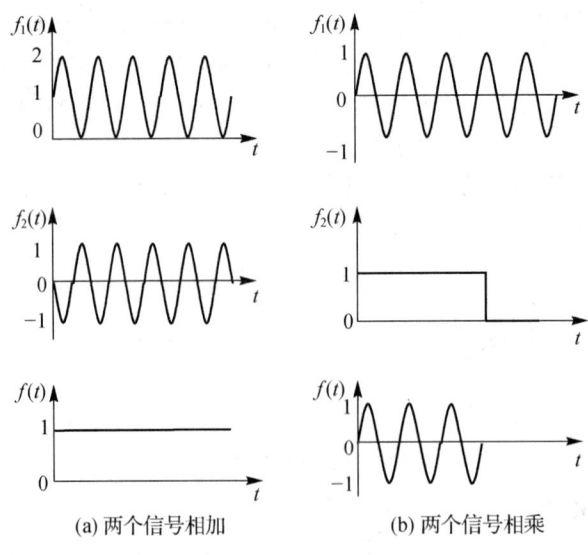

(a) 两个信号相加　　　　(b) 两个信号相乘

图 6-4　信号的相加和相乘

2. 反折、平移和尺度变换

（1）信号的反折。若将信号 $f(t)$ 的自变量 t 换成 $-t$，则得到另一个信号 $f(-t)$，称这种变换为信号的反折。如图 6-5 所示，可见，$f(-t)$ 与 $f(t)$ 关于纵轴对称。

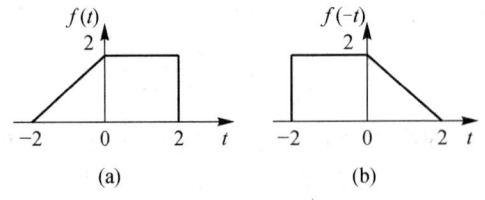

图 6-5　信号的反折

（2）信号的平移。若将信号 $f(t)$ 的自变量 t 换成 $t+t_0$（t_0 为常数），则得到另一个信号 $f(t+t_0)$，称这种变换为信号的平移。当 t_0 为正数时，是将 $f(t)$ 向左平移 t_0 个单位；当 t_0 为负数时，是将 $f(t)$ 向右平移 $|t_0|$ 个单位。图 6-6(b) 所示是将信号 $f(t)$ 向左平移 1 个单位，图 6-6(c) 所示是将信号 $f(t)$ 向右平移 1 个单位。

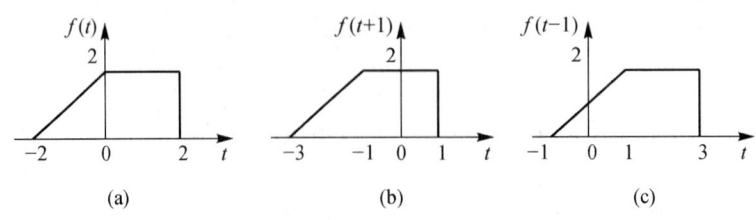

图 6-6　信号的平移

（3）信号的尺度变换。若将信号 $f(t)$ 的自变量 t 换成 at（a 为正数），则得到另一个信号 $f(at)$，称这种变换为信号的尺度变换，或称为信号的展缩。当 $a>1$ 时，是将 $f(t)$ 波形以坐标原点为中心，沿 t 轴压缩为原来的 $1/a$；当 $0<a<1$ 时，是将 $f(t)$ 波形以坐标原点为中心，沿 t 轴展宽为原来的 $1/a$ 倍。图 6-7(b) 所示是将信号 $f(t)$ 压缩为原来的 $1/2$，图 6-7(c) 所

示是将信号 $f(t)$ 展宽为原来的 2 倍。

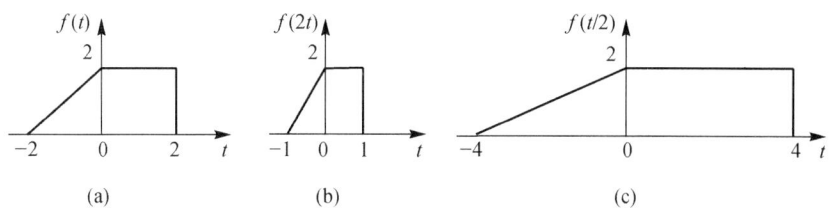

图 6-7　信号的尺度变换

例 6-1　已知信号 $f(t)$ 的波形如图 6-8(a)所示,试画出 $f(-2t+2)$ 的波形。

解　方法 1:按照平移—反折—尺度变换的顺序变换。

$f(t)$—$f(t+2)$—$f(-t+2)$—$f(-2t+2)$,如图 6-8 所示。

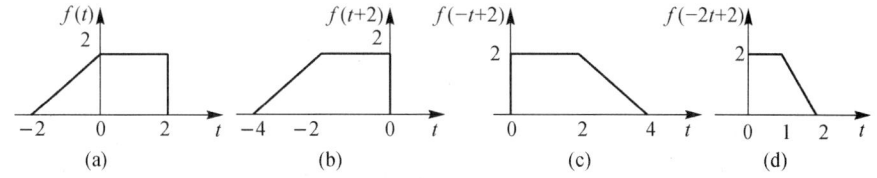

图 6-8　例 6-1 图 1

方法 2:按照平移—尺度变换—反折的顺序变换。

$f(t)$—$f(t+2)$—$f(2t+2)$—$f(-2t+2)$,如图 6-9 所示。

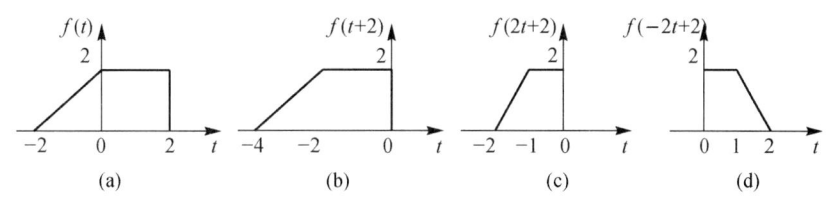

图 6-9　例 6-1 图 2

可见,上述两种方法得到的结论是一样的。读者可自行证明:采用其他的方法,如尺度变换—平移—反折、尺度变换—反折—平移等都会得到相同的结论。但需要注意的是,每次变换都必须单独对 t 进行。

3. 微分和积分

微分和积分运算是经常用到的关于连续信号的运算。

(1)连续信号 $f(t)$ 的微分。

$$y(t)=f'(t)=\frac{\mathrm{d}f(t)}{\mathrm{d}t} \tag{6-4}$$

(2)连续信号 $f(t)$ 的积分。

$$y(t) = f^{(-1)}(t) = \int_{-\infty}^{t} f(\tau)\mathrm{d}\tau \tag{6-5}$$

设信号 $f(t)$ 的波形如图 6-10(a)所示,则图 6-10(b)所示是信号 $f(t)$ 的微分,图 6-10(c)所示是信号 $f(t)$ 的积分。

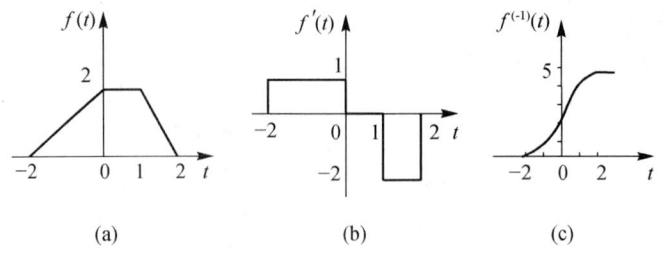

图 6-10　信号的微分和积分

知识点二　非正弦周期信号

当正弦信号作用于电路时,电路各部分的电压、电流都是同频率的正弦量。但在生产实践中,几乎所有的信号都是非正弦信号。例如,转子绕组产生的磁通 $\varphi(t)$ 在气隙中的不均匀性导致交流发电机产生的电压并不是理想的正弦信号,即使产生了理想的正弦信号,由于电路中存在非线性元件,也会使其变成非正弦信号。非正弦信号又可分为周期的和非周期的两种,非周期非正弦信号可看成周期为无穷大的周期非正弦信号。图 6-11 所示为几种常见的非正弦信号波形。

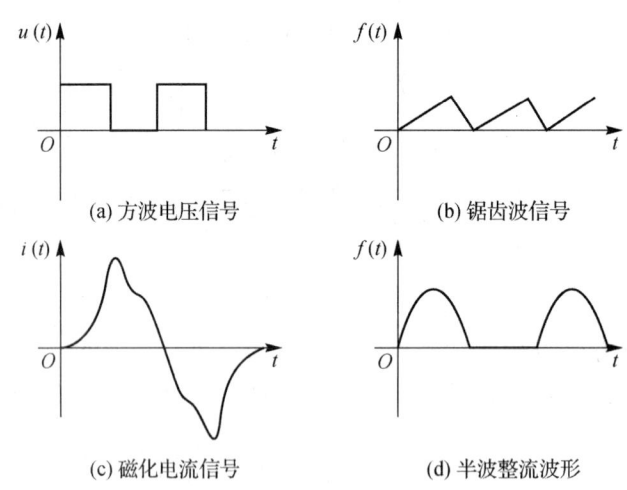

(a) 方波电压信号　　　　　　(b) 锯齿波信号

(c) 磁化电流信号　　　　　　(d) 半波整流波形

图 6-11　几种常见的非正弦信号波形

一、非正弦周期信号的傅里叶级数展开

周期信号可以展开为直流分量和一系列谐波分量之和的形式,这就是周期信号的傅里叶级数展开。如果 $f(t)$ 的周期是 T,则其傅里叶级数展开式为

$$f(t) = a_0 + a_1\cos\omega t + b_1\sin\omega t + a_2\cos2\omega t + b_2\sin2\omega t + \cdots$$

即

$$f(t) = a_0 + \sum_{k=1}^{\infty}(a_k\cos k\omega t + b_k\sin k\omega t) \tag{6-6}$$

式中，k 为正整数；$\omega = \dfrac{2\pi}{T}$，称为 $f(t)$ 的基波频率；$k\omega$ 称为 $f(t)$ 的谐波频率；a_0 为 $f(t)$ 的直流分量；a_k 和 b_k 分别为各余弦、正弦分量的幅值。

$$\left.\begin{aligned} a_0 &= \frac{1}{T}\int_0^T f(t)\,\mathrm{d}t \\ a_k &= \frac{2}{T}\int_0^T f(t)\cos k\omega t\,\mathrm{d}t \\ b_k &= \frac{2}{T}\int_0^T f(t)\sin k\omega t\,\mathrm{d}t \end{aligned}\right\} \tag{6-7}$$

也就是说，当给定 $f(t)$ 后，a_0、a_k 和 b_k 就可以确定，因而 $f(t)$ 的傅里叶级数展开式就可以写出。

根据三角公式 $a_k\cos k\omega t + b_k\sin k\omega t = A_k\sin(k\omega t + \varphi_k)$，其中：

$$\left.\begin{aligned} A_k &= \sqrt{a_k^2 + b_k^2} \\ \varphi_k &= \arctan\frac{a_k}{b_k} \end{aligned}\right\} \tag{6-8}$$

所以式(6-6)又可以写为

$$f(t) = a_0 + \sum_{k=1}^{\infty} A_k\sin(k\omega t + \varphi_k) \tag{6-9}$$

值得说明的是，并非所有的周期信号都能按傅里叶级数展开，被展开的函数 $f(t)$ 需要满足下面的充分条件，即狄利克雷(Dirichlet)条件。

(1) 在一个周期内，如果间断点存在，则间断点的数目应该是有限的。

(2) 在一个周期内，极大值和极小值的数目应该是有限的。

(3) 在一个周期内，信号是绝对可积的，即 $\displaystyle\int_{-\frac{T}{2}}^{\frac{T}{2}} |f(t)|\,\mathrm{d}t$ 等于有限值。

通常，我们所遇到的周期信号都能满足狄利克雷条件，因此，以后除非特殊需要，一般不再考虑这个条件。

例 6-2　如图 6-12 所示的周期性方波信号，求其三角形式的傅里叶级数。

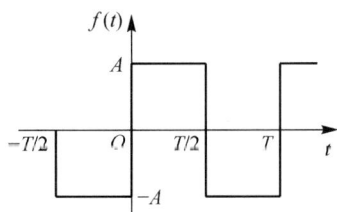

图 6-12　周期性方波信号

解　因为这里 $f(t)$ 是奇函数，故有

$$a_0 = \frac{1}{T}\int_0^T f(t)\,\mathrm{d}t = 0$$

$$a_k = \frac{2}{T}\int_0^T f(t)\cos k\omega t\,\mathrm{d}t = 0$$

$$b_k = \frac{2}{T}\int_0^T f(t)\sin k\omega t\,\mathrm{d}t = \frac{4}{T}\int_0^{\frac{T}{2}} f(t)\sin k\omega t\,\mathrm{d}t$$

$$= \frac{4A}{T}\left(\frac{-\cos k\omega t}{k\omega}\right)\bigg|_0^{\frac{T}{2}} = \begin{cases} \dfrac{4A}{k\pi} & (k=1,3,5\cdots) \\ 0 & (k=2,4,6\cdots) \end{cases}$$

代入式(6-6)可得

$$f(t) = \frac{4A}{\pi}\left(\sin \omega t + \frac{1}{3}\sin 3\omega t + \frac{1}{5}\sin 5\omega t + \cdots\right)$$

以上计算说明,方波 $f(t)$ 的傅里叶级数展开式是由上式各项的奇次谐波相叠加得到的,如图 6-13 所示。图 6-13(a) 中虚线所示曲线是取到 3 次谐波时的合成曲线,图 6-13(b) 是取到 11 次谐波时的合成曲线。可见,谐波级数取样越多,合成的曲线越接近方波。

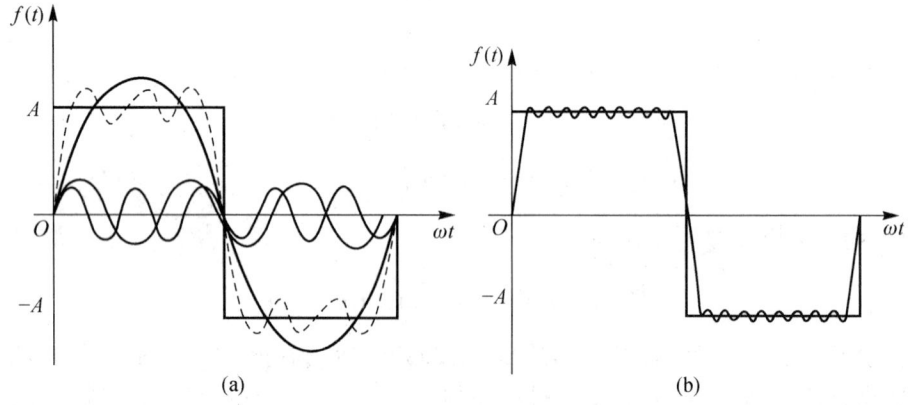

图 6-13　谐波合成示意图

除了用数学方法求解周期信号的傅里叶级数外,工程上常采用查表法得到周期信号的傅里叶级数。表 6-1 列出了几种典型非正弦周期信号的傅里叶级数。

表 6-1　几种典型非正弦周期信号的傅里叶级数

波　　形	傅里叶级数(基波角频率 $\omega = \dfrac{2\pi}{T}$)	有 效 值
$f(t)$ 波形图 I_m, $-T/4$ O $T/4$	$f(t) = \dfrac{2I_m}{\pi}\left(\dfrac{1}{2} + \dfrac{\pi}{4}\cos \omega t + \dfrac{1}{3}\cos 2\omega t - \dfrac{1}{15}\cos 4\omega t + \cdots \right.$ $\left. - \dfrac{\cos\dfrac{k\pi}{2}}{k^2-1}\cos k\omega t + \cdots\right)\quad k=2,4,6,\cdots$	$\dfrac{I_m}{2}$
$f(t)$ 波形图 I_m, $-T/2$ O $T/2$	$f(t) = \dfrac{4I_m}{\pi}\left(\dfrac{1}{2} + \dfrac{1}{3}\cos 2\omega t - \dfrac{1}{15}\cos 4\omega t + \cdots \right.$ $\left. - \dfrac{\cos\dfrac{k\pi}{2}}{k^2-1}\cos k\omega t + \cdots\right)\quad k=2,4,6,\cdots$	$\dfrac{I_m}{\sqrt{2}}$
$f(t)$ 波形图 I_m, $-T/2$ O $T/2$ $-I_m$	$f(t) = \dfrac{8I_m}{\pi^2}\left(\cos \omega t + \dfrac{1}{9}\cos 3\omega t + \dfrac{1}{25}\cos 5\omega t + \cdots \right.$ $\left. + \dfrac{1}{k^2}\cos k\omega t + \cdots\right)\quad k=1,3,5,\cdots$	$\dfrac{I_m}{\sqrt{3}}$

续表

波　　形	傅里叶级数(基波角频率 $\omega = \dfrac{2\pi}{T}$)	有　效　值
	$f(t) = \dfrac{I_m}{2} - \dfrac{I_m}{\pi}\left(\sin \omega t + \dfrac{1}{2}\sin 2\omega t + \dfrac{1}{3}\sin 3\omega t + \cdots \right.$ $\left. + \dfrac{1}{k}\sin k\omega t + \cdots\right)\quad k = 1,2,3,\cdots$	$\dfrac{I_m}{\sqrt{3}}$
	$f(t) = \dfrac{4I_m}{\pi}\left(\sin \omega t + \dfrac{1}{3}\sin 3\omega t + \dfrac{1}{5}\sin 5\omega t + \cdots \right.$ $\left. + \dfrac{1}{k}\sin k\omega t + \cdots\right)\quad k = 1,3,5,\cdots$	I_m
	$f(t) = \dfrac{\tau I_m}{T} + \dfrac{2I_m}{\pi}\left(\sin \omega \dfrac{\tau}{2}\cos \omega t + \dfrac{\sin 2\omega \frac{\tau}{2}}{2}\cos 2\omega t + \cdots\right.$ $\left. + \dfrac{\sin k\omega \frac{\tau}{2}}{k}\cos k\omega t + \cdots\right)\quad k = 1,2,3,\cdots$	$\sqrt{\dfrac{\tau}{2\pi}}I_m$

例 6-3 试将图 6-14(a) 所示波形展开成傅里叶级数。

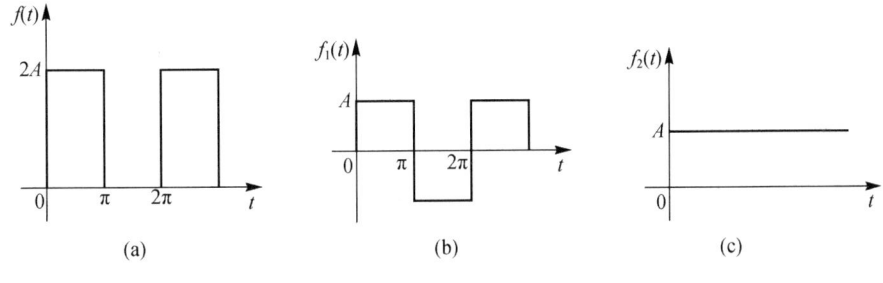

图 6-14　例 6-3 图

解 将图 6-14(a) 所示波形分解成图 6-14(b)、(c) 的叠加,通过查表 6-1 得到图 6-14(b) 所示波形的傅里叶级数展开式为

$$f_1(t) = \frac{4A}{\pi}\left(\sin\omega t + \frac{1}{3}\sin 3\omega t + \frac{1}{5}\sin 5\omega t + \cdots\right)$$

图 6-14(c) 所示波形为直流分量,即

$$f_2(t) = A$$

因此有

$$f(t) = f_1(t) + f_2(t) = A + \frac{4A}{\pi}\left(\sin\omega t + \frac{1}{3}\sin 3\omega t + \frac{1}{5}\sin 5\omega t + \cdots\right)$$

二、几种特殊的非正弦周期信号的傅里叶级数

1. 偶函数的傅里叶级数

对于偶函数,满足 $f(t) = f(-t)$,即函数的波形关于纵轴对称,如图 6-15 所示。这种函

数的傅里叶级数中不含正弦分量,即 $b_k = 0$。

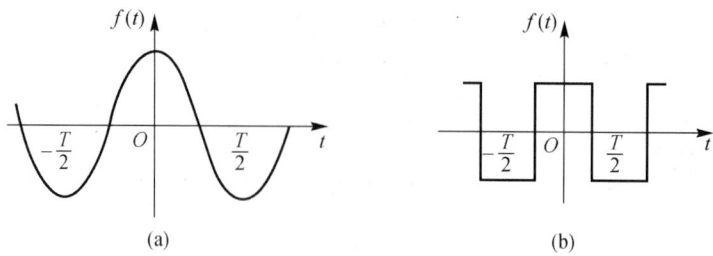

图 6-15　偶函数的波形

因此,偶函数的傅里叶级数的一般表达式为

$$f(t) = a_0 + \sum_{k=1}^{\infty} a_k \cos k\omega t \tag{6-10}$$

偶函数的傅里叶级数中是否含有直流分量,要看 $f(t)$ 的曲线所包围的面积对横轴上、下是否相等,若相等则不含直流分量,即 $a_0 = 0$。

2. 奇函数的傅里叶级数

对于奇函数,满足 $f(t) = -f(-t)$,即函数的波形关于原点对称,如图 6-16 所示。这种函数的傅里叶级数中不含余弦分量,即 $a_k = 0$;也不含直流分量,即 $a_0 = 0$。

因此,奇函数的傅里叶级数的一般表达式为

$$f(t) = \sum_{k=1}^{\infty} b_k \sin k\omega t \tag{6-11}$$

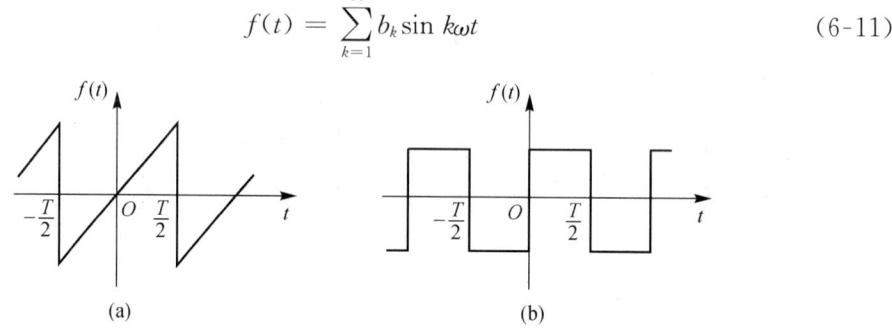

图 6-16　奇函数的波形

3. 奇谐波函数的傅里叶级数

对于奇谐波函数,满足 $f(t) = -f\left(t \pm \dfrac{T}{2}\right)$,即函数波形的后半周期是前半周期的镜像,如图 6-17 所示,有 $a_{2k} = b_{2k} = 0$,即奇谐波函数的傅里叶级数中只含有奇次谐波,不含偶次谐波和直流分量。

4. 偶谐波函数的傅里叶级数

对于偶谐波函数,满足 $f(t) = f(t \pm \dfrac{T}{2})$,即函数的前半周期波形后移半个周期与后半周期重合,如图 6-18 所示,有 $a_{2k+1} = b_{2k+1} = 0$,即偶谐波函数的傅里叶级数中只含有直流分量和偶次谐波,不含奇次谐波。

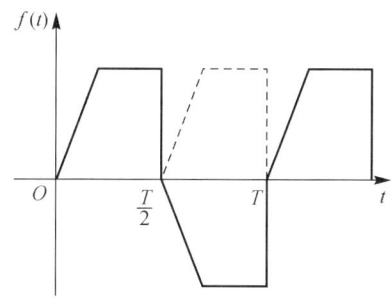

图 6-17　奇谐波函数的波形

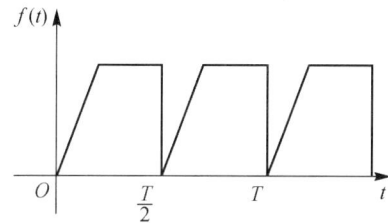

图 6-18　偶谐波函数的波形

三、周期信号的频谱

由以上讨论可知,周期信号可以展开为直流分量和一系列谐波分量之和的形式,通过式(6-6)可以求出各分量的振幅和相位,这样虽然可以详尽而确切地表示信号的分解结果,但是不够直观。为了直观地表示一个信号中所包含的频率分量及各频率分量所占的比例,采用了频谱图的表示方法。用一些不同长度的线段来分别表示基波、各次谐波的振幅,然后将这些线段按照频率高低顺序依次排列起来,这种图就是频谱图。频谱图中的每条谱线代表一个基波或者一个谐波分量,谱线的高度即谱线顶端的纵坐标位置,代表这一正弦分量的振幅,谱线所在的横坐标的位置代表这一正弦分量的频率。这种频谱,因为只表示出各频率分量的振幅,所以称为振幅频谱。如果把各频率分量的相位用一个个线段代表,并且按频率高低顺序排列成谱状,这样得到的频谱称为相位频谱。本书如果没有特别说明,所提到的频谱指的是振幅频谱。

以图 6-12 所示的周期性方波信号为例,作出它的频谱图,如图 6-19 所示。通过观察可总结出周期性方波信号频谱的特点:

(1) 离散性。因为频谱图由不连续的线条组成,每条线代表一个正弦分量,所以将这样的谱线称为不连续频谱或者离散频谱。

(2) 谐波性。因为频谱的每条谱线都只能出现在基波频率或者谐波频率上,频谱中不存在任何具有频率为基波频率非整数倍的分量。

(3) 收敛性。各条谱线的高度,也就是各次谐波的振幅,总的趋势是随着谐波次数的增高而逐渐减小。当谐波次数无限增高时,谐波分量的振幅无限趋小。

上述三个特点,虽然是从周期性方波信号得出的,但具有普遍意义。

在通信工程中,信号的振幅频谱可以通过频谱分析仪直接测试得到。

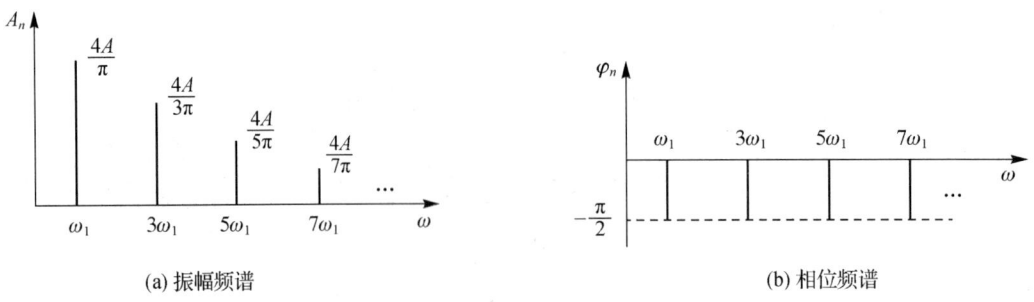

(a) 振幅频谱   (b) 相位频谱

图 6-19　周期性方波信号的频谱图

四、有效值、平均值和平均功率

1. 有效值

对于正弦电流 i 的有效值,其定义为

$$I = \sqrt{\frac{1}{T}\int_0^T i^2 \mathrm{d}t} = \sqrt{\frac{1}{2\pi}\int_0^{2\pi} i^2 \mathrm{d}\omega t} \qquad (6\text{-}12)$$

设非正弦周期电流 i 分解成傅里叶级数为 $i = I_0 + \sum\limits_{k=1}^{\infty} I_{km}\sin(k\omega t + \varphi_k)$,则有

$$i^2 = I_0^2 + \sum_{k=1}^{\infty} I_{km}^2 \sin^2(k\omega t + \varphi_k) + 2I_0 \sum_{k=1}^{\infty} I_{km}\sin(k\omega t + \varphi_k)$$

$$+ \sum_{\substack{k=1 \\ q=1 \\ k \ne q}}^{\infty} 2I_{km}I_{qm}\sin(k\omega t + \varphi_k) \cdot \sin(q\omega t + \varphi_q)$$

将 i^2 的展开式中的各项分别积分,可以得到

$$\frac{1}{2\pi}\int_0^{2\pi} I_0^2 \mathrm{d}\omega t = I_0^2$$

$$\frac{1}{2\pi}\int_0^{2\pi} \sum_{k=1}^{\infty} I_{km}^2 \sin^2(k\omega t + \varphi_k)\mathrm{d}\omega t = \frac{1}{2\pi}\sum_{k=1}^{\infty} I_{km}^2 \pi = \sum_{k=1}^{\infty} \frac{I_{km}^2}{2} = \sum_{k=1}^{\infty} I_k^2$$

$$\frac{1}{2\pi}\int_0^{2\pi} 2I_0 \sum_{k=1}^{\infty} I_{km}\sin(k\omega t + \varphi_k)\mathrm{d}\omega t = 0$$

$$\frac{1}{2\pi}\int_0^{2\pi} \sum_{\substack{k=1 \\ q=1 \\ k \ne q}}^{\infty} 2I_{km}I_{qm}\sin(k\omega t + \varphi_k)\sin(q\omega t + \varphi_q)\mathrm{d}\omega t = 0$$

由此可得到 i 的有效值为

$$I = \sqrt{I_0^2 + \sum_{k=1}^{\infty} I_k^2} = \sqrt{I_0^2 + I_1^2 + I_2^2 + \cdots} = \sqrt{\sum_{k=0}^{\infty} I_k^2} \qquad (6\text{-}13)$$

即非正弦周期电流的有效值等于恒定分量的平方与各次谐波有效值的平方之和的平方根。此结论可推广用于其他非正弦周期量,如非正弦周期电压的有效值为

$$U = \sqrt{U_0^2 + U_1^2 + U_2^2 + \cdots} = \sqrt{\sum_{k=0}^{\infty} U_k^2} \qquad (6\text{-}14)$$

当非正弦周期电流通过电阻时,其功率损耗为 $P = I^2 R$。应该指出的是,通常所说的非正弦周期信号的电流或电压值均指有效值。

2. 平均值

非正弦周期信号的平均值定义为该信号绝对值在一个周期内的平均值,以电流 $i(t) = I_m \sin \omega t$ 为例,即为

$$\overline{I} = \frac{1}{T} \int_0^T |i(t)| \, dt \qquad (6\text{-}15)$$

将式(6-15)进一步展开可得

$$\overline{I} = \frac{1}{T} \int_0^T |I_m \sin \omega t| \, dt = \frac{2}{T} \int_0^{\frac{T}{2}} |I_m \sin \omega t| \, dt = \frac{2I_m}{\omega T} (-\cos \omega t) \Big|_0^{\frac{T}{2}} = \frac{2I_m}{\pi} \qquad (6\text{-}16)$$

它相当于正弦电流经全波整流后的平均值,如图 6-20 所示,这是因为取电流的绝对值相当于把负半周的值变为对应的正值。

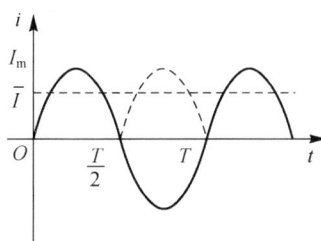

图 6-20 正弦电流的平均值

对于同一个非正弦周期电流,用不同类型的仪表进行测量,会得到不同的结果。例如,用磁电系仪表(直流仪表)测量时,所得结果将是电流的直流分量,这是因为磁电系仪表的偏转角 $\alpha \propto \frac{1}{T} \int_0^T i \, dt$;用电磁系仪表测量时,所得结果为电流的有效值,因为这种仪表的偏转角 $\alpha \propto \frac{1}{T} \int_0^T i^2 \, dt$;用全波整流仪表测量时,所得结果为电流的平均值,因为这种仪表的偏转角 $\alpha \propto \frac{1}{T} \int_0^T |i| \, dt$。由此可见,在测量非正弦周期信号的电流和电压时,要注意选择合适的仪表,并注意不同类型仪表读数所表示的含义。

3. 平均功率

非正弦周期电流电路的瞬时功率为

$$p = ui = \left[U_0 + \sum_{k=1}^{\infty} U_{km} \sin(k\omega t + \varphi_{uk}) \right] \left[I_0 + \sum_{k=1}^{\infty} I_{km} \sin(k\omega t + \varphi_{uk} - \varphi_k) \right]$$

$$= U_0 I_0 + \sum_{K=1}^{\infty} U_{km} I_{km} \sin(k\omega t + \varphi_{uk}) \sin(k\omega t + \varphi_{uk} - \varphi_k) + \sum_{k=1}^{\infty} U_0 I_{km} \sin(k\omega t + \varphi_{uk} - \varphi_k)$$

$$+ \sum_{k=1}^{\infty} I_0 U_{km} \sin(k\omega t + \varphi_k) + \sum_{\substack{k=1 \\ q=1 \\ k \neq q}}^{\infty} U_{km} I_{qm} \sin(k\omega t + \varphi_k) \sin(q\omega t + \varphi_{uq} - \varphi_q)$$

式中,u、i 取关联参考方向;φ_k 为各次谐波电压分量与相应谐波电流分量之间的相位差。平均功率又称有功功率,仍然定义为该电路瞬时功率在一个周期内的平均值,即

$$P = \frac{1}{T} \int_0^T p \, dt = \frac{1}{2\pi} \int_0^{2\pi} p \, d\omega t$$

将瞬时功率 p 中各项分别积分可得

$$\frac{1}{2\pi}\int_0^{2\pi} U_0 I_0 \, \mathrm{d}\omega t = U_0 I_0$$

$$\frac{1}{2\pi}\int_0^{2\pi} U_{km} I_{km}\sin(k\omega t + \varphi_{uk})\sin(k\omega t + \varphi_{uk} - \varphi_k)\, \mathrm{d}\omega t = \frac{U_{km}I_{km}}{2\pi}\int_0^{2\pi}\frac{1}{2}\{\cos[k\omega t + \varphi_{uk} -$$

$$(k\omega t + \varphi_{uk} - \varphi_k)] - \cos[k\omega t + \varphi_{uk} + (k\omega t + \varphi_{uk} - \varphi_k)]\}\, \mathrm{d}\omega t$$

$$= \frac{1}{2} U_{km} I_{km}\cos\varphi_k = U_k I_k\cos\varphi_k$$

根据三角函数的正交性可知其他项的积分都为 0。所以，平均功率（有功功率）为

$$P = U_0 I_0 + \sum_{k=1}^{\infty} U_k I_k\cos\varphi_k = U_0 I_0 + U_1 I_1\cos\varphi_1 + U_2 I_2\cos\varphi_2 + \cdots \tag{6-17}$$

可见，平均功率等于直流分量构成的功率和各次谐波平均功率的代数和。应该注意的是，只有同频率的电流和电压才产生平均功率，否则只产生瞬时功率，不产生平均功率。

非正弦周期电流电路的视在功率定义为非正弦电压有效值和非正弦电流有效值的乘积，即

$$S = UI = \sqrt{U_0^2 + U_1^2 + U_2^2 + \cdots}\sqrt{I_0^2 + I_1^2 + I_2^2 + \cdots} \tag{6-18}$$

非正弦周期电流电路的无功功率定义为通过该电路的非正弦周期电压和电流各次谐波无功功率的总和，即

$$Q = \sum_{k=1}^{\infty} U_k I_k\sin\varphi_k = U_1 I_1\sin\varphi_1 + U_2 I_2\sin\varphi_2 + \cdots \tag{6-19}$$

在一般情况下，$S^2 > P^2 + Q^2$，非正弦周期电流电路的畸变功率为 $T = \sqrt{S^2 - (P^2 + Q^2)}$。

例 6-4　如图 6-21 所示单口网络 N 的端口电流、电压分别为

$$i(t) = 5\sin t + 2\sin\left(2t + \frac{\pi}{4}\right), \quad u(t) = \sin\left(t + \frac{\pi}{4}\right) + \sin\left(2t - \frac{\pi}{4}\right) + \sin\left(3t - \frac{\pi}{3}\right)$$

求网络消耗的平均功率，以及电压、电流的有效值。

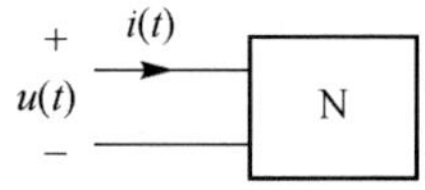

解　$I_1 = \dfrac{5}{\sqrt{2}}, \quad U_1 = \dfrac{\sqrt{2}}{2}, \quad \varphi_1 = \varphi_{u1} - \varphi_{i1} = \dfrac{\pi}{4}$

$I_2 = \sqrt{2}, \quad U_2 = \dfrac{\sqrt{2}}{2}, \quad \varphi_2 = \varphi_{u2} - \varphi_{i2} = -\dfrac{\pi}{2}$

图 6-21　例 6-4 图

网络消耗的平均功率为

$$P = U_1 I_1\cos\varphi_1 + U_2 I_2\cos\varphi_2 = \frac{5\sqrt{2}}{4} + 0 = \frac{5\sqrt{2}}{4} \text{ W}$$

电压有效值为

$$U = \sqrt{\left(\frac{1}{\sqrt{2}}\right)^2 + \left(\frac{1}{\sqrt{2}}\right)^2 + \left(\frac{1}{\sqrt{2}}\right)^2} = \frac{\sqrt{6}}{2} \text{ V}$$

电流有效值为

$$I = \sqrt{\left(\frac{5}{\sqrt{2}}\right)^2 + (\sqrt{2})^2} = \frac{\sqrt{58}}{2} \text{ A}$$

知识点三 非正弦周期电流电路分析

非正弦周期电流电路是指所加激励信号为非正弦周期信号的电路,通常可按下列步骤对非正弦周期电流电路进行分析:

(1)通过查表,将给定的非正弦周期电压或电流分解为傅里叶级数,高次谐波取到哪一项为止要根据所需准确度的高低而定。

(2)分别求出电源电压或电流的直流分量及各次谐波分量单独作用时的响应。当直流分量单独作用时,采用直流电路分析法;当各次谐波分量单独作用时,采用相量分析法。其中:

① 直流分量单独作用时。

$X_L(0) = \omega L = 0$,即将电感看作短路。

$X_C(0) = -\dfrac{1}{\omega C} = \infty$,即将电容看作开路。

② 基波单独作用时。

$$X_L(1) = \omega L, X_C(1) = -\frac{1}{\omega C}$$

③ 高次谐波单独作用时。

$$X_L(k) = k\omega L, X_c(k) = -\frac{1}{k\omega C}$$

(3)应用叠加原理,将步骤(2)中计算出的各个时域形式(即瞬时值形式)的结果进行叠加,即可求得所需响应。

例 6-5 已知图 6-22(a)所示滤波电路中,输入电压 $u_i(t)$ 的波形如图 6-22(b)所示,$f = 2 \text{ kHz}, R = 20 \text{ k}\Omega, C = 0.47 \text{ μF}$,试求输出电压 $u_R(t)$(计算到三次谐波)。

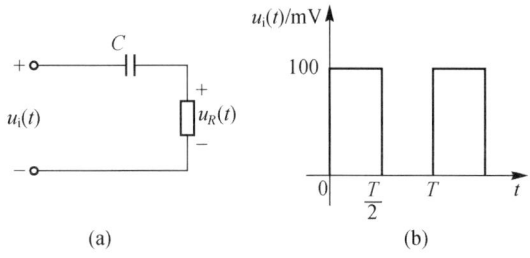

(a)　　　　　　　(b)

图 6-22 例 6-5 图

解 (1)利用例 6-3 的结论可得图 6-22(b)中矩形波 $u_i(t)$ 的傅里叶级数展开式为

$$u_i(t) = 50 + \frac{200}{\pi}\sin(4\pi \times 10^3 t) + \frac{200}{3\pi}\sin(12\pi \times 10^3 t) + \cdots$$

$$= 50 + 63.7\sin(4\pi \times 10^3 t) + 21.2\sin(12\pi \times 10^3 t) + \cdots$$

题中要求计算到三次谐波,故取三个电压分量,即

$$u_i(t) = U_0 + u_1(t) + u_3(t)$$

其中

$$U_0 = 50 \text{ mV}$$

$$u_1(t) = 63.7\sin(4\pi \times 10^3 t) \text{ mV} \quad \dot{U}_{m1} = 63.7 \angle 0° \text{ mV}$$

$$u_3(t) = 21.2\sin(12\pi \times 10^3 t) \text{ mV} \qquad \dot{U}_{m3} = 21.2\angle 0° \text{ mV}$$

（2）分别计算直流分量、基波和三次谐波单独作用时的输出电压。

直流分量单独作用时，电容相当于开路，故 $I_0 = 0, U_{R0} = 0$。

基波 $u_1(t) = 63.7\sin(4\pi \times 10^3 t)$ mV 单独作用时，由相量法得

$$\dot{U}_{Rm1} = \frac{\dot{U}_{m1}}{R - j\dfrac{1}{\omega C}}R = \frac{63.7\angle 0°}{20 \times 10^3 - j169.5} \times 20 \times 10^3 = 63.7\angle 0.5° \text{ mV}$$

即

$$u_{R1}(t) = 63.7\sin(4\pi \times 10^3 t + 0.5°) \text{ mV}$$

三次谐波 $u_3(t) = 21.2\sin(12\pi \times 10^3 t)$ mV 单独作用时，由相量法得

$$\dot{U}_{Rm3} = \frac{\dot{U}_{m3}}{R - j\dfrac{1}{3\omega C}}R = \frac{21.2\angle 0°}{20 \times 10^3 - j56.3} \times 20 \times 10^3 = 21.2\angle 0.2° \text{ mV}$$

即

$$u_{R3}(t) = 21.2\sin(12\pi \times 10^3 t + 0.2°) \text{ mV}$$

（3）运用叠加原理，可得

$$u_R(t) = U_{R0} + U_{R1} + u_{R3} = 63.7\sin(4\pi \times 10^3 t + 0.5°) + 21.2\sin(12\pi \times 10^3 t + 0.2°) \text{ mV}$$

例 6-6　如图 6-23 所示电路，输入激励 $u_S(t)$ 为非正弦波，$\omega = 1$ rad/s，其中含有 3 次谐波和 7 次谐波，要求输出电压 $u(t)$ 不含有这两个谐波分量，求 L、C。

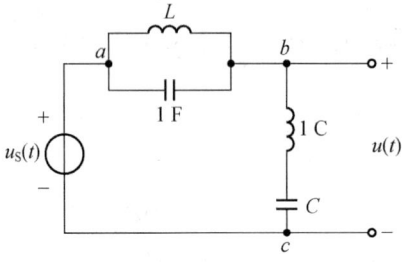

图 6-23　例 6-6 图

解　若要求输出电压 $u(t)$ 中不含有 3 次和 7 次谐波分量，需满足当 $u_S(t)$ 的 3 次和 7 次谐波单独作用时，b、c 两点间电压为零。有以下两种情况：

（1）3 次谐波作用时 $Z_{bc} = 0$，即 $j3 + \dfrac{1}{j3C} = 0$ $\Rightarrow$ $C = \dfrac{1}{9}$F

7 次谐波作用时 $Z_{ab} = \infty$，即 $Y_{ab} = j7 + \dfrac{1}{j7L} = 0$ $\Rightarrow$ $L = \dfrac{1}{49}$H

（2）3 次谐波作用时 $Z_{ab} = \infty$，即 $Y_{ab} = j3 + \dfrac{1}{j3L} = 0$ $\Rightarrow$ $L = \dfrac{1}{9}$H

7 次谐波作用时 $Z_{bc} = 0$，即 $j7 + \dfrac{1}{j7C} = 0$ $\Rightarrow$ $C = \dfrac{1}{49}$F

所以得到 $\begin{cases} C = \dfrac{1}{9}\text{F} \\ L = \dfrac{1}{49}\text{H} \end{cases}$ 或 $\begin{cases} L = \dfrac{1}{9}\text{H} \\ C = \dfrac{1}{49}\text{F} \end{cases}$

例 6-7　如图 6-24 所示电路，$R = 250\ \Omega$，$\omega L = 300\ \Omega$，$\dfrac{1}{\omega C_1} = 1\,200\ \Omega$，$\dfrac{1}{\omega C_2} = 400\ \Omega$，

$u(t)=(750+500\sqrt{2}\sin\omega t+100\sqrt{2}\sin2\omega t)$V，试求 i_L、i 的有效值 I 和 i_L 的有效值 I_L。

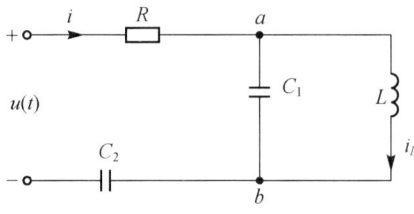

图 6-24　例 6-7 图

解　(1) 当直流电压 $U_0=750$ V 单独作用时，由于电容 C_1、C_2 对直流电压相当于开路，因此 $I_0=0$，$I_{L0}=0$。

(2) 一次谐波 $u_1=500\sqrt{2}\sin\omega t$ V 单独作用时，有

$$Z_{ab}=j\omega L//(-j\frac{1}{\omega C_1})=\frac{j\omega L\ \dfrac{1}{j\omega C_1}}{j\omega L-j\dfrac{1}{\omega C_1}}=\frac{j300\ \dfrac{1\ 200}{j}}{j300-j1\ 200}=j400\ \Omega$$

则

$$Z_1=R+Z_{ab}-j\frac{1}{\omega C_2}=250+j400-j400=250\ \Omega$$

所以

$$\dot{I}_{1m}=\frac{\dot{U}_{1m}}{Z_1}=\frac{500\sqrt{2}\angle0°}{250}=2\sqrt{2}\angle0°\text{A}$$

$$\dot{I}_{L1m}=\frac{\dot{U}_{L1m}}{j\omega L}=\frac{\dot{I}_{1m}Z_{ab}}{j\omega L}=\frac{800\sqrt{2}\angle90°}{300\angle90°}=2.67\sqrt{2}\angle0°\ \text{A}$$

即

$$i_1(t)=2\sqrt{2}\sin\omega t\ \text{A},i_{L1}(t)=2.67\sqrt{2}\sin\omega t\ \text{A}$$

(3) 二次谐波 $u_2=100\sqrt{2}\sin2\omega t$ V 单独作用时，有

$$Z_{ab}=j2\omega L//(-j\frac{1}{2\omega C_1})=\frac{j2\omega L\ \dfrac{1}{j2\omega C_1}}{j2\omega L-j\dfrac{1}{2\omega C_1}}=\frac{600\times600}{j(600-600)}=\infty$$

可见，C_1 与 L 产生并联谐振，阻抗近似于无穷大，全部 u_2 都降落于该并联电路两端，所以有 $\dot{I}_{2m}=0$，

$$\dot{I}_{L2m}=\frac{\dot{U}_{2m}}{j2\omega L}=\frac{100\sqrt{2}\angle0°}{j600}=0.167\sqrt{2}\angle-90°\ \text{A}$$

即 $i_{L2}(t)=0.167\sqrt{2}(\sin2\omega t-90°)$ A。

(4) 由叠加定理可得

$$i_L(t)=2.67\sqrt{2}\sin\omega t+0.167\sqrt{2}\sin(2\omega t-90°)\ \text{A}$$

有效值为

$$I=\sqrt{I_0^2+I_1^2+I_2^2}=\sqrt{0+2^2+0}=2\ \text{A}$$

$$I_L=\sqrt{I_{L0}^2+I_{L1}^2+I_{L2}^2}=\sqrt{0^2+2.67^2+0.167^2}=2.675\ \text{A}$$

例 6-8　如图 6-25 所示 RLC 串联电路，已知 $f=50$ Hz，$R=10\ \Omega$，$C=200\ \mu$F，$L=100\times10^{-3}$ H，$u=[20+20\sin\omega t+10\sin(3\omega t+90°)]$V，试求：

(1) 电流 i；

（2）外加电压和电流的有效值；

（3）电路中消耗的功率。

解 （1）应用叠加定理求电流 i。

当直流分量 $U_0 = 20$ V 单独作用时，由于电容的隔直作用，$I_0 = 0$。

当基波分量 $u_1 = 20\sin\omega t$ V 单独作用时，设 $\dot{U}_1 = \dfrac{20}{\sqrt{2}}\angle 0°$V，

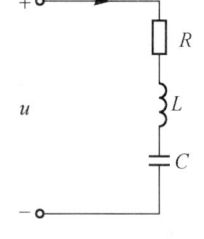

图 6-25　例 6-8 图

则

$$\dot{I}_1 = \frac{\dot{U}_1}{R + j(\omega L - \frac{1}{\omega C})} = \frac{\frac{20}{\sqrt{2}}\angle 0°\text{V}}{[10 + j(314 \times 100 \times 10^{-3} - \frac{10^6}{314 \times 200})]\Omega}$$

$$= \frac{20}{\sqrt{2}(10 + j15.5)}\text{A} = \frac{1.08}{\sqrt{2}}\angle -57.2°\text{ A}$$

即 $i_1 = 1.08\sin(\omega t - 57.2°)$A。

当三次谐波分量 $u_3 = 10\sin(3\omega t + 90°)$V 单独作用时，设 $\dot{U}_3 = \dfrac{10}{\sqrt{2}}\angle 90°$V，则

$$\dot{I}_3 = \frac{\dot{U}_3}{R + j(3\omega L - \frac{1}{3\omega C})} = \frac{\frac{10}{\sqrt{2}}\angle 90°\text{V}}{10\ \Omega + j(94.2 - 5.3)\Omega} = \frac{10\angle 90°}{\sqrt{2}(10 + j88.9)}\text{A} = \frac{0.112}{\sqrt{2}}\angle 6.4°\text{A}$$

即 $i_3 = 0.112\sin(3\omega t + 6.4°)$A。

通过叠加定理可得

$$i = i_1 + i_3 = [1.08\sin(\omega t - 57.2°) + 0.112\sin(3\omega t + 6.4°)]\text{A}$$

（2）电流有效值为

$$I = \sqrt{I_1^2 + I_3^2} = \sqrt{(\frac{1.08}{\sqrt{2}})^2 + (\frac{0.112}{\sqrt{2}})^2}\text{A} = \sqrt{0.589}\text{A} \approx 0.767\text{ A}$$

电压有效值为

$$U = \sqrt{U_0^2 + U_1^2 + U_3^2} = \sqrt{20^2 + (\frac{20}{\sqrt{2}})^2 + (\frac{10}{\sqrt{2}})^2} = \sqrt{650}\text{ V} \approx 25.5\text{ V}$$

（3）电路中电阻 R 消耗的功率即为整个电路消耗的功率，即

$$P = I^2 R = (0.767\text{ A})^2 \times 10\ \Omega \approx 5.9\text{ W}$$

亦可用式 $P = P_0 + P_1 + P_2$ 进行计算，有

$$P_0 = U_0 I_0 = 0$$

$$P_1 = U_1 I_1 \cos\varphi_1 = \frac{20}{\sqrt{2}} \times \frac{1.08}{\sqrt{2}} \times \cos 57.2°\text{ W} \approx 5.85\text{ W}$$

$$P_3 = U_3 I_3 \cos\varphi_3 = \frac{10}{\sqrt{2}} \times \frac{0.112}{\sqrt{2}} \times \cos(90° - 6.4°)\text{W} \approx 0.062\text{ W}$$

$$P = P_1 + P_3 = (5.85 + 0.062)\text{W} \approx 5.91\text{ W}$$

由以上分析可知，感抗和容抗随频率的变化而变化，这种性质在工程上有广泛的应用。例如，将电容和电感所组成的各种不同的电路接在电源和负载（输入端和输出端）之间，可使信号中的某些谐波分量顺利通过，而另一些不需要的谐波分量得到抑制，这种电路称为滤波器。滤波器可分为四类：低通滤波器（LPF）、高通滤波器（HPF）、带通滤波器（BPF）、带阻滤

波器(BRF)。图 6-26(a) 所示为一个简单的低通滤波器,其中电感 L 对高频电流有抑制作用,电容 C 对高频电流有分流作用,输出端的高频电流分量被大大削弱,低频电流则能够顺利通过。图 6-26(b) 所示为一个简单的高通滤波器,其中电容 C 对低频电流有抑制作用,电感 L 对低频电流有分流作用,输出端的低频电流分量被大大削弱,高频电流则能够顺利通过。

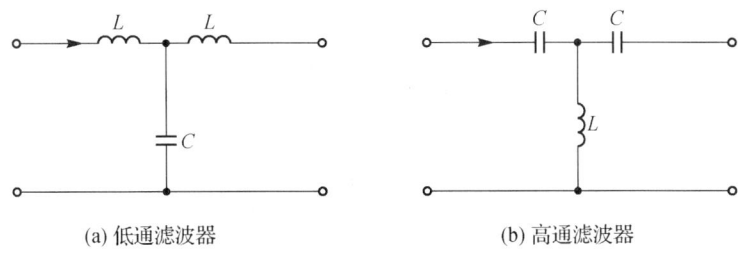

(a) 低通滤波器　　　　　　　　　　(b) 高通滤波器

图 6-26　简单滤波器

单元小结

(1) 信号是随时间变化的某种物理量,是传送各种消息的工具。电信号通常表现为某种形式的电压或电流。

(2) 信号通常可分为:确定信号与随机信号;周期信号与非周期信号;连续信号与离散信号;能量信号与功率信号。

(3) 信号的基本运算包括信号之间的相加和相乘,信号的反折、平移和尺度变换,信号的微分和积分等。

(4) 非正弦周期信号 $f(t)$ 可分解为傅里叶级数:

$$f(t) = a_0 + \sum_{k=1}^{\infty} (a_k \cos k\omega t + b_k \sin k\omega t) = a_0 + \sum_{k=1}^{\infty} A_k \sin(k\omega t + \varphi_k)$$

式中, $\omega = 2\pi/T$, T 为 $f(t)$ 的周期,有

$$a_0 = \frac{1}{T} \int_0^T f(t) \mathrm{d}t = \frac{1}{2\pi} \int_0^{2\pi} f(t) \mathrm{d}\omega t$$

$$a_k = \frac{2}{T} \int_0^T f(t) \cos k\omega t \, \mathrm{d}t = \frac{1}{\pi} \int_0^{2\pi} f(t) \cos k\omega t \, \mathrm{d}\omega t$$

$$b_k = \frac{2}{T} \int_0^T f(t) \sin k\omega t \, \mathrm{d}t = \frac{1}{\pi} \int_0^{2\pi} f(t) \sin k\omega t \, \mathrm{d}\omega t$$

$$A_k = \sqrt{a_k^2 + b_k^2}, \quad \varphi_k = \arctan \frac{a_k}{b_k}$$

(5) 非正弦周期信号的有效值等于其直流分量、基波和各谐波分量有效值的平方和的平方根,即

$$A = \sqrt{A_0^2 + A_1^2 + A_2^2 + \cdots} = \sqrt{A_0^2 + \sum_{k=1}^{\infty} A_k^2}$$

(6) 非正弦周期电流电路的平均功率等于恒定分量、基波和各谐波分量分别产生的平均功率之和,即

$$P = U_0 I_0 + \sum_{k=1}^{\infty} U_k I_k \cos \varphi_k$$

(7) 计算非正弦周期电流电路的步骤。

① 通过查表法将非正弦周期性激励分解为直流分量、基波和各次谐波分量。

② 分别计算激励中不同频率分量所引起的响应:直流分量单独作用时,采用直流电路分析法;各次谐波分量单独作用时,采用相量分析法。

③ 将响应的各分量的瞬时值表达式相叠加。

单元练习

1. 试分析图 6-27 所示的信号中,哪些是连续信号,哪些是离散信号,哪些是周期信号,哪些是非周期信号。

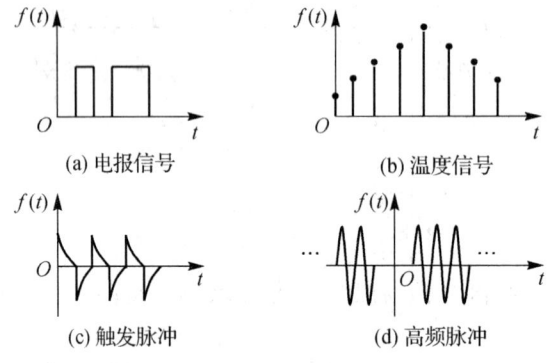

(a) 电报信号   (b) 温度信号

(c) 触发脉冲   (d) 高频脉冲

图 6-27

2. 试分析下列表达式所对应的信号是否为周期信号,若是周期信号,求其周期 T。

(1) $f(t) = 1 + \sin 10\pi t$。

(2) $f(t) = \cos (10\pi t + 45°)$。

(3) $f(t) = e^{-t} \cos \pi t$。

(4) $f(t) = \sin 2\pi t + \sin 4\pi t$。

(5) $f(t) = \sin 2\pi t + \cos 4\pi t$。

(6) $f(t) = \sin \sqrt{2}\pi t + \sin 4\pi t$。

3. 信号 $f(t)$ 的波形如图 6-28 所示,试分别画出 $f(2t)$、$f(-t/2)$、$2f(t)$、$f(t-2)$、$f(2t+2)$ 和 $f(-2t+2)$ 的波形。

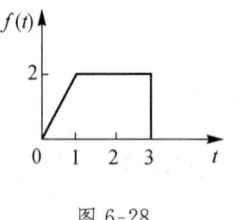

图 6-28

4. 试求图 6-29 所示波形的傅里叶级数展开式。

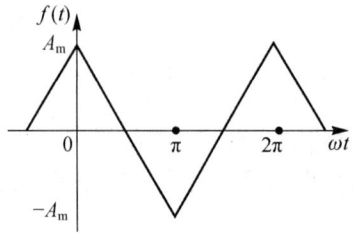

图 6-29

5. 试用查表法求图 6-30 所示波形的傅里叶级数展开式。

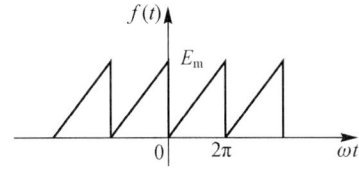

图 6-30

6. 已知非正弦周期电压 $u(t)$ 的波形如图 6-31 所示,求 $u(t)$ 的傅里叶级数展开式及其有效值。

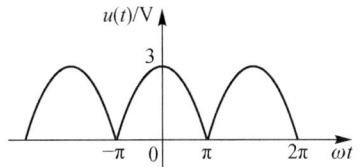

图 6-31

7. 已知图 6-32 所示单端口网络的端口电压 $u(t)$ 和电流 $i(t)$ 均为非正弦周期信号,其表达式分别为

$$u(t) = [10 + 100\sin \omega t + 40\sin(2\omega t + 30°)]V$$
$$i(t) = [2 + 4\sin(\omega t + 60°) + 2\sin(3\omega t + 45°)]A$$

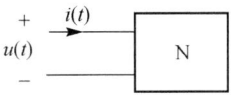

图 6-32

试求:

(1) u 和 i 的有效值。

(2) 此单端口网络吸收的平均功率。

8. 如图 6-33 所示 RL 串联电路,已知 $L = 1\ H, R = 100\ \Omega, f = 50\ Hz$,输入激励为 $u_S(t) = (20 + 100\sin\omega t + 70\sin3\omega t)V$,求 $u(t)$ 及输入端的平均功率。

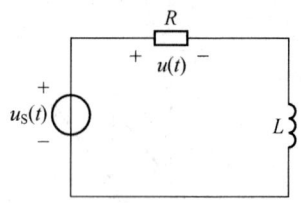

图 6-33

9. 当有效值为 100 V 的某正弦电压加在电感 L 两端时,得电流有效值 $I = 10$ A;当含有基波和 3 次谐波分量且有效值为 100 V 的某非正弦电压加在电感 L 两端时,得电流有效值 $I = 8$ A,试求这一非正弦电压的基波和 3 次谐波电压的有效值。

10. 已知 RC 串联电路中,$C = 100$ μF,$R = 20$ Ω,外加电压为 $u(t) = [100\sin314t - 50\sin(942t - 90°)]$V,试求通过该电路的稳态电流的瞬时表达式,并求其有效值及电源发出的功率。

11. 如图 6-34 所示电路,已知 $R_1 = 5$ Ω,$R_2 = 30$ Ω,$\omega L = 10$ Ω,$\dfrac{1}{\omega C} = 40$ Ω,$u(t) = [70 + 50\sqrt{2}\sin\omega t + 5\sqrt{2}\sin(2\omega t + 15°)]$ V,求电流 i 的瞬时值和有效值。

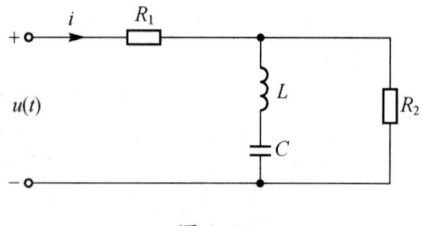

图 6-34

12. 已知 RLC 串联电路的端口电压和电流分别为:$u(t) = [100\sin314t + 50\sin(942t - 30°)]$ V,$i(t) = [10\sin314t + 1.755\sin(942t + \theta)]$A,试求:$R$、$L$、$C$ 的值;θ 的值;电路消耗的功率。

13. 如图 6-35 所示电路,已知 $R = 5$ Ω,$L = 0.507$ H,$C = 20$ μF,$f = 50$ Hz,$u(t) = (20 + 50\sin\omega t + 20\sin3\omega t + 15\sin5\omega t)$V,试求电流表和电压表的读数。

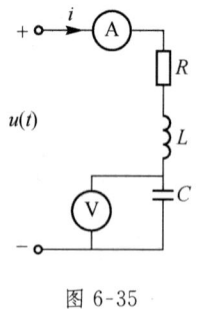

图 6-35

14. 如图6-36所示电路，已知 $R = 40\ \Omega, \omega L = 30\ \Omega, u(t) = (100 + 40\sin\omega t + 5\sin 2\omega t)\ \mathrm{V}$，$u_R(t) = [100 + U_{Rm1}\sin(\omega t - \varphi)]\ \mathrm{V}$，试求：$\dfrac{1}{\omega C}; U_R; \varphi$。

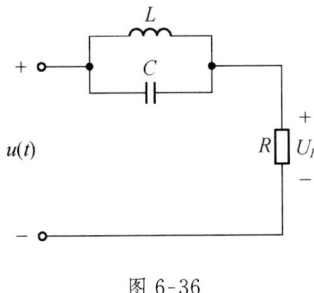

图 6-36

单元七

谐 振 电 路

单元导读

　　谐振现象在电子、通信工程中具有广泛应用,对谐振现象的研究有利于更好地利用谐振,同时也有利于避免谐振现象对电路正常工作的破坏。本单元主要介绍串联和并联两种重要的谐振电路及其主要特点,并简要介绍谐振电路的应用。

相关知识

知识点一　　串 联 谐 振

视频
RLC 串联谐振
电路分析

　　如图 7-1(a) 所示的 *RLC* 串联电路,如果用正弦电压 $u_S(t) = U_{Sm}\sin(\omega t + \varphi_u)$ 激励,则电路的工作状态将随 ω 变化而变化。下面用相量法对此电路进行分析。

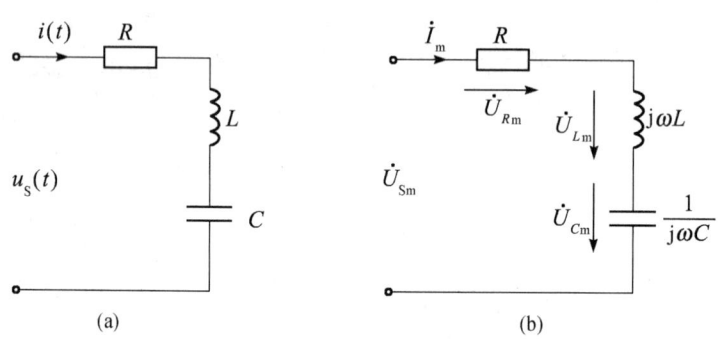

(a)　　　　　　　　　　　　　(b)

图 7-1　*RLC* 串联电路

　　该电路的相量电路图如图 7-1(b) 所示。由于串联电路各元件电流相同,故选 $\dot{I}$ 为参考相量。根据各电路元件电压、电流的相量关系,得到如图 7-2 所示的参考相量图。

　　由图 7-2 很容易看出,*RLC* 串联电路的相量图只能存在图示的三种情况。

　　(1) 对图 7-2(a),由于在相同电流下, $|\dot{U}_{Lm}| = U_{Lm} > |\dot{U}_{Cm}| = U_{Cm}$,即电感电压幅值大,说明电感阻抗幅值大于电容阻抗幅值,因此

$$z_L > z_C$$

或

$$\omega L > \frac{1}{\omega C} \tag{7-1}$$

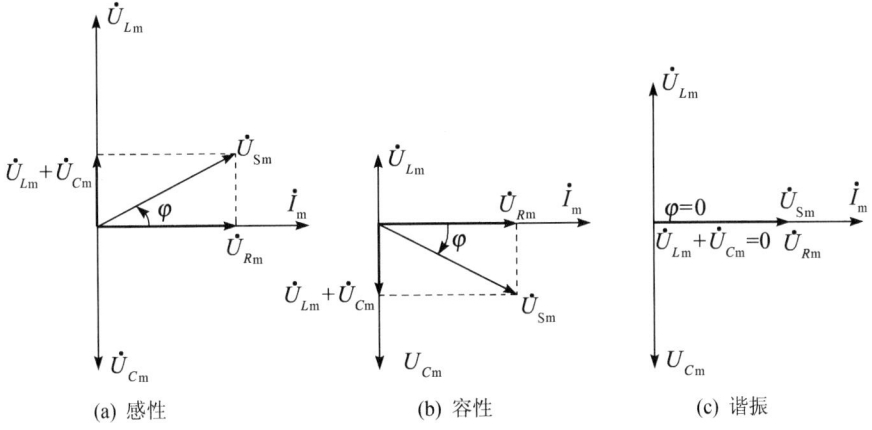

（a）感性　　　　　　（b）容性　　　　　　（c）谐振

图 7-2　*RLC* 串联电路相量图

根据 KVL 得

$$\dot{U}_{Sm} = \dot{U}_{Rm} + \dot{U}_{Lm} + \dot{U}_{Cm}$$

合成后总电压相位比电流相位超前 $\varphi(\varphi = \varphi_u - \varphi_i)$。由于电感元件电压相位比电流相位超前，因此称这样的 *RLC* 电路为电感性电路。

（2）对图 7-2（b），由于在相同电流下，$|\dot{U}_{Lm}| = U_{Lm} < |\dot{U}_{Cm}| = U_{Cm}$，即电容电压幅值大，说明电容阻抗幅值大于电感阻抗幅值，因此

$$z_L < z_C$$

或

$$\omega L < \frac{1}{\omega C} \tag{7-2}$$

根据 KVL，合成后总电压相位比电流相位落后 φ。由于电容元件电压相位比电流相位落后，因此称这样的 *RLC* 电路为电容性电路。

（3）对图 7-2（c），在相同电流下，$|\dot{U}_{Lm}| = U_{Lm} = |\dot{U}_{Cm}| = U_{Cm}$，即电感电压幅值与电容电压幅值相等，说明电感阻抗幅值等于电容阻抗幅值，因此

$$z_L = z_C$$

或

$$\omega L = \frac{1}{\omega C} \tag{7-3}$$

根据相量运算有

$$\dot{U}_{Lm} + \dot{U}_{Cm} = 0$$

合成后总电压有

$$\dot{U}_{Sm} = \dot{U}_{Rm}$$

这种情况下，$\dot{U}_{Sm}$ 与 $\dot{I}_m$ 同相位。由于电阻元件电压相位与电流相位相同，因此称这样的 *RLC* 电路为电阻性电路。由正弦稳态电路分析可知，*RLC* 电路的复阻抗为

$$Z = R + \mathrm{j}\omega L + \frac{1}{\mathrm{j}\omega C} = R + \mathrm{j}\omega L - \mathrm{j}\frac{1}{\omega C} = R + \mathrm{j}\left(\omega L - \frac{1}{\omega C}\right)$$

$$z = \sqrt{R^2 + \left(\omega L - \frac{1}{\omega C}\right)^2}$$

根据 $z = \dfrac{U_{Sm}}{I_m}$，得到 *RLC* 电路电流 $\dot{I}_m$ 为

$$I_m = \frac{U_{Sm}}{\sqrt{R^2 + (\omega L - \frac{1}{\omega C})^2}} \qquad (7\text{-}4)$$

若 $\omega L = \frac{1}{\omega C}$，$\varphi = 0$，则

$$I_{m0} = \frac{U_{Sm}}{R} \qquad (7\text{-}5)$$

由式(7-4)可知，I_{m0} 是 RLC 电路可能达到的最大电流。当 RLC 串联电路在外电源激励下路端电压与电流同相，且电流达到最大值，称之为串联谐振。谐振只有在特定的角频率下发生，用 ω_0 表示该频率。则谐振条件为

$$\omega_0 L = \frac{1}{\omega_0 C} \qquad (7\text{-}6)$$

即

$$\omega_0 = \frac{1}{\sqrt{LC}} \quad \text{或} \quad f_0 = \frac{1}{2\pi \sqrt{LC}} \qquad (7\text{-}7)$$

显然，ω_0 完全由电感 L 和电容 C 决定，即 ω_0 由电路本身决定，因此 ω_0 也被称为电路的固有频率。

上述分析表明，当外接激励源与 RLC 电路连接时，电路中电压、电流的频率都由外激励源的频率决定。若 $\omega \neq \omega_0$，电流和电压相量存在相位差，电路呈电感性或者电容性，电流的大小由式(7-4)决定；当 $\omega = \omega_0$ 时，电流和电压同相位，电路呈电阻性，发生串联谐振。

当 RLC 串联电路发生谐振时，具有如下特征：

(1)谐振时，阻抗为最小值，电流幅值最大。

$$Z = R + j\omega_0 L + \frac{1}{j\omega_0 C} = R + j(\omega_0 L - \frac{1}{\omega_0 C}) = R$$

(2)只有外接激励频率等于电路固有频率时，才会发生谐振。

(3)谐振时，L 和 C 上电压升高。

谐振时，电感电压为

$$U_{Lm0} = I_{m0} \omega_0 L = \frac{U_{Sm}}{R} \omega_0 L$$

若令 $Q = \frac{\omega_0 L}{R}$，则有

$$U_{Lm0} = Q U_{Sm}$$

式(7-8)表明，谐振时电感电压是激励源电压的 Q 倍。Q 称为串联谐振的品质因数，它是一个无量纲量。根据式(7-7)有

$$Q = \frac{\omega_0 L}{R} = \frac{1}{R}\sqrt{\frac{L}{C}} \qquad (7\text{-}9)$$

谐振时，电容电压为

$$U_{Cm0} = I_{m0} \frac{1}{\omega_0 C} = \frac{U_{Sm}}{R} \frac{1}{\omega_0 C} = Q U_{Sm} \qquad (7\text{-}10)$$

即谐振时电容电压也是激励源电压的 Q 倍。

由式(7-9)看出，品质因数由电路元件决定。若适当选择 R、L 和 C 值，可以得到很高的 Q 值。在电子线路中，Q 值可以达到几十甚至几百。电感或者电容电压在谐振时可以达到激励电压的几十甚至几百倍。

(4)谐振时，电路功率因数 $\cos \varphi = 1$。

（5）谐振曲线——选频特性。

根据式(7-4)，可画出 I_m-ω 关系曲线，称为谐振曲线，如图 7-3 所示。

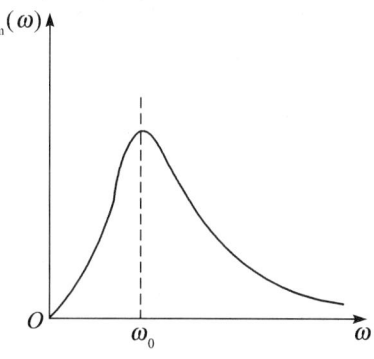

图 7-3　RLC 串联谐振曲线

图 7-3 是在给定 RLC 串联电路和外激励电压幅值情况下，只改变激励频率 ω 画出的。容易看出，电流随激励源频率而变，这说明 RLC 串联电路对频率具有选择性。谐振电路的选频特性与品质因数 Q 相关。根据式(7-4)，有

$$I_m = \frac{U_{Sm}}{\sqrt{R^2 + \left(\omega L - \dfrac{1}{\omega C}\right)^2}} = \frac{U_{Sm}}{R\sqrt{1 + \dfrac{1}{R^2}\left(\omega L - \dfrac{1}{\omega C}\right)^2}} = I_{m0}\frac{1}{\sqrt{1 + \dfrac{1}{R^2}\left(\omega L - \dfrac{1}{\omega C}\right)^2}}$$

$$= I_{m0}\frac{1}{\sqrt{1 + \left[\dfrac{\omega_0 L}{R}\left(\dfrac{\omega}{\omega_0} - \dfrac{\omega_0}{\omega}\right)\right]^2}}$$

令 $\eta = \dfrac{\omega}{\omega_0}$，得

$$\frac{I_m}{I_{m0}} = \frac{1}{\sqrt{1 + \left[\dfrac{\omega_0 L}{R}\left(\dfrac{\omega}{\omega_0} - \dfrac{\omega_0}{\omega}\right)\right]^2}} = \frac{1}{\sqrt{1 + Q^2\left(\eta - \dfrac{1}{\eta}\right)^2}} \tag{7-11}$$

式(7-11)说明谐振曲线与品质因数 Q 相关，根据式(7-11)画出的谐振曲线称为通用谐振曲线。通用谐振曲线是相对最大幅值归一化的曲线，有利于比较谐振曲线的锐度，突出选频特性，如图 7-4 所示。由图可知，品质因数 Q 值越大，谐振曲线锐度越大，越有利于选频。

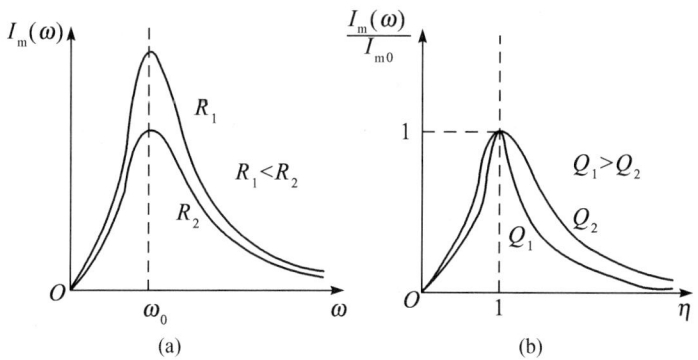

图 7-4　通用谐振曲线

思考题：RLC 串联电路的固有频率 ω_0 与 R 无关，请问 R 起的作用是什么？

知识点二　并联谐振

如图 7-5(a) 所示的 RLC 并联电路是工程上常采用的并联谐振电路。实际中线圈常看作纯电感 L 与电阻 R 的组合，电容支路损耗较小，可不计电阻。设其路端电压 $u(t) = U_m \sin(\omega t + \varphi_u)$，则其相量电路图如图 7-5(b) 所示。

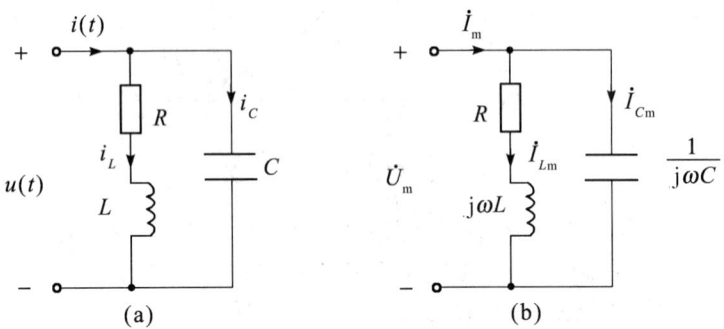

图 7-5　RLC 并联谐振电路

根据 RLC 串联电路谐振分析可知，电路对应的三种工作状态可以通过电路的复阻抗来反映，因此对 RLC 并联电路分析可采用复数相量法，直接根据其复阻抗特性对电路进行分析。

由图 7-5(b) 容易看出，并联电路的复阻抗为

$$Z = \frac{(Z_L + R)Z_C}{(Z_L + R) + Z_C} = \frac{(R + j\omega L)\left(\dfrac{1}{j\omega C}\right)}{(R + j\omega L) + \left(\dfrac{1}{j\omega C}\right)} = R_Z + jX_Z \tag{7-12}$$

将式(7-12)展开为实部和虚部两部分，利用复数相等运算（实部和虚部分别相等），可得

$$R_Z = \frac{\dfrac{R}{(\omega C)^2}}{R^2 + \left(\omega L - \dfrac{1}{\omega C}\right)^2} \tag{7-13}$$

$$X_Z = -\frac{\dfrac{R^2}{\omega C} + \dfrac{L}{C}\left(\omega L - \dfrac{1}{\omega C}\right)}{R^2 + \left(\omega L - \dfrac{1}{\omega C}\right)^2} \tag{7-14}$$

谐振时，复阻抗电抗部分（即虚部 X_Z）应为零，电路呈电阻性。故谐振时

$$X_Z = 0$$

代入式(7-14)，得

$$\frac{R^2}{\omega_{0//}C} + \frac{L}{C}\left(\omega_{0//}L - \frac{1}{\omega_{0//}C}\right) = 0$$

将 $\dfrac{1}{LC} = \omega_0^2$，$\dfrac{L}{C} = Q^2 R^2$ 代入上式并进行化简，得

$$\omega_{0//} = \omega_0 \sqrt{\left(1 - \frac{1}{Q^2}\right)} \tag{7-15}$$

式中，ω_0、Q 分别对应 RLC 串联谐振电路的固有频率和品质因数。容易看出，电感和电容接成

>>>>>>>

串联和并联电路在谐振时,频率不相同。但当 $Q \gg 1$,即 $\omega_0 L \gg R$ 时,$\omega_{0//} \approx \omega_0$。一般谐振电路都满足 $Q \gg 1$,可以将 $\omega_{0//}$ 写成 ω_0。因此,并联谐振电路的固有频率为

$$\omega_0 = \frac{1}{\sqrt{LC}} \quad \text{或} \quad f_0 = \frac{1}{2\pi\sqrt{LC}} \tag{7-16}$$

可以看出,不论是 RLC 串联还是并联电路,调节电感 L 和电容 C,或者调节激励源频率,都可以实现谐振。

当 RLC 并联电路发生谐振时,具有如下特征:

(1) 谐振时,阻抗为最大值,电流幅值最小。

根据式(7-12) 有

$$Z = \frac{(R + j\omega L)\left(\dfrac{1}{j\omega C}\right)}{R + j\omega L + \dfrac{1}{j\omega C}} = \frac{(R + j\omega L)\left(-j\dfrac{1}{\omega C}\right)}{R + j\left(\omega L - \dfrac{1}{\omega C}\right)}$$

上式表明并联谐振电路的复阻抗与激励源频率 ω 相关。谐振时,$\omega_0 L \gg R$,当激励源频率 ω 偏离 ω_0 不大时,$\omega L \gg R$ 也基本成立,故上式可以简化为

$$Z \approx \frac{j\omega L \cdot \left(-j\dfrac{1}{\omega C}\right)}{R + j\left(\omega L - \dfrac{1}{\omega C}\right)} = \frac{\dfrac{L}{C}}{R + j\left(\omega L - \dfrac{1}{\omega C}\right)}$$

解得阻抗 z 为

$$z = |Z| \approx \left|\frac{\dfrac{L}{C}}{R + j(\omega L - \dfrac{1}{\omega C})}\right| = \frac{\dfrac{L}{C}}{\sqrt{R^2 + \left(\omega L - \dfrac{1}{\omega C}\right)^2}} \tag{7-17}$$

式(7-17) 的 z-ω 关系与式(7-4)描述的 I_m-ω 关系相似,其曲线如图 7-6 所示。

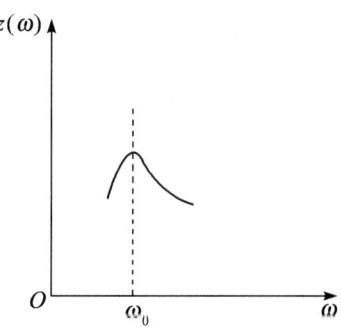

图 7-6 并联谐振电路阻抗 z 随激励频率变化关系图

谐振时,z 达到最大值。

$$z_0 = \frac{\dfrac{L}{C}}{\sqrt{R^2 + \left(\omega_0 L - \dfrac{1}{\omega_0 C}\right)^2}} = \frac{L}{RC} = Q\omega_0 L = \frac{Q}{\omega_0 C} = Q^2 R \tag{7-18}$$

谐振电流达到最小值,为

$$I_{m0} = \frac{U_{m0}}{z_0} = \frac{U_{m0}}{RQ^2}$$

（2）只有外接激励频率等于电路固有频率时，才会发生谐振。

（3）谐振时，L 和 C 上电流升高。

谐振时，电感电流为

$$\dot{I}_{Lm0} = \frac{\dot{U}_m}{R + j\omega_0 L} \approx -j\frac{\dot{U}_m}{\omega_0 L} = -j\dot{I}_{m0}Q \tag{7-19}$$

$$\dot{I}_{Cm0} = \frac{\dot{U}_m}{\frac{1}{j\omega_0 C}} \approx j\omega_0 C\dot{U}_m = j\dot{I}_{m0}Q \tag{7-20}$$

即谐振时电感和电容的电流是总电流的 Q 倍，且电感电流与电容电流的相位差是 π。

（4）谐振时，电路功率因数 $\cos\varphi = 1$。

（5）谐振曲线 —— 选频特性。

若将图 7-5 所示电路外接一内阻为 R_i 的电压源进行激励，如图 7-7 所示。根据 KVL 可知

$$\dot{U}_{Sm} = \dot{U}_m + \dot{I}_m R_i$$

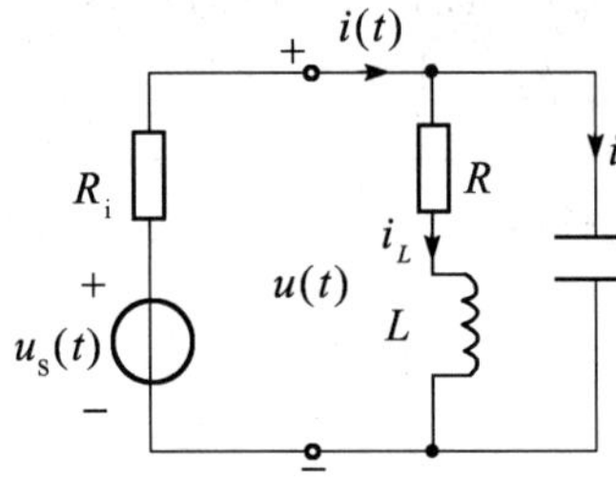

图 7-7　外接电源激励的并联谐振

即

$$\dot{I}_m = \frac{\dot{U}_{Sm}}{R_i + Z}$$

若 R_i 很大，满足 $R_i \gg Z$，Z 为并联谐振电路的阻抗，则

$$\dot{I}_m \approx \frac{\dot{U}_{Sm}}{R_i}$$

得到路端电压 U_m 满足

$$U_m \approx \frac{\dot{U}_{Sm}}{R_i}Z \tag{7-21}$$

由于 Z 随 ω 变化，$\frac{U_{Sm}}{R_i}$ 为常量，即 U_m-ω 关系曲线和其 Z-ω 曲线类似。U_m-ω 关系曲线称为并联谐振曲线，如图 7-8(a) 所示。容易看出，路端电压 U_m 随激励源频率 ω 而变，在 ω_0 处出现谐振，这说明 RLC 并联电路对频率也具有选择性。并联谐振电路的选频特性也与品质因数 Q 相关。根据式（7-21）有

$$U_m \approx \frac{U_{Sm}}{R_i}Z = \frac{U_{Sm}}{R_i}\frac{\frac{L}{C}}{\sqrt{R^2 + \left(\omega L - \frac{1}{\omega C}\right)^2}}$$

$$= \dfrac{\dfrac{U_{Sm}}{R_i} \cdot \dfrac{L}{C}}{\sqrt{R^2 + \left(\omega L - \dfrac{1}{\omega C}\right)^2}} = \dfrac{\dfrac{U_{Sm}}{R_i} \cdot \dfrac{L}{C}}{R\sqrt{1 + \dfrac{1}{R^2}\left(\omega L - \dfrac{1}{\omega C}\right)^2}}$$

$$= U_{m0}\dfrac{1}{\sqrt{1 + \dfrac{1}{R^2}\left(\omega L - \dfrac{1}{\omega C}\right)^2}} = U_{m0}\dfrac{1}{\sqrt{1 + \left[\dfrac{\omega_0 L}{R}\left(\dfrac{\omega}{\omega_0} - \dfrac{\omega_0}{\omega}\right)\right]^2}}$$

令 $\eta = \dfrac{\omega}{\omega_0}$,得

$$\dfrac{U_m}{U_{m0}} = \dfrac{1}{\sqrt{1 + \left[\dfrac{\omega_0 L}{R}\left(\dfrac{\omega}{\omega_0} - \dfrac{\omega_0}{\omega}\right)\right]^2}} = \dfrac{1}{\sqrt{1 + Q^2\left(\eta - \dfrac{1}{\eta}\right)^2}} \qquad (7\text{-}22)$$

式(7-22)说明并联谐振曲线与品质因数 Q 相关,根据式(7-22)画出的谐振曲线如图 7-8(b)所示。由图可知,品质因数 Q 值越大,谐振曲线锐度越大,越有利于选频。

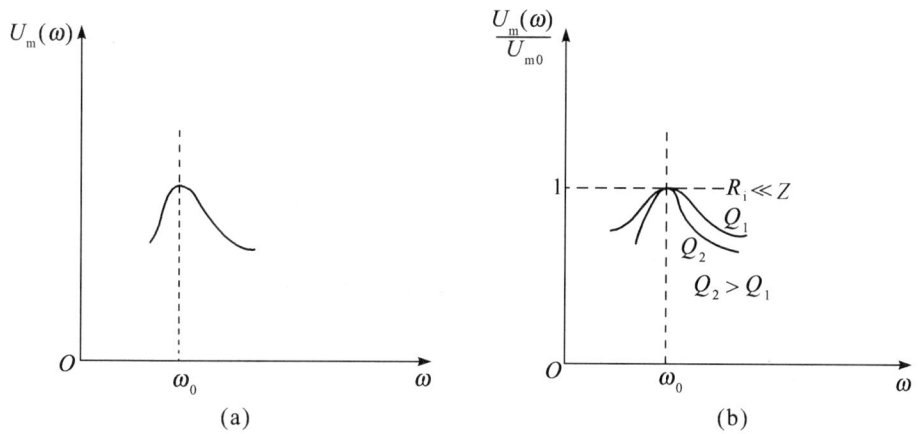

图 7-8 通用谐振曲线

在图 7-8(b)中还画出了电源内阻 R_i 很小时的谐振曲线。可以看出,当电源内阻 R_i 很小时,并联谐振已经失去了频率选择特性。原因在于:当 $R_i \ll Z$ 时,有

$$\dot{I}_m \approx \dfrac{\dot{U}_{Sm}}{Z}$$

$$U_m \approx \dfrac{U_{Sm}}{Z}Z = U_{Sm}$$

即路端电压为常量。这一结论表明,并联谐振应选择内阻大的电源激励。

思考题:并联 RLC 电路的固有频率 ω_0 与 R 也无关,R 的作用是什么?

⟳ 实践应用

谐振现象在实践中应用非常广泛,如在通信中,可以利用谐振选择信号;设计电路时,要考虑谐振可能出现高压损坏元件等。结合实践合理利用谐振是一个重要环节。

例 7-1 如图 7-9 所示 RLC 串联谐振电路。已知 $R = 100\ \Omega, L = 1\ \mu\text{H}$,三个信号的频率分别为 $f_1 = 5\ \text{GHz}, f_2 = 10\ \text{GHz}, f_3 = 15\ \text{GHz}$,若要选择信号 f_1,求可变电容 C。

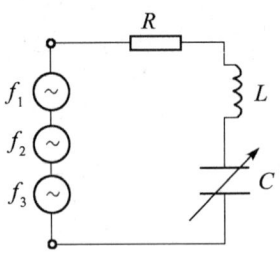

图 7-9　信号选择

解　RLC 串联谐振的固有频率为

$$f_0 = \frac{1}{2\pi \sqrt{LC}}$$

若要选择 $f_1 = 5\,\mathrm{GHz}$ 的信号，需要调谐 C，直到满足

$$f_0 = \frac{1}{2\pi \sqrt{LC}} = f_1$$

代入已知量，求得

$$C = \left(\frac{1}{2\pi f_1}\right)^2 \cdot \frac{1}{L} = \frac{1}{(31.4 \times 10^9)^2 \times 10^{-6}} = 1\,010\,\mathrm{pF}$$

这是通信中用到的选频电路模型，它的基本原理就是串联谐振。在收音机中，选台电路也是这个电路模型，面板上的选台按钮一般就是旋转式可变电容器。

例 7-2　在通信中，传送信号总是选用一个频段（波段）传送，若通信频带上、下边界频率分别为 f_2 和 f_1，为了保证 $f_1 \rightarrow f_2$ 频带范围内的信号尽量不失真通过，需要按要求设计选频电路。若谐振曲线锐度太大，容易抑制两边信号，造成失真；若锐度太小，则选择性会变差。假设谐振电路谐振频率为 f_0，工程上常采用 $\dfrac{I_{\mathrm{m}}(\omega)}{I_{\mathrm{m0}}} = 0.707$，即电流下降 3 dB 时对应的 f_2 和 f_1 为失真容差范围，并将这个频率范围称为通频带，如图 7-10 所示。若选用图 7-10 所示 RLC 串联谐振电路，已知 $R = 100\,\Omega$，$L = 1\,\mu\mathrm{H}$，电容 $C = 800\,\mathrm{pF}$，则该电路的通频带应为多少？

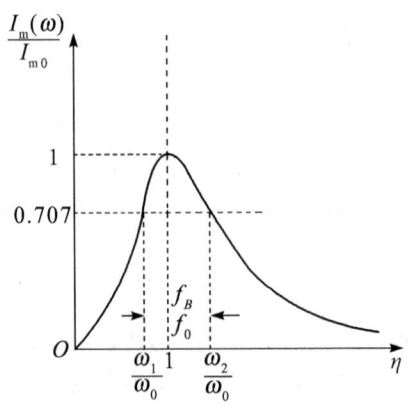

图 7-10　RLC 串联谐振通频带

解 根据式(7-11) 可知,通频带满足

$$\frac{I_m}{I_{m0}} = \frac{1}{\sqrt{1 + \left[\frac{\omega_0 L}{R}\left(\frac{\omega}{\omega_0} - \frac{\omega_0}{\omega}\right)\right]^2}} \geqslant 0.707$$

由于通信中 f_1 和 f_2 一般偏离 f_0 很小,可以认为 $\omega_1 + \omega_0 \approx \omega_2 + \omega_0 = 2\omega$,代入上式,有

$$\frac{I_m}{I_{m0}} = \frac{1}{\sqrt{1 + \left[\frac{\omega_0 L}{R}\left(\frac{\omega}{\omega_0} - \frac{\omega_0}{\omega}\right)\right]^2}} = \frac{1}{\sqrt{1 + \left[Q\left(\frac{2\Delta f}{f_0}\right)\right]^2}} \geqslant 0.707$$

式中,等号对应谐振电路通频带的上下边界。

根据通频带定义有

$$f_B = f_2 - f_1 = (f_2 - f_0) + (f_0 - f_1) \approx 2\Delta f$$

所以

$$\left[Q\left(\frac{2\Delta f}{f_0}\right)\right]^2 = 1$$

可得

$$f_B \approx 2\Delta f = \frac{f_0}{Q}$$

代入已知条件,得

$$f_B \approx \frac{f_0}{Q} = \frac{\frac{\omega_0}{2\pi}}{\frac{\omega_0 L}{R}} = \frac{R}{2\pi L} = \frac{100 \ \Omega}{2 \times 3.14 \times 10^{-6}} \approx 15.9 \ \text{MHz}$$

以上结果是在电路空载的情况下求得的,若电路有负载或者激励源存在内阻,在计算 Q 值时应计入。

例7-3 在矩形金属波导中,有时会在某个横截面上同时放置电感膜片和电容膜片,如图 7-11 所示,这样可在该截面处形成一个谐振窗,等效为与波导传输线并接的并联谐振回路。试分析谐振窗的作用。

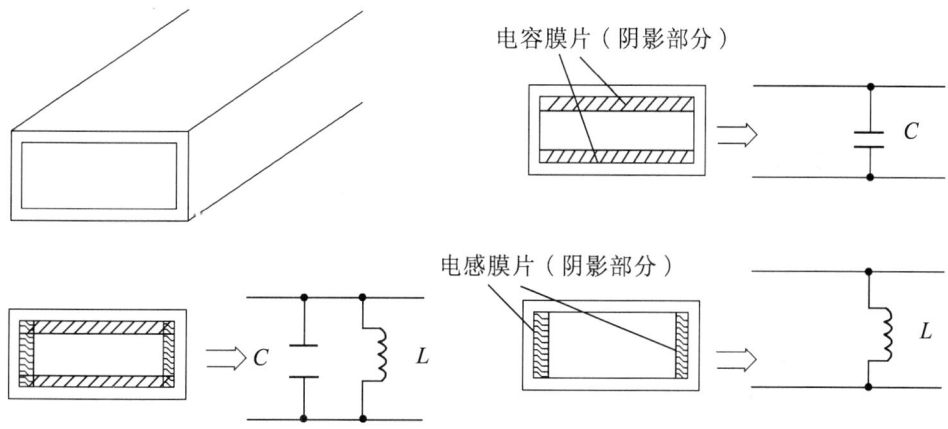

电容膜片（阴影部分）

电感膜片（阴影部分）

图 7-11 通信用矩形金属波导内置膜片及等效电路

解 谐振窗等效为并联 LC 回路,其固有频率为

$$\omega_0 = \frac{1}{\sqrt{LC}}$$

一般情况下,L 和 C 的值很小,但这恰好适合高频通信。当波导信号频率等于谐振窗的固有频率时,将发生谐振现象,该信号在回路中导纳趋于零(也称匹配),使信号无反射通过。对于偏离 ω_0 的信号,将不会发生谐振,回路导纳不为零,将发生反射。这说明窗口具有滤波作用,具有去噪声功能。

本例旨在说明谐振电路在高频通信中的应用广泛,且谐振回路实现并不一定要用电感器或者电容器,尤其对于高频通信,线间电容、电感分布都要考虑。

例 7-4 因为在谐振时功率因数 $\cos\varphi = 1$,因此在电力系统中,常利用谐振现象来提高功率因数。如图 7-12(a) 所示电路中,已知负载为感性负载,额定功率为 220 W,$\cos\varphi = 0.5$,电源电压 $U = 220$ V,频率 $f = 50$ Hz,为使负载功率因数 $\cos\varphi_0 = 1$,需并联多大电容?

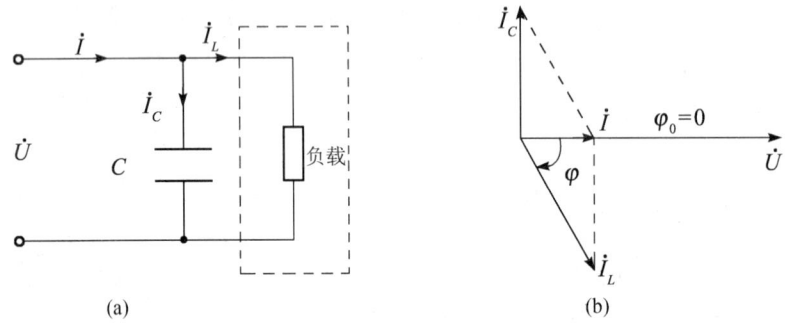

图 7-12 利用谐振提高功率因数

解 采用相量法分析,如图 7-12(b) 所示。以电压 $\dot{U}$ 为参考相量,未接电容前,负载为感性,故电流 $\dot{I}_L$ 相位落后 $\dot{U}$。并入电容,且保持负载输入参量不变,电容电流 $\dot{I}_C$ 应超前 $\dot{U}\frac{\pi}{2}$ 相位角。

若使功率因数 $\cos\varphi_0 = 1$,则应发生谐振,即电流 $\dot{I}$ 与 $\dot{U}$ 同相。由已知得

$$\dot{I}_L\dot{U}\cos\varphi = 220 \text{ W}$$
$$\dot{I}_L = 2 \text{ A}$$

根据图 7-12(b) 中的几何关系,知

$$\dot{I}_C = \dot{I}_L\sin\varphi = \frac{\sqrt{3}}{2}\dot{I}_L = \sqrt{3} \text{ A}$$

谐振时电容阻抗为

$$z_C = \frac{1}{\omega_0 C} = \frac{U}{I_C}$$

所以

$$C = \frac{I_C}{\omega_0 U} = \frac{\sqrt{3}}{100\pi \times 220} \text{ F} \approx 2.5 \times 10^{-5} \text{ F} = 25 \text{ } \mu\text{F}$$

单元小结

（1）串联谐振：路端电压与电流同相，电流幅值达到最大。

谐振条件为

$$\omega_0 L = \frac{1}{\omega_0 C}$$

谐振频率为

$$\omega_0 = \frac{1}{\sqrt{LC}} \quad 或 \quad f_0 = \frac{1}{2\pi\sqrt{LC}}$$

串联电路发生谐振具有如下特征：

① 谐振时，阻抗为最小值，电流幅值最大。

② 只有外接激励频率等于电路固有频率时，才会发生谐振。

③ 谐振时，L 和 C 上电压升高。

$$U_{Lm0} = QU_{Sm}$$
$$U_{Cm0} = QU_{Sm}$$

④ 品质因数 Q。

$$Q = \frac{\omega_0 L}{R} = \frac{1}{R}\sqrt{\frac{L}{C}}$$

⑤ 谐振时，电路的功率因数 $\cos\varphi = 1$。

⑥ 谐振具有选频特性。

（2）并联谐振：路端电压与电流同相，且阻抗达到最大值。

谐振时，$X_Z = 0$。

谐振频率：$\omega_0 = \dfrac{1}{\sqrt{LC}}$ 或 $f_0 = \dfrac{1}{2\pi\sqrt{LC}}$。

并联电路发生谐振具有如下特征：

① 谐振时，阻抗为最大值，电流幅值最小。

② 只有外接激励频率等于电路固有频率时，才会发生谐振。

③ 谐振时，L 和 C 上电流升高。

④ 谐振时，电路的功率因数 $\cos\varphi = 1$。

⑤ 谐振具有选频特性。

（3）谐振现象在实践中应用广泛，结合实践合理利用谐振是一个重要环节。

单元练习

1. 如图 7-13 所示串联谐振回路中，$L = 0.01$ H，$C = 100\ \mu\text{F}$，$R = 2\ \Omega$，外加正弦电压有效值 $U_S = 16$ V，其频率等于电路的谐振频率。求该谐振回路的谐振频率 ω_0，品质因数 Q，谐振时回路电流 I_0 及电抗元件上的电压。

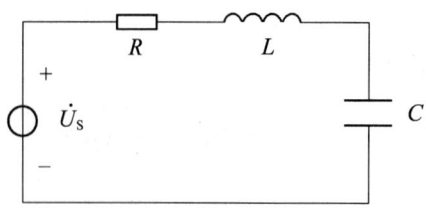

图 7-13

2. 已知 RLC 串联电路的谐振频率为 3 kHz,谐振阻抗为 10 Ω,通频带为 100 Hz,电源电压有效值为 20 V,试求:

(1) R,L,C 及 Q。

(2) 谐振时电容和电感电压的有效值。

3. 电路如图 7-14 所示,已知 $U_S = 20$ V,$R_S = R_L = 100$ kΩ,$L = 100$ μH,$C = 100$ pF,$R = 25$ Ω。试求:

(1) 谐振频率 f_0。

(2) 整个电路的谐振阻抗、品质因数和通频带。

(3) 谐振时负载 R_L 吸收的功率。

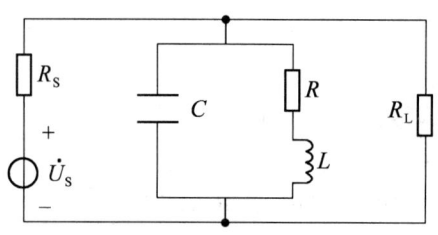

图 7-14

4. 已知 RLC 串联回路,$L = 10$ μH,$C = 0.01$ μF,$R = 0.1$ Ω,求通频带 B。若 R 变为 1 Ω,其他条件不变,则通频带 B 变为多少?

5. 如图 7-15 所示电路,$R = 40$ Ω,谐振频率 $f_0 = 50$ Hz,谐振时 $X_C = 20$ Ω,求电感 L 值。

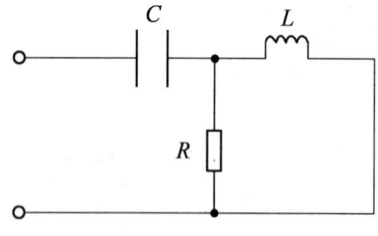

图 7-15

6. 在如图 7-16 所示电路中,若电路发生谐振,电流表读数 I、I_1 和 I_2 关系如何?谐振的条件是什么?谐振的频率是多少?

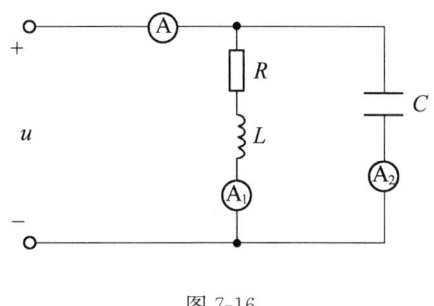

图 7-16

7. 为什么并联谐振称为电流谐振?若保持谐振频率不变,能否改变并联回路的谐振阻抗?试说明理由。

8. 一台收音机的接收线圈 $R = 20\ \Omega, L = 150\ \mu H$,调节电容 C 收听 720 kHz 的中央台,问收听效果最好时,电容值为多少?回路的品质因数 Q 为多少?

9. 在什么条件下用串联谐振电路选频?在什么条件下用并联谐振电路选频?为什么?

单元八
互感现象及变压器

单元导读

互感现象在工程上应用广泛,如常见的感应圈、变压器等,都是利用互感现象工作的。本单元介绍互感现象及理想变压器。

相关知识

知识点一　　互　　感

如图8-1所示的两个闭合线圈,当线圈1通过电流i_1时,在线圈1周围会产生磁场,这就是电生磁现象。若线圈2和线圈1比较靠近,则线圈1产生的磁场将有部分磁力线要穿过线圈2并产生磁通。如果磁通随时间变化,在线圈2中将产生感应电动势,这就是磁生电现象。这个电动势是线圈1的磁场在线圈2中产生的,故称为线圈1对线圈2的互感电动势。由于线圈2闭合,线圈2中将产生感应电流i_2,又由于要满足法拉第 - 楞次定律,故图中标示两个可能方向,电流i_2产生磁场,反过来在线圈1中发生电磁感应。这样,两个线圈将相互提供磁通,产生互感电动势,称之为互感现象。互感实际上是一种磁耦合现象。

视频
互感现象

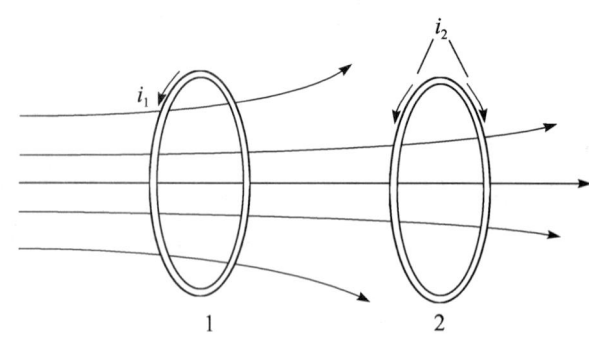

图8-1　两个闭合线圈互感

下面以图8-2所示两个多匝线圈流过时变电流i_1、i_2为例来对互感做出定量分析。图中将两个线圈绕在同一个筒子上(为了加强互感,可以插入铁心)。设线圈1和线圈2的匝数分别为N_1和N_2,绕制方向如图所示,图中虚线磁通对应两个线圈通电方向相反的情况。若规定线圈的电压、电流参考方向为关联选择,且电流产生的磁通和电流绕行方向为右手螺旋关系,则有如下关系:

$$\phi_1 = \phi_{11} \pm \phi_{12} \qquad\qquad (8\text{-}1)$$

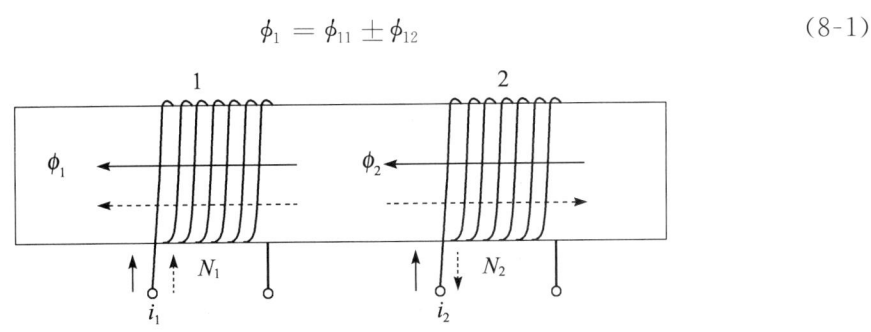

图 8-2　多匝线圈互感

同理有

$$\phi_2 = \pm\phi_{21} + \phi_{22} \qquad\qquad (8\text{-}2)$$

式(8-1)中 ϕ_1 表示通过线圈1中某一匝线圈的总磁通, ϕ_{11} 、 ϕ_{12} 表示电流 i_1 、 i_2 分别在该匝线圈中产生的磁通。由于 ϕ_{11} 为电流 i_1 自身线圈中产生的磁通,故称为自感磁通。而 ϕ_{12} 为电流 i_2 在线圈1中产生的磁通,故称为互感磁通。 ϕ_{12} 的下标意义为电流 i_2 在线圈1中的产生的互感磁通。

若假设通过 N 匝线圈中每一匝线圈的磁通相同,则有如下关系:

$$\left.\begin{array}{l}\psi_1 = \psi_{11} \pm \psi_{12} = N_1\phi_1 \pm N_1\phi_{12}\\ \psi_2 = \pm\psi_{21} + \psi_{22} = \pm N_2\phi_{21} + N_2\phi_{22}\end{array}\right\} \qquad (8\text{-}3)$$

根据毕奥 - 萨伐尔定律可知,线圈1和线圈2的磁场与激发磁场的电流成正比,有

$$\left.\begin{array}{l}\psi_{11} = L_1 i_1\\ \psi_{22} = L_2 i_2\\ \psi_{12} = M_{12} i_2\\ \psi_{21} = M_{21} i_1\end{array}\right\} \qquad (8\text{-}4)$$

式中,比例系数 L_1 、 L_2 分别为线圈1和线圈2的自感系数; M_{12} 和 M_{21} 分别为线圈1和线圈2的互感系数。对于任意两个理想线性线圈,可以证明, M_{12} 和 M_{21} 为常数,且有 $M_{12} = M_{21}$,即

$$M_{12} = M_{21} = M \qquad\qquad (8\text{-}5)$$

以后本书中用 M 表示互感系数(简称互感),它表征两个线圈间磁耦合的强弱。互感 M 的单位为亨利(H),与自感单位相同。互感 M 的大小取决于线圈本身,主要由两线圈的几何因素(形状、大小、匝数和相互配置等)及线圈周围磁介质特性决定,与电流大小无关。这样,式(8-3)化为

$$\left.\begin{array}{l}\psi_1 = L_1 i_1 \pm M i_2\\ \psi_2 = \pm M i_2 + L_2 i_2\end{array}\right\} \qquad (8\text{-}6)$$

式(8-6)表明,两个线圈发生互感后的磁通链与电流呈线性且满足叠加关系。本书中 M 恒取正值, M 前面的正负号取决于互感磁通链与自感磁通链是加强还是减弱。在图8-2中,实线对应 M 前取"+"号,虚线对应 M 前取"-"号。

工程上通常采用耦合系数 k 来表示两个线圈的耦合程度。在式(8-3)叠加的磁通链中, ψ_{12}/ψ_{11} 和 ψ_{21}/ψ_{22} 的比值可以用于描述耦合的强弱,因此定义耦合系数 k 为

$$k = \sqrt{\frac{|\psi_{12}|}{\psi_{11}} \cdot \frac{|\psi_{21}|}{\psi_{22}}} \qquad\qquad (8\text{-}7)$$

将式(8-4)、式(8-5)代入,得

$$k = \frac{M}{\sqrt{L_1 L_2}} \tag{8-8}$$

式(8-8)表明,对于理想线性线圈,耦合系数 k 和 M 一样,完全取决于线圈本身,主要由两线圈的几何因素(形状、大小、匝数和相互位置等)及线圈周围磁介质特性决定,与电流大小无关。由于互感磁通不可能超过自感磁通,故

$$k \leqslant 1 \tag{8-9}$$

若 $k \to 0$,表明两个线圈为松耦合,如两个线圈垂直放置,或者离得较远时;若 $k \to 1$,表明两个线圈为紧耦合,如两个线圈平行缠绕在同一个筒子上,此种情况对应两个线圈自感几乎都参与互感耦合。在电力、电子工程上,经常通过合理绕制线圈或者合理布设线圈来实现不同的耦合目的。

由于产生磁场的电流随时间变化,根据法拉第电磁感应定律,每匝线圈都要产生感应电动势,对多匝线圈的端电压有

$$\left. \begin{array}{l} u_1 = N_1 \left(\dfrac{\mathrm{d}\phi_1}{\mathrm{d}t} \right) = \dfrac{\mathrm{d}\psi_1}{\mathrm{d}t} = L_1 \dfrac{\mathrm{d}i_1}{\mathrm{d}t} \pm M \dfrac{\mathrm{d}i_2}{\mathrm{d}t} \\[3mm] u_2 = N_2 \left(\dfrac{\mathrm{d}\phi_2}{\mathrm{d}t} \right) = \dfrac{\mathrm{d}\psi_2}{\mathrm{d}t} = \pm M \dfrac{\mathrm{d}i_1}{\mathrm{d}t} + L_2 \dfrac{\mathrm{d}i_2}{\mathrm{d}t} \end{array} \right\} \tag{8-10}$$

式(8-10)表示两个耦合线圈的伏安特性关系。令

$$\left. \begin{array}{l} u_{11} = L_1 \dfrac{\mathrm{d}i_1}{\mathrm{d}t} \\[3mm] u_{22} = L_2 \dfrac{\mathrm{d}i_2}{\mathrm{d}t} \\[3mm] u_{12} = M \dfrac{\mathrm{d}i_2}{\mathrm{d}t} \\[3mm] u_{21} = M \dfrac{\mathrm{d}i_1}{\mathrm{d}t} \end{array} \right\} \tag{8-11}$$

式中, u_{11}、u_{22} 分别表示线圈1和线圈2的自感电压; u_{12} 和 u_{21} 分别表示互感电压, u_{12} 表示变化电流 i_2 在线圈1中产生的互感电压, u_{21} 则表示变化电流 i_1 在线圈2中产生的互感电压。式(8-10)表明,耦合线圈的电压是自感电压与互感电压的叠加。

知识点二 互感线圈的串、并联

在电力、电子工程中经常遇到存在互感耦合的两个线圈连接在一起的问题。连接方式主要有串接、并接和 T 型连接,本知识点主要介绍前两种。

一、两个互感线圈的串联

两个互感线圈的串联分为顺串和反串两种情况,如图 8-3 所示。

1. 顺串

图 8-3(a)所示为线圈顺串,此种接法使得两个线圈磁通互助,即

$$\left. \begin{array}{l} \phi_1 = \phi_{11} + \phi_{12} \\ \phi_2 = \phi_{21} + \phi_{22} \end{array} \right\}$$

串联时两个线圈电流相同,由 KVL,有

$$u = u_1 + u_2$$
$$u_1 = \frac{\mathrm{d}\psi_1}{\mathrm{d}t} = L_1 \frac{\mathrm{d}i}{\mathrm{d}t} + M \frac{\mathrm{d}i}{\mathrm{d}t}$$
$$u_2 = \frac{\mathrm{d}\psi_2}{\mathrm{d}t} = M \frac{\mathrm{d}i}{\mathrm{d}t} + L_2 \frac{\mathrm{d}i}{\mathrm{d}t}$$

即

$$u = u_1 + u_2 = (L_1 + L_2 + 2M) \frac{\mathrm{d}i}{\mathrm{d}t}$$

如果将两个顺串的线圈等效为一个自感线圈,则有

$$L = L_1 + L_2 + 2M \tag{8-12}$$

式(8-12)表明,两个互感线圈顺串后,自感并不等于两个线圈自感之和,而是要大于两个线圈自感之和。

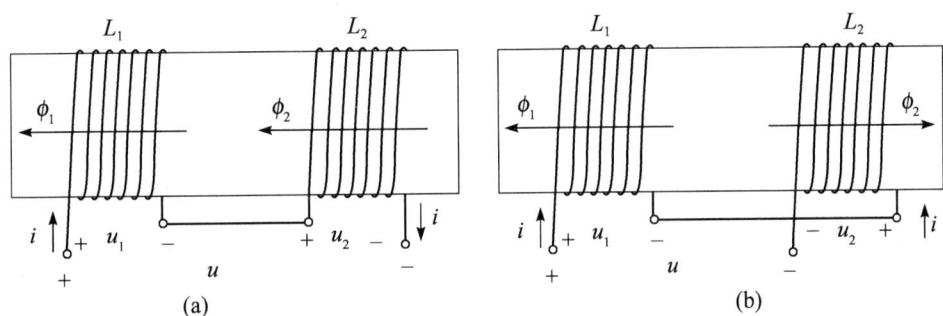

图 8-3　两个互感线圈的串联

2. 反串

图 8-3(b)所示为线圈反串,此种接法使得两个线圈磁通互消,即

$$\psi_1 = \psi_{11} - \psi_{12}$$
$$\psi_2 = -\psi_{21} + \psi_{22}$$

由于流过两个线圈的电流相同,由 KVL,有

$$u = u_1 + u_2$$
$$u_1 = \frac{\mathrm{d}\psi_1}{\mathrm{d}t} = L_1 \frac{\mathrm{d}i}{\mathrm{d}t} - M \frac{\mathrm{d}i}{\mathrm{d}t}$$
$$u_2 = \frac{\mathrm{d}\psi_2}{\mathrm{d}t} = -M \frac{\mathrm{d}i}{\mathrm{d}t} + L_2 \frac{\mathrm{d}i}{\mathrm{d}t}$$

即

$$u = u_1 + u_2 = (L_1 + L_2 - 2M) \frac{\mathrm{d}i}{\mathrm{d}t}$$

如果将两个反串的线圈等效为一个自感线圈,则有

$$L = L_1 + L_2 - 2M \tag{8-13}$$

式(8-13)表明,两个互感线圈反串后,自感也不等于两个线圈自感之和,而是要小于两个线圈自感之和。

以上分析是在图 8-3 的直观图示下进行的,但画图麻烦。在实际中,线圈经常是封装的,一般不能直接看到线圈的绕制形式。在电路图中,为了简化图形,经常采用"同名端"标记线圈。

3. 同名端

同名端又称同极性端。当两个线圈流过电流时,产生的磁通互助,则称两个线圈的电流流入端为同名端。如图 8-4 所示,两个互感线圈共有 4 个端子,分别为 1、1′ 和 2、2′。1 端和 2 端有一个特点:当电流分别从 1 端和 2 端流入线圈时,两线圈磁通互助,即 1 端和 2 端为同名端。同理,1′ 端和 2′ 端也为同名端。对同名端,经常在其端子旁标记相同的记号"·"或"＊",即具有相同标记的端子为同名端。没有被标记的端子也为同名端。

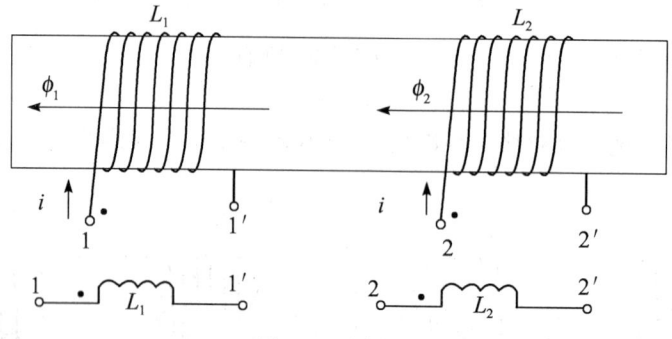

图 8-4　同名端

采用同名端后,图 8-3 变为图 8-5 所示形式,图中 M 表示互感,图形极大简化。以后本书中互感线圈都采用同名端表示法。

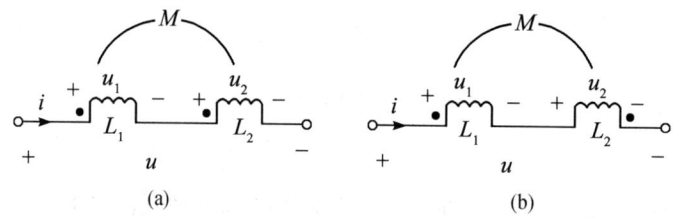

(a)　　　　　　　　　　　　　　(b)

图 8-5　互感线圈的串联

二、两个互感线圈的并联

两个互感线圈的并联分为同侧并接和异侧并接两种形式,如图 8-6 所示。

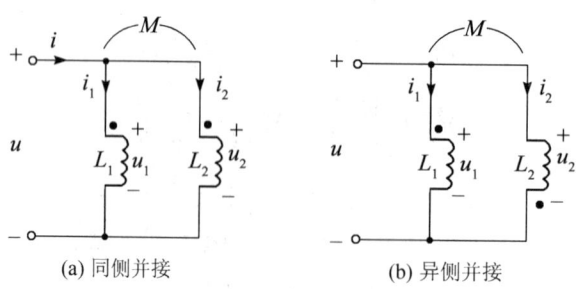

(a) 同侧并接　　　　　　　　　(b) 异侧并接

图 8-6　两个互感线圈的并联

1. 同侧并接

图 8-6(a) 所示为线圈同侧并接,此种接法使得两个线圈磁通互助,即

$$\left.\begin{array}{l}\phi_1 = \phi_{11} + \phi_{12}\\ \phi_2 = \phi_{21} + \phi_{22}\end{array}\right\}$$

并联时两个线圈端电压相同,由 KVL,有

$$u = u_1 = u_2$$

$$u_1 = \frac{\mathrm{d}\psi_1}{\mathrm{d}t} = L_1 \frac{\mathrm{d}i_1}{\mathrm{d}t} + M \frac{\mathrm{d}i_2}{\mathrm{d}t} = u_{11} + u_{12}$$

$$u_2 = \frac{\mathrm{d}\psi_2}{\mathrm{d}t} = M \frac{\mathrm{d}i_1}{\mathrm{d}t} + L_2 \frac{\mathrm{d}i_2}{\mathrm{d}t} = u_{21} + u_{22}$$

若采用正弦稳态激励,则可以写出其相量表示形式为

$$\dot{U}_m = \mathrm{j}\omega L_1 \dot{I}_{1m} + \mathrm{j}\omega M \dot{I}_{2m}$$

$$\dot{U}_m = \mathrm{j}\omega M \dot{I}_{1m} + \mathrm{j}\omega L_2 \dot{I}_{2m}$$

根据 KCL,有

$$\dot{I}_m = \dot{I}_{1m} + \dot{I}_{2m}$$

以上三式联立,令 $Z_1 = \mathrm{j}\omega L_1$,$Z_2 = \mathrm{j}\omega L_2$,$Z_M = \mathrm{j}\omega M$,解得

$$\dot{I}_{1m} = \frac{Z_2 - Z_M}{Z_1 Z_2 - Z_M^2} \dot{U}_m = \frac{L_2 - M}{\mathrm{j}\omega(L_1 L_2 - M^2)} \dot{U}_m$$

$$\dot{I}_{2m} = \frac{Z_1 - Z_M}{Z_1 Z_2 - Z_M^2} \dot{U}_m = \frac{L_1 - M}{\mathrm{j}\omega(L_1 L_2 - M^2)} \dot{U}_m$$

$$\dot{I}_m = \frac{Z_1 + Z_2 - 2Z_M}{Z_1 Z_2 - Z_M^2} \dot{U}_m = \frac{L_1 + L_2 - 2M}{\mathrm{j}\omega(L_1 L_2 - M^2)} \dot{U}_m = \frac{1}{Z} \dot{U}_m$$

求得

$$Z = \mathrm{j}\omega \frac{L_1 L_2 - M^2}{L_1 + L_2 - 2M} = \mathrm{j}\omega L$$

可知同侧并接等效电感为

$$L = \frac{L_1 L_2 - M^2}{L_1 + L_2 - 2M} \tag{8-14}$$

式(8-14)表明,两个互感线圈同侧并接后,等效电感与互感有关。

2. 异侧并接

图 8-6(b) 所示为线圈异侧并接,此种接法使得两个线圈磁通互消,即

$$\psi_1 = \psi_{11} - \psi_{12}$$

$$\psi_2 = \psi_{22} - \psi_{21}$$

并联时两个线圈端电压相同,由 KVL,有

$$u = u_1 = u_2$$

$$u_1 = \frac{\mathrm{d}\psi_1}{\mathrm{d}t} = L_1 \frac{\mathrm{d}i_1}{\mathrm{d}t} - M \frac{\mathrm{d}i_2}{\mathrm{d}t} = u_{11} - u_{12}$$

$$u_2 = \frac{\mathrm{d}\psi_2}{\mathrm{d}t} = -M \frac{\mathrm{d}i_1}{\mathrm{d}t} + L_2 \frac{\mathrm{d}i_2}{\mathrm{d}t} = -u_{21} + u_{22}$$

若采用正弦稳态激励,则可以写出其相量表示形式为

$$\dot{U}_m = \mathrm{j}\omega L_1 \dot{I}_{1m} - \mathrm{j}\omega M \dot{I}_{2m}$$

$$\dot{U}_m = -\mathrm{j}\omega M \dot{I}_{1m} + \mathrm{j}\omega L_2 \dot{I}_{2m}$$

根据 KCL,有

$$\dot{I}_m = \dot{I}_{1m} + \dot{I}_{2m}$$

以上三式联立,令 $Z_1 = \mathrm{j}\omega L_1$,$Z_2 = \mathrm{j}\omega L_2$,$Z_M = \mathrm{j}\omega M$,解得

$$\dot{I}_{1m} = \frac{Z_2 + Z_M}{Z_1 Z_2 - Z_M^2} \dot{U}_m = \frac{L_2 + M}{\mathrm{j}\omega(L_1 L_2 - M^2)} \dot{U}_m$$

$$\dot{I}_{2m} = \frac{Z_1 + Z_M}{Z_1 Z_2 - Z_M^2} \dot{U}_m = \frac{L_1 + M}{\mathrm{j}\omega(L_1 L_2 - M^2)} \dot{U}_m$$

$$\dot{I}_\mathrm{m} = \frac{Z_1 + Z_2 + 2Z_M}{Z_1 Z_2 - Z_M^2}\dot{U}_\mathrm{m} = \frac{L_1 + L_2 + 2M}{\mathrm{j}\omega(L_1 L_2 - M^2)}\dot{U}_\mathrm{m} = \frac{1}{Z}\dot{U}_\mathrm{m}$$

求得

$$Z = \mathrm{j}\omega\,\frac{L_1 L_2 - M^2}{L_1 + L_2 + 2M} = \mathrm{j}\omega L$$

可知异侧并接等效电感为

$$L = \frac{L_1 L_2 - M^2}{L_1 + L_2 + 2M} \tag{8-15}$$

式(8-15)表明,两个互感线圈异侧并接后,等效电感也与互感有关。

以上分析表明,尽管互感线圈连接方式不同,但总可以等效为一个自感线圈,但等效线圈的自感都和线圈间的互感相关。

知识点三　　理想变压器

变压器是电力、电子技术中的常用设备,它可以利用互感现象将电能从一个电路传送到另一个电路。常见的变压器一般有两个线圈,为了加强耦合,常将两个线圈绕在一个共同芯子上,如图 8-7 所示。

视频
变压器的基本介绍

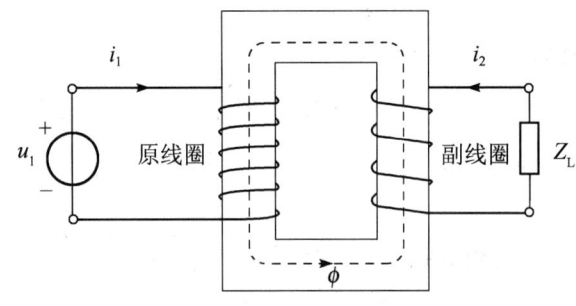

图 8-7　变压器

视频
变压器工作原理

变压器的一个线圈接电源作为输入端,称为原线圈,其回路称为原边回路(初级回路);另一个线圈接负载,称为副线圈,其回路称为副边回路(次级回路)。

变压器可以分为空心变压器和铁心变压器两大类。空心变压器的芯子是非铁磁材料制成的,μ 值较小,但它线性较好,可避免受磁滞和涡流的影响,常用于高频电子电路中。铁心变压器的芯子由铁磁材料制成,μ 值很高,互感耦合非常强,但存在非线性、磁滞和涡流等,一般用于电力传输等场合。

理想变压器是从实际变压器中抽象出来的理想化模型。下面介绍理想变压器的工作原理。

视频
变压器的示意图

设理想变压器的原线圈匝数为 N_1,副线圈匝数为 N_2,则匝数比为 $n = \dfrac{N_1}{N_2}$。输入电压和电流(有效值)分别为 U_1 和 I_1,输出电压和电流分别为 U_2 和 I_2。结合图 8-7 得其相量电路图模型如图 8-8(a)所示。

1. 原、副线圈电压关系

约定电路中各参量参考方向如图 8-8 所示,根据前面分析可知

$$\left.\begin{array}{l} \phi_1 = \phi_{11} + \phi_{12} \\ \phi_2 = \phi_{21} + \phi_{22} \end{array}\right\}$$

若忽略线圈电阻,由 KVL 可知

$$\left.\begin{array}{l} u_1 = \dfrac{\mathrm{d}\psi_1}{\mathrm{d}t} = \dfrac{\mathrm{d}(N_1\phi_1)}{\mathrm{d}t} \\[3mm] u_2 = \dfrac{\mathrm{d}\psi_2}{\mathrm{d}t} = \dfrac{\mathrm{d}(N_2\phi_2)}{\mathrm{d}t} \end{array}\right\}$$

若忽略漏磁通,则

$$\phi_1 = \phi_2$$

即

$$\frac{u_1}{u_2} = \frac{N_1}{N_2} = n$$

写成相量形式为

$$\frac{\dot{U}_1}{\dot{U}_2} = \frac{N_1}{N_2} = n \tag{8-16}$$

式(8-16)说明,在理想情况下,原、副线圈的端电压与匝数成正比。

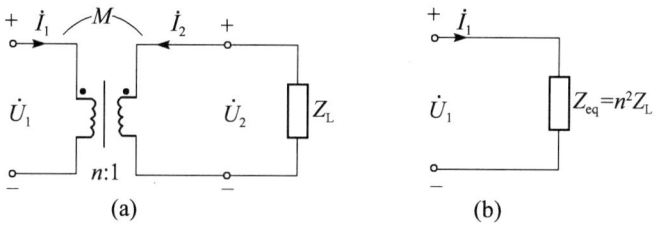

图 8-8　变压器电路模型

2. 原、副线圈电流关系

上面对电压的分析过程中,忽略了线圈内阻和漏磁通,而纯电感元件又不消耗电功,这实际上就限定了理想变压器是一个不耗能的器件。根据能量守恒定律,理想变压器吸收的能量必定等于其放出的电能,即

$$P_1 = P_2 \tag{8-17}$$

则

$$\dot{I}_1 \dot{U}_1 = -\dot{I}_2 \dot{U}_2$$

得

$$\frac{\dot{I}_1}{\dot{I}_2} = -\frac{N_2}{N_1} = -\frac{1}{n} \tag{8-18}$$

式(8-18)说明,在理想情况下,原、副线圈的电流与匝数成反比。

3. 输入阻抗

根据阻抗定义,有

$$Z_1 = \frac{\dot{U}_1}{\dot{I}_1} = \frac{n\dot{U}_2}{-\dfrac{1}{n}\dot{I}_2} = n^2 Z_L \tag{8-19}$$

这样,理想变压器可以通过阻抗变换化为图 8-8(b)所示的等效电路模型。

根据以上分析,可对理想变压器的特点概括如下:

(1) 可忽略线圈电阻,忽略漏磁通,即理想变压器无损耗。

（2）原、副线圈的端电压与匝数成正比。

（3）原、副线圈的电流与匝数成反比。

（4）可以化为一个 $Z_1 = n^2 Z_L$ 的等效电路。

实践应用

互感现象在实践中应用广泛，下面通过几个实例来说明。

例 8-1 感应圈是通过低压直流电源获得高压的常用器件。设某感应圈内部结构简图如图 8-9 所示，试说明其工作原理。

视频
变压器的安装

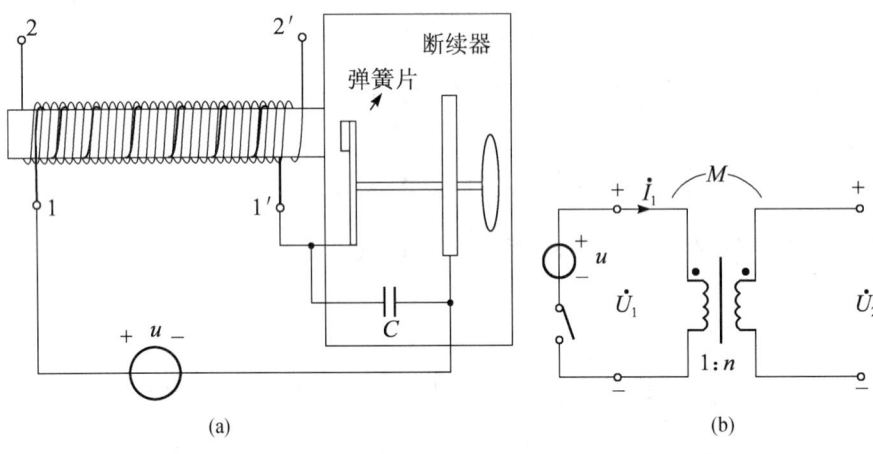

图 8-9 感应圈内部结构简图

视频
变压器事故

解 对感应圈来说，其基本原理是利用互感现象。感应圈与变压器的区别在于感应圈中存在断续器。在图 8-9（a）中，断续器起到关键作用，如果没有断续器，由于感应圈在输入端 1、$1'$ 输入直流，电流稳定后不会随时间变化，所以在输出端将无输出。从图 8-9（a）可以看出，接通电源后，有电流流过匝数为 N_1 的互感线圈，线圈内产生磁场。根据电感的瞬态分析可知，电流将从零逐渐增大，在短时间内产生的磁通可变，这个变化的磁通将在互感线圈 2 内引起磁通变化，从而产生互感电动势，在输出端 2 和 $2'$ 将产生电压。但由于电流变化缓慢，尽管线圈 2 匝数 N_2 很大，产生的电压却不是很高，其等效电路图如图 8-9（b）所示。在达到稳态后，电流不再变化，互感线圈 2 中互感电动势变为 0。这时若无断续器，电路将一直处于稳态。在稳态时，电流 i_1 达到最大，产生磁场最强，铁心既能加强耦合，也能使磁场集中分布，在靠近弹簧片端产生最大吸力，将弹簧片吸向铁心，从而使电路瞬断。

瞬断后，互感线圈 1 内电流并不会立即消失，此时要考虑弹簧片处断开点的电容 C_0，这个电容很小，一般不考虑，但此时必须考虑，否则会出现电路断开却有电流流动的矛盾。其等效电路如图 8-10 所示。该电路相当于向 C_0 充电，由于 C_0 很小，会产生很高的电压，容易出现击穿空气而产生弧光放电现象，故电路中要并接一个大电容 C，可避免弧光放电。电路断开时间与电路闭合时间比较要短得多，故这段时间内电流变化很快，使互感线圈内的磁通变化很快，从而产生短时高压。当电流减小后，磁场变弱，铁心对弹簧片的吸力减小，弹簧片在自身弹力作用下与铁心脱离，再次使回路闭合，重复以上过程。

可用伏安特性曲线定性描述上述过程，如图 8-11 所示。图中 $t_1 \approx (3 \sim 5)\tau_1$ 为电流增加时间，而 t_2 为电流减小时间，$t_2 \ll t_1$。这样，感应圈实现了将直流低压电源变为高压输出的功能。

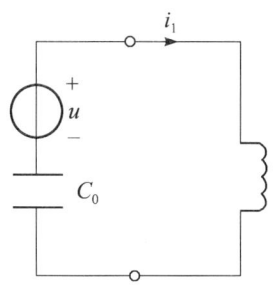

图 8-10   断续器断开瞬间的等效电路

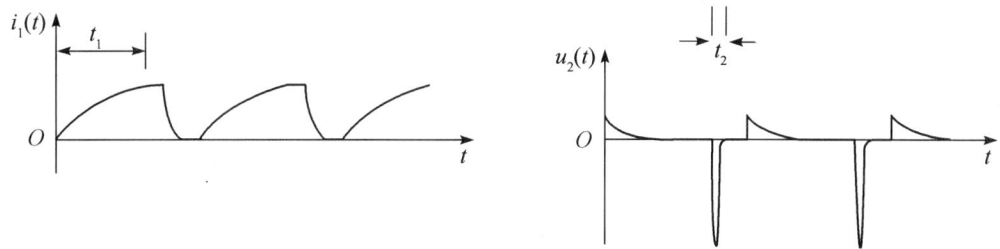

图 8-11   感应圈的伏安特性

本例旨在说明基本原理如何在实践中得以应用,此题定量分析较困难,故定性介绍了感应圈的工作原理,供读者体会。

例 8-2   如图 8-12 所示互感线圈,若线圈已经封装,但同名端未知,如何设计实验测出两个线圈的同名端?

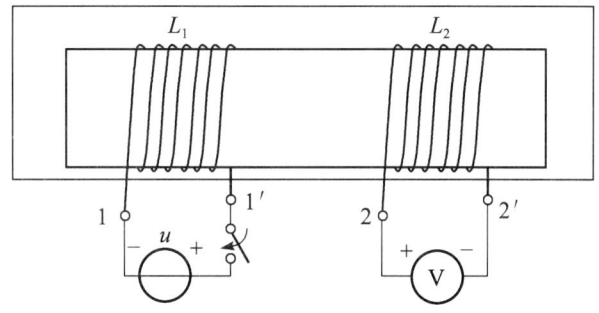

图 8-12   同名端的测定

解   可以采用如图 8-12 所示的电路来测定。测量原理如下。

利用互感现象测定。选定极性确知的直流电源,与线圈 1 的两个端子连接,当开关闭合时,利用电感的瞬态过程,可产生变化的磁通,线圈 2 端子间将出现互感电压。根据电压表的偏转情况,可以判定线圈 2 两个端子的电位高低。

若 $2'$ 端为高电位,则在线圈内互感电流是从 $2'$ 端子流向 2 端子。根据楞次定律可知线圈 2 内自感磁通与互感磁通相消,即两个线圈为异名端电流输入。由于线圈 1 的电流是从 $1'$ 端流入,线圈 2 的电流是从 $2'$ 端流入,故 $1'$ 端和 $2'$ 端为异名端。

结论:当开关闭合时,若电压表向正方向偏转,则电源正极端和电压表正极为一对同名端。

本例为一个小实验设计,旨在使读者体会理论与实践结合的重要性。

例 8-3 如图 8-13(a) 所示的互感线圈,已知 $L_1 = 2$ H,$L_2 = M = 1$ H,若互感线圈电流 $i_1(t)$ 和 $i_2(t)$ 的波形如图 8-13(b) 所示,试画出 $u_1(t)$ 和 $u_2(t)$ 的波形。

解 由题意可知,电流为同名端输入,故

$$u_1 = \frac{\mathrm{d}\psi_1}{\mathrm{d}t} = L_1 \frac{\mathrm{d}i_1}{\mathrm{d}t} + M \frac{\mathrm{d}i_2}{\mathrm{d}t} \left.\right\}$$
$$u_2 = \frac{\mathrm{d}\psi_2}{\mathrm{d}t} = M \frac{\mathrm{d}i_1}{\mathrm{d}t} + L_2 \frac{\mathrm{d}i_2}{\mathrm{d}t} \left.\right\}$$

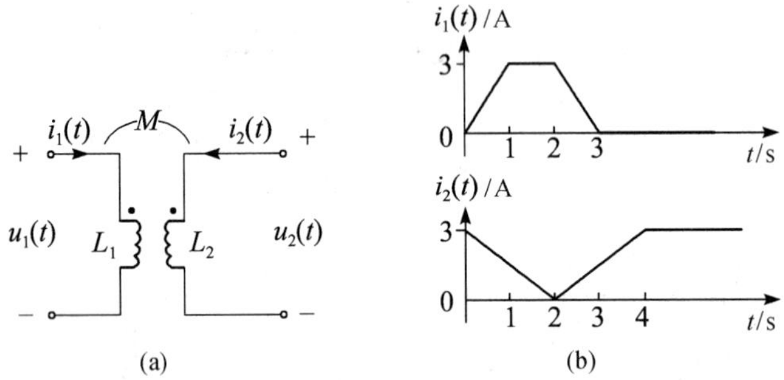

图 8-13　例 8-3 图

对图 8-13(b) 所示波形,不计单位只考虑函数关系,可得

$$i_1(t) = \begin{cases} 3t & 0 \leqslant t \leqslant 1 \\ 3 & 1 \leqslant t \leqslant 2 \\ 9-3t & 2 \leqslant t \leqslant 3 \\ 0 & t \geqslant 3 \end{cases}$$

$$i_2(t) = \begin{cases} 3-\dfrac{3}{2}t & 0 \leqslant t \leqslant 2 \\ -3+\dfrac{3}{2}t & 2 \leqslant t \leqslant 4 \\ 3 & t \geqslant 4 \end{cases}$$

代入电压表达式,有以下几种情况:

(1) 当 $0 < t < 1$ s 时,

$$u_1 = L_1 \frac{\mathrm{d}i_1}{\mathrm{d}t} + M \frac{\mathrm{d}i_2}{\mathrm{d}t} = 6 - 1.5 = 4.5 \text{ V} \left.\right\}$$
$$u_2 = M \frac{\mathrm{d}i_1}{\mathrm{d}t} + L_2 \frac{\mathrm{d}i_2}{\mathrm{d}t} = 3 - 1.5 = 1.5 \text{ V} \left.\right\}$$

(2) 当 1 s $< t < 2$ s 时,

$$u_1 = L_1 \frac{\mathrm{d}i_1}{\mathrm{d}t} + M \frac{\mathrm{d}i_2}{\mathrm{d}t} = -1.5 \text{ V} \left.\right\}$$
$$u_2 = M \frac{\mathrm{d}i_1}{\mathrm{d}t} + L_2 \frac{\mathrm{d}i_2}{\mathrm{d}t} = -1.5 \text{ V} \left.\right\}$$

(3) 当 2 s $< t < 3$ s 时,

$$u_1 = L_1 \frac{\mathrm{d}i_1}{\mathrm{d}t} + M \frac{\mathrm{d}i_2}{\mathrm{d}t} = -6 + 1.5 = -4.5 \text{ V} \left.\right\}$$
$$u_2 = M \frac{\mathrm{d}i_1}{\mathrm{d}t} + L_2 \frac{\mathrm{d}i_2}{\mathrm{d}t} = -3 + 1.5 = -1.5 \text{ V} \left.\right\}$$

>>>>>>>

(4) 当 3 s < t < 4 s 时，

$$u_1 = L_1 \frac{\mathrm{d}i_1}{\mathrm{d}t} + M \frac{\mathrm{d}i_2}{\mathrm{d}t} = 0 + 1.5 = 1.5 \text{ V} \left.\right\}$$
$$u_2 = M \frac{\mathrm{d}i_1}{\mathrm{d}t} + L_2 \frac{\mathrm{d}i_2}{\mathrm{d}t} = 0 + 1.5 = 1.5 \text{ V}$$

(5) 当 t > 4 s 时，

$$u_1 = L_1 \frac{\mathrm{d}i_1}{\mathrm{d}t} + M \frac{\mathrm{d}i_2}{\mathrm{d}t} = 0 \left.\right\}$$
$$u_2 = M \frac{\mathrm{d}i_1}{\mathrm{d}t} + L_2 \frac{\mathrm{d}i_2}{\mathrm{d}t} = 0$$

所以，电压波形图如图 8-14 所示。

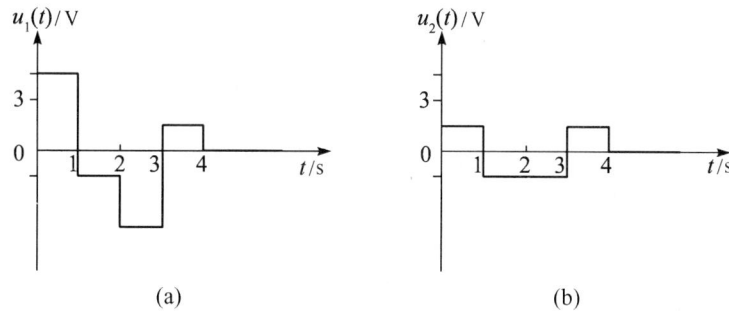

(a)　　　　　　　　　　(b)

图 8-14　电压波形图

例 8-4　已知某变压器输入电压为 220 V，输出电压为 9 V，现拆出其副线圈，得知其匝数为 36 匝，若将其改成输入电压为 220 V、输出电压为 6 V 的变压器，其副线圈该绕多少匝？

解　设变压器为理想变压器，由题意，原变压器的原线圈满足

$$\frac{N_1}{36} = \frac{220}{9}$$

改成输出 6 V 时，副线圈匝数 N_2' 应满足

$$\frac{N_1}{N_2'} = \frac{220}{6}$$

将上面两式相比，得

$$N_2' = 24$$

🔄 **单元小结** ▃▃▃▃▃

(1) **互感现象**：两个线圈将相互提供变化磁通，产生互感电动势。互感是一种磁耦合现象。互感 M 的大小取决于线圈本身，主要由两线圈的几何因素（形状、大小、匝数和相互位置等）及线圈周围的磁介质特性决定，与电流大小无关。

对线性理想线圈，互感满足

$$M_{12} = M_{21} = M$$

耦合系数 k 为

$$k = \frac{M}{\sqrt{L_1 L_2}}$$

互感线圈的伏安特性关系为

$$
\left.\begin{array}{l}
u_1 = L_1 \dfrac{di_1}{dt} \pm M \dfrac{di_2}{dt} \\[2mm]
u_2 = \pm M \dfrac{di_1}{dt} + L_2 \dfrac{di_2}{dt}
\end{array}\right\}
$$

(2) 互感线圈的串联与并联。

① 顺串。两个顺串的线圈等效为一个自感线圈,有

$$L = L_1 + L_2 + 2M$$

② 反串。两个反串的线圈等效为一个自感线圈,有

$$L = L_1 + L_2 - 2M$$

③ 同侧并接等效电感为

$$L = \frac{L_1 L_2 - M^2}{L_1 + L_2 - 2M}$$

④ 异侧并接等效电感为

$$L = \frac{L_1 L_2 - M^2}{L_1 + L_2 + 2M}$$

(3) 同名端。电流在两个线圈产生的磁通互助,称两个线圈的电流流入端为同名端。采用同名端后,电路图得以简化。

(4) 理想变压器。

① 理想变压器无损耗。

② 原、副线圈的端电压与匝数成正比。

③ 原、副线圈的电流与匝数成反比。

④ 可以化为一个 $Z_1 = n^2 Z_L$ 的等效电路。

(5) 互感现象在实践中应用广泛,理论与实践结合很重要。

单元练习

1. 已知两线圈的自感为 $L_1 = 9\ mH$,$L_2 = 4\ mH$。

(1) 若 $k = 0.8$,求互感 M。

(2) 若 $M = 3\ mH$,求耦合系数 k。

(3) 若两线圈为全耦合,求互感 M。

2. 有一对互感线圈,已知 $L_1 = 8\ H$,$L_2 = 6\ H$,$M = 3\ H$,试计算顺向串联和反向串联时的等效电感分别为多少。

3. 有一对互感线圈,已知它们的自感相等,将其顺向串联时等效电感为 $0.75\ H$,将其反向串联时等效电感为 $0.25\ H$,求其自感和互感。

4. 标出如图 8-15 所示耦合线圈的同名端。

5. 如图 8-16 所示为一个理想变压器,已知 $U_1 = 220\ V$,$U_2 = 5\ V$,变压器接一个感性负载,测得负载功率 $P_2 = 4\ W$,功率因数为 0.8,求原线圈电流。

6. 如图 8-17 所示为级联变压器,两个变比都为 n,输出端负载为 R。

(1) 若输入端电压为 U_1,求负载 R 上的功率。

(2) 求输入阻抗。

7. 变压器的原边电压为 220 V,副边电压为 10 V,并与纯电阻负载连接,副边电流为 5 A,变压器的效率为 95%。试求损耗功率、原边功率及原边电流。

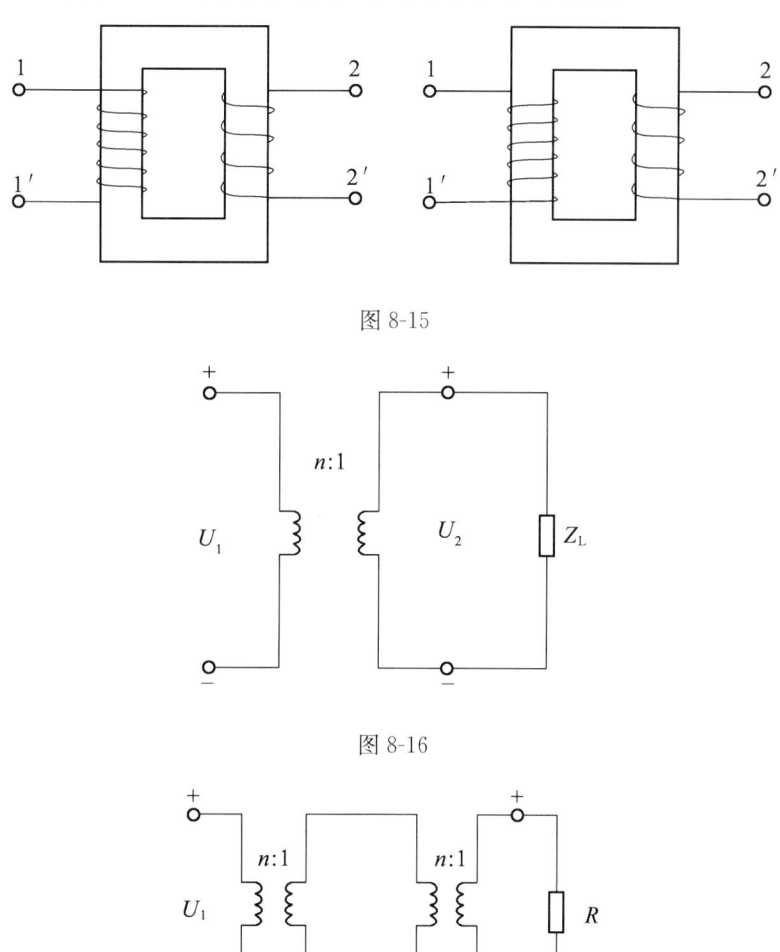

图 8-15

图 8-16

图 8-17

8. 有一台额定电压为 3 000 V/220 V 的降压变压器,副边接一盏 220 V、40 W 的灯泡,变压器的效率为 98%,求灯泡点亮后原、副边的电流。若原边绕组为 200 匝,则副边绕组是多少匝?

9. 如图 8-18 所示为一可调升压变压器,其原理是利用一个自耦变压器和一个升压变压器构成。若已知升压变压器的匝数比为 1:8,求可调变压器的输出电压范围。

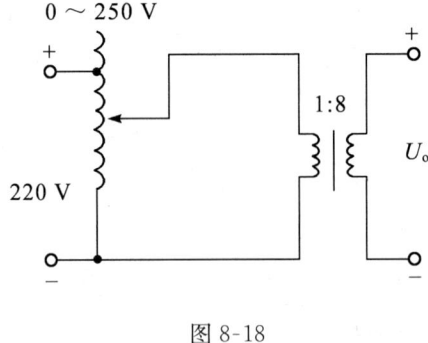

图 8-18

单元九
交流电路

单元导读

目前,电力产生、传输和供电绝大多数都采用三相制电力系统。三相制电力系统主要包括三相电源、三相负载和三相输电线路三部分。三相电路实质上是由频率相同、幅度相等、相位彼此相差120°的单相电源组成的电路。本单元主要介绍交流电的产生和三相电路。

相关知识

知识点一 正弦交流电

若电流随时间变化,我们称之为变化电流。变化电流主要包括脉动直流和交流,如图 9-1 所示。大小随时间变化而方向不变的电流称为脉动直流,如图 9-1(a)所示;大小和方向都随时间变化的电流称为交流,如图 9-1(b)所示。实际电路中经常用到的交流是正弦交流电。

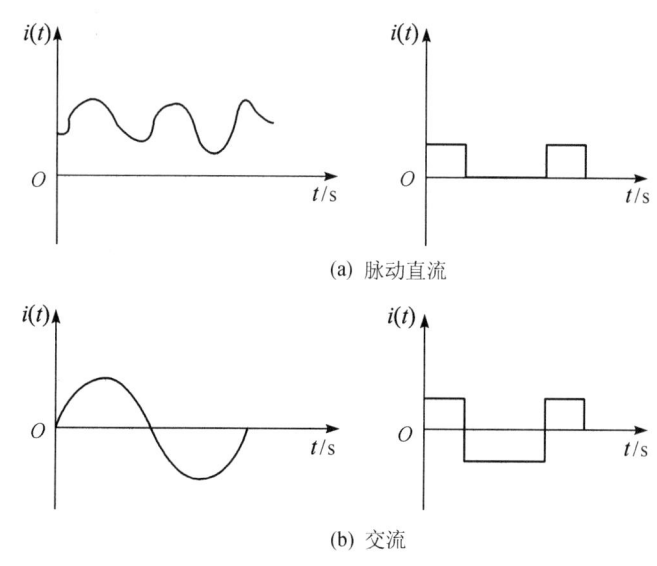

(a) 脉动直流

(b) 交流

图 9-1 变化电流

一、正弦交流电的产生

如图 9-2 所示模型是正弦交流发电机模型,它可以将机械能转化为电能。线圈面积为

S,线圈所在磁场空间近似为均匀磁场,磁感应强度为 B。设在 $t=0$ 时,线圈平面与磁场垂直,当线圈以角速度 ω 转动时,则在 t 时刻,穿过线圈的磁通满足

$$\phi(t)=BS_\perp=BS\cos\omega t$$

式中,$S_\perp$ 为在 t 时刻磁力线穿过线圈的有效面积。应用法拉第电磁感应定律,得

$$e=-\frac{d\phi}{dt}=BS\omega\sin\omega t \tag{9-1}$$

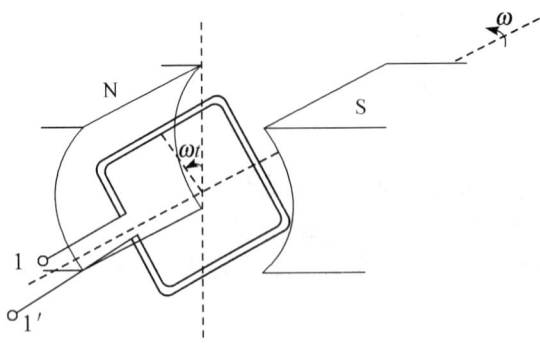

图 9-2 正弦交流发电机模型

式(9-1)描述的电动势由转子的转动产生,称为动生电动势。若线圈初始时刻与垂直磁场的平面夹任意角度 φ_0,则

$$\phi(t)=BS_\perp=BS\cos(\omega t+\varphi_0)$$

应用法拉第电磁感应定律,得

$$e=-\frac{d\phi}{dt}=BS\omega\sin(\omega t+\varphi_0) \tag{9-2}$$

式中,φ_0 称为初相位。容易看出,式(9-1)和式(9-2)变化规律相同,只是相差一个初相位。

上面分析表明,交流电的频率由发电机的转子转速决定。我国日常用电为 50 Hz 正弦交流电。

二、正弦交流电的相量表示

交流发电机作为电源向外供电,其内部具有内阻,输出电压与动生电动势存在差别,但两者变化规律相同,都是正弦变化。因此,输出电压可以表示为

$$u(t)=U_m\sin(\omega t+\varphi_0) \tag{9-3}$$

其相量表示为

$$\dot{U}_m=U_m e^{j\varphi_0} \tag{9-4}$$

其有效值形式为

$$\dot{U}=\frac{U_m}{\sqrt{2}}e^{j\varphi_0} \tag{9-5}$$

电流的相量表示与此类似。

知识点二 三相电源及其联结方式

三相交流电由 3 个等幅、同频、初相位依次相差 $\frac{2\pi}{3}$ 的单相正弦交流电组成,由三相发电机提供。三相交流电在电能的产生、输送和应用等方面具有许多优点,主要包括:电力产生、

传输经济合理;三相输电节约成本;三相交流电能产生旋转磁场等。下面介绍三相电源及其联结方式。

一、三相电源

三相电源是一种能提供三相交流电的设备。三相发电机一般由定子和转子两大部分组成,其原理示意如图9-3所示。其主要特征是在同一定子上依次差$\frac{2\pi}{3}$角度布设三组感应线圈,中间转子由励磁电流激发磁场并以角速度ω匀速旋转,使三个定子线圈的磁通按正弦规律变化。图9-3中AA′、BB′和CC′为三个相同的感应线圈,分别称为A相、B相和C相。转子匀速转动将使三个线圈产生感生电动势,对每个线圈,其发电原理与图9-2所示原理相同。

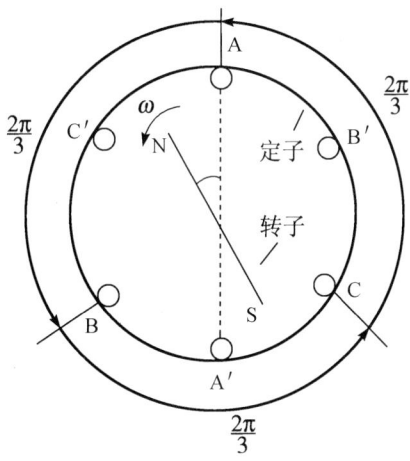

图9-3 三相交流发电机的原理示意

若将图9-2所示发电原理与图9-3所示原理进行比较,不难发现,两者都是使线圈和磁场产生相对运动,从而产生感应电动势。只是实现方式不同,一个是磁场不动线圈动,另一个则是线圈不动磁场动。但从结构上来说,图9-3产生相对运动的方式比较合理。

三相电源中,三个线圈分别产生三个电压,依次称为A相电压、B相电压和C相电压,分别记为u_A、u_B和u_C。若以A相为参考,则它们的瞬时表达式为

$$\left. \begin{array}{l} u_A = U_m \sin\omega t = \sqrt{2} U \sin\omega t \\ u_B = U_m \sin(\omega t - 120°) = \sqrt{2} U \sin(\omega t - 120°) \\ u_C = U_m \sin(\omega t + 120°) = \sqrt{2} U \sin(\omega t + 120°) \end{array} \right\} \tag{9-6}$$

式中,U_m为正弦电压的幅值;U为正弦电压的有效值。其波形图如图9-4所示。由于上述三相电压由对称分布的线圈产生,故又被称为对称三相电压。

三相电压对应的相量表示为

$$\left. \begin{array}{l} \dot{U}_A = U \angle 0° \\ \dot{U}_B = U \angle -120° \\ \dot{U}_C = U \angle 120° \end{array} \right\} \tag{9-7}$$

其相量图如图9-5所示。从图9-5容易得出,三相对称电源的特点为

$$u_A + u_B + u_C = 0 \tag{9-8}$$

或

$$\dot{U}_A + \dot{U}_B + \dot{U}_C = 0 \tag{9-9}$$

三相电源中每相电压达到最大值(或零值)的先后顺序称为相序。在低压配电线路中通常用黄、绿、红三色区分 A、B、C 三相。

为了方便,可将三相电源的三相电压分别用图 9-6 所示的图形符号表示。

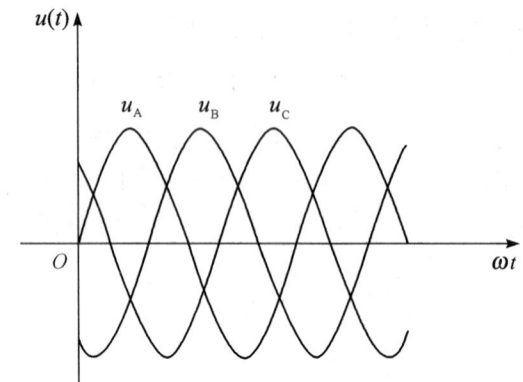

图 9-4　三相电压的波形图

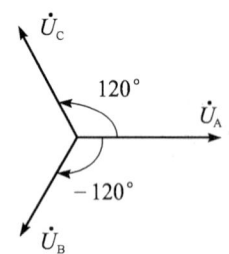

图 9-5　对称三相电压的相量图

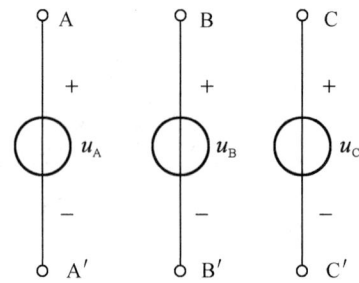

图 9-6　对称三相电源图

二、三相电源的联结方式

三相发电机的每一相都可以独立向外供电,但这样使用三相电源和单相发电机供电类似,不能发挥三相电源的优点。三相电源一般采用星形(Y)联结和三角形(△)联结向外供电。两种联结方式可以充分发挥三相电源的优点。

1.三相电源的星形联结

将发电机三个绕组的尾端 A′、B′ 和 C′ 连接在一起形成三相电源的中性点 N,从三个绕组的首端 A,B 和 C 向外引出的导线称为端线(火线),这种连接方式称为对称三相电源的星形联结或Y联结,如图 9-7 所示。图中存在中线(零线)N,称为三相四线制电路,若无中线则称为三相三线制电路。三相四线制电源可以为用户提供两种电压:相电压和线电压。

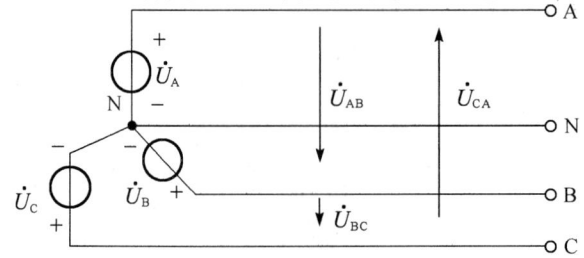

图 9-7　三相电源的星形(Y)联结图

（1）相电压。端线与中线之间的电压称为相电压。容易看出,相电压就是单个绕组输出的电压,故相电压及其向量表达式见式(9-6)和式(9-7)。

（2）线电压。端线与端线之间的电压称为线电压。用 u_{AB}、u_{BC}、u_{CA} 表示线电压,其有效值记作 U_L。根据定义,线电压为

$$\left. \begin{array}{l} u_{AB}=u_A-u_B \\ u_{BC}=u_B-u_C \\ u_{CA}=u_C-u_A \end{array} \right\} \tag{9-10}$$

式(9-10)说明,线电压与相电压存在代数运算关系,可以利用相量法对其进行运算。线电压与相电压的相量关系为

$$\left. \begin{array}{l} \dot{U}_{AB}=\dot{U}_A-\dot{U}_B \\ \dot{U}_{BC}=\dot{U}_B-\dot{U}_C \\ \dot{U}_{CA}=\dot{U}_C-\dot{U}_A \end{array} \right\} \tag{9-11}$$

由式(9-11)的相量关系可得如图 9-8 所示的相量图,由图可知

$$\left. \begin{array}{l} \dot{U}_{AB}=2 \cdot \cos30° \cdot \dot{U}_A=\sqrt{3}\dot{U}_A \underline{/30°} \\ \dot{U}_{BC}=2 \cdot \cos30° \cdot \dot{U}_B=\sqrt{3}\dot{U}_B \underline{/30°} \\ \dot{U}_{CA}=2 \cdot \cos30° \cdot \dot{U}_C=\sqrt{3}\dot{U}_C \underline{/30°} \end{array} \right\} \tag{9-12}$$

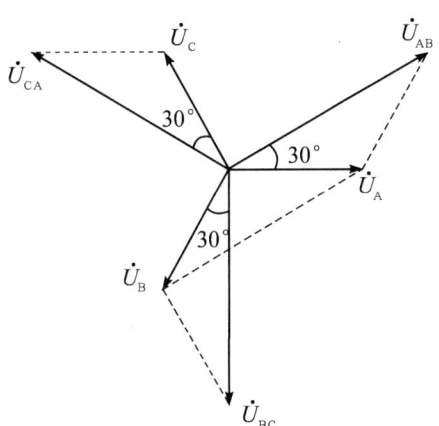

图 9-8　线电压与相电压的关系图

由式(9-12)可知,三相电源星形联结时,线电压是相电压的 $\sqrt{3}$ 倍,即 $U_L=\sqrt{3}U$。从图 9-8 可知,三个线电压相位依次差 120°;线电压比相电压依次超前 30°;相电压对称,线电压也一定对称。

线电压的向量表达式为

$$\left. \begin{array}{l} \dot{U}_{AB}=U_L \underline{/30°} \\ \dot{U}_{BC}=U_L \underline{/-90°} \\ \dot{U}_{CA}=U_L \underline{/150°} \\ \dot{U}_{AB}+\dot{U}_{BC}+\dot{U}_{CA}=0 \end{array} \right\} \tag{9-13}$$

目前,我国采用的三相四线制供电系统,相电压的有效值为 220 V,线电压的有效值为 380 V。

2. 三相电源的三角形联结

把三相电源首尾依次相连构成闭合电路,再从端子 A、B、C 引出端线向外供电,称为三相电源的三角形联结(△联结),如图 9-9 所示。由于三角形联结不能引出中性线,因此,也称为三相三线制供电。由图容易看出,线电压等于相电压,即

$$\left.\begin{array}{l} \dot{U}_{AB} = \dot{U}_A \\ \dot{U}_{BC} = \dot{U}_B \\ \dot{U}_{CA} = \dot{U}_C \end{array}\right\} \tag{9-14}$$

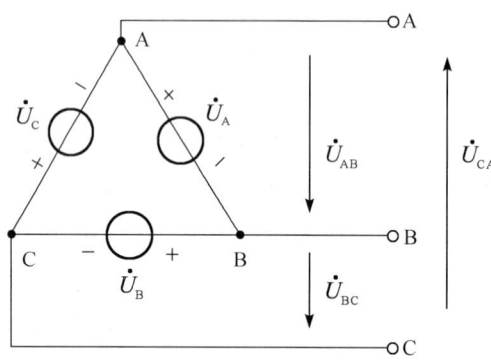

图 9-9　三相电源的三角形(△)联结图

在三相电源对称的情况下,三角形接法中三相电压的向量图如图 9-10(a)所示。容易看出,三相电压的向量和为

$$\dot{U}_{AB} + \dot{U}_{BC} + \dot{U}_{CA} = U(e^{j0°} + e^{-j120°} + e^{j120°}) = U(1-1) = 0$$

此式说明,当电源开路时,三角形回路中不会产生环流。

然而,若其中某一相接反,设 B 相接反,如图 9-10(b)所示,则

$$\dot{U} = \dot{U}_A - \dot{U}_B + \dot{U}_C = -2\dot{U}_B$$

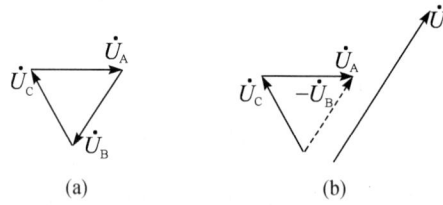

图 9-10　三角形联结图中的电压相量图

可见,三角形闭合回路中的总电压是相电压的两倍,该电压会在回路中产生极大的电流,烧毁三相电源。另外,在实际应用中,三相电源不可能做到绝对对称,回路中总会有电流,所以三角形联结应用较少。

知识点三　三相电路负载的联结

在三相制供电系统中,由于三相电源的联结方式不同,可使供电系统提供不同的电压以适用于各种各样的负载。例如,日常照明和家用电器等一般使用 220 V 电源,可以使用三相

电源中的一相相电压,这类负载称为单相负载;而三相电动机等负载则需要使用三相,这类负载称为三相负载。两类负载与三相电源按一定的方式联结而组成三相电路,可见三相电路中既有单相负载又有三相负载。为保证接成的三相电路设备安全工作和正常运行,设计三相电路时应遵循以下原则:

(1) 负载的额定电压等于电源电压。

(2) 应力求三相负载达到均衡、对称。

负载在额定电压下工作,能保证其使用寿命和工作效率;三相电路对称可以使三相电源得到合理的利用。因此,均衡三相负载是低压配电设计中的一个重要内容。

视频
三相负载的
连接

在我国,三相四线制低压电源可提供两种额定电压:线电压 380 V,相电压 220 V。额定电压为 220 V 的单相负载可接在各相的端线与中性线上。但在设计电路时,应尽量保证三相均衡,不要都接在同一相上。额定电压为 380 V 的单相负载,应该接在各相端线上,如图 9-11 所示。

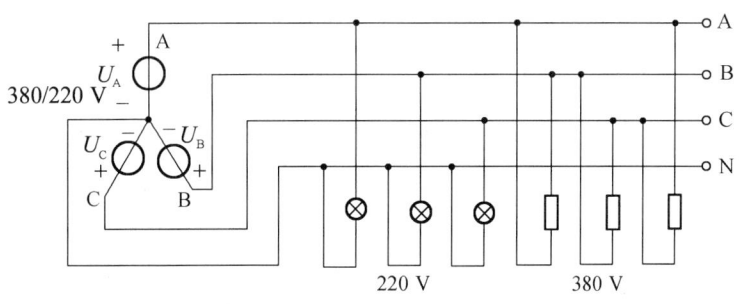

图 9-11 三相电路中的负载联结

家庭用电等三相电路,由于电器的使用具有随机性,很难做到三相负载均衡对称。若三相负载的复阻抗不相等,如 $Z_A \neq Z_B = Z_C$ 或 $Z_A \neq Z_B \neq Z_C$,称为不对称三相负载。但三相电动机等三相负载一般满足各相复阻抗相等,即 $Z_A = Z_B = Z_C$,这类负载称为三相对称负载。三相负载也有星形(Y)联结和三角形(△)联结两种联结方式。

一、三相负载星形联结

如图 9-12 所示,三相电源与三相负载均为星形联结,称为Y-Y联结。其中 Z_A、Z_B、Z_C 分别是A相、B相、C相的负载。这种联结属于三相四线制。此外,还有Y-△,△-Y和△-△等联结方式。

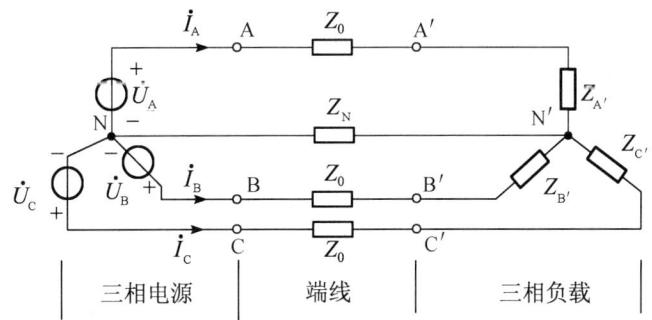

图 9-12 三相负载的星形联结图

由于三相电源也是正弦交流电,所以,前面对正弦交流电路的分析方法对三相电路也适用。在图 9-12 中,设三相负载为对称负载,即复阻抗 $Z_{A'} = Z_{B'} = Z_{C'} = Z = z \underline{/\theta}$,三相电

源的相电压为 $U_A = U \angle 0°$，$U_B = U \angle -120°$，$U_C = U \angle 120°$，电压、电流的方向如图 9-12 所示。以 N 为参考结点，应用结点电压法，得到

$$G_{11}\dot{U}_{N'N} = \dot{I}_{s11}$$

其中

$$G_{11} = \frac{1}{Z_N} + \frac{3}{Z_0 + Z}$$

$$\dot{I}_{s11} = \frac{1}{Z_0 + Z}(\dot{U}_A + \dot{U}_B + \dot{U}_C)$$

由

$$\dot{U}_A + \dot{U}_B + \dot{U}_C = 0$$

得

$$\dot{U}_{N'N} = 0 \tag{9-15}$$

式(9-15)表明，每相所在支路端电压为零。根据 KVL，得到

$$\left.\begin{aligned}
\dot{I}_A &= \frac{\dot{U}_A}{Z_0 + Z} = \frac{U \angle 0°}{|Z_0 + Z| \angle \varphi} = \frac{U}{|Z_0 + Z|} \angle -\varphi \\
\dot{I}_B &= \frac{\dot{U}_B}{Z_0 + Z} = \frac{U \angle -120°}{|Z_0 + Z| \angle \varphi} = \frac{U}{|Z_0 + Z|} \angle -120° - \varphi \\
\dot{I}_C &= \frac{\dot{U}_C}{Z_0 + Z} = \frac{U \angle 120°}{|Z_0 + Z| \angle \varphi} = \frac{U}{|Z_0 + Z|} \angle 120° - \varphi
\end{aligned}\right\} \tag{9-16}$$

容易看出，对称三相负载星形联结时，其各负载电流幅值相等，即

$$I_A = I_B = I_C = \frac{U}{|Z_0 + Z|}$$

各相电流的相位依次相差 120°。因此，I_A、I_B、I_C 三个相电流对称。中线电流为

$$\dot{I}_N = \dot{I}_A + \dot{I}_B + \dot{I}_C = 0 \tag{9-17}$$

式(9-17)说明，对三相四线制供电系统，对称三相负载星形联结时，中线电流为 0。等效于各相电流独立，由于具有对称性，所以只分析一相电路参量即可获知其他相的电路参量。即三相归结于一相计算，简化分析。

实践中，三相对称负载联结，通常省去中线以节省投资，而采用三相三线制星形供电方式。但对于不对称的三相电路，三相四线制中不能省去中线，需逐相分别计算。

例 9-1 如图 9-13 所示照明电路，每相各负载 100 盏白炽灯，每盏灯的额定电压为 220 V，额定功率为 40 W，电源采用三相四线制 380/220 V。试回答下列问题：

(1) 所有灯点亮时，线电流 I_A、I_B、I_C 各是多少？

(2) 中线能否省略？

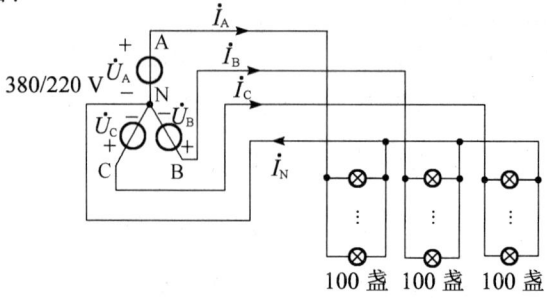

图 9-13 例 9-1 图

>>>>>>>

解 （1）根据图示，当所有灯点亮时，三相负载为对称负载。

每盏灯的电阻为 $R = \dfrac{U^2}{P} = \dfrac{220^2}{40} = 1\,210\ \Omega$

每相负载为 100 盏灯并联，故其阻值为 $Z_A = Z_B = Z_C = \dfrac{R}{100} = 12.1\ \Omega$

由三相负载对称得

$$\dot{I}_A = \frac{\dot{U}_A}{Z} = \frac{220\angle 0°}{12.1} = 18.2\angle 0°\ \text{A}$$
$$\dot{I}_B = 18.2\angle -120°\ \text{A}$$
$$\dot{I}_C = 18.2\angle 120°\ \text{A}$$
$$\dot{I}_N = \dot{I}_A + \dot{I}_B + \dot{I}_C = 0$$

（2）灯全亮，由于负载对称，中线看似可以省略，但照明电路，灯是否亮存在随机性，不能总保持负载对称，故中线不能省略。

二、三相负载三角形联结

如图 9-14 所示，三相电源采用星形联结，三相负载采用三角形联结（△联结）。此种接法，负载接于三条端线之间，每相负载电压等于相应的线电压。三相电动机常采用这种联结，各相电流的正方向如图所示。

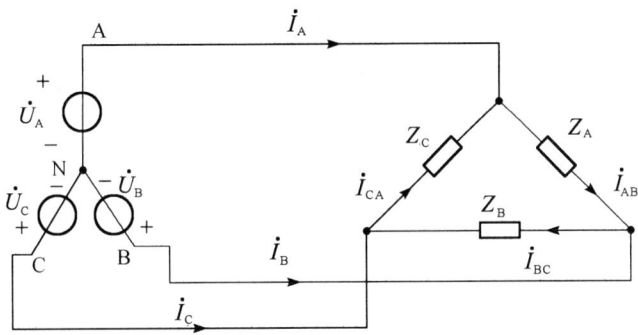

图 9-14　三相负载的三角形联结图

由 KCL 可知

$$\left.\begin{array}{l} \dot{I}_A = \dot{I}_{AB} - \dot{I}_{CA} \\ \dot{I}_B = \dot{I}_{BC} - \dot{I}_{AB} \\ \dot{I}_C = \dot{I}_{CA} - \dot{I}_{BC} \end{array}\right\} \tag{9-18}$$

由 KVL 可知

$$\left.\begin{array}{l} \dot{U}_{AB} = \dot{U}_{Z_A} \\ \dot{U}_{BC} = \dot{U}_{Z_B} \\ \dot{U}_{CA} = \dot{U}_{Z_C} \end{array}\right\}$$

设三相负载对称，有

$$Z_A = Z_B = Z_C = Z = z\angle\theta$$

则

$$\left.\begin{aligned}\dot{I}_{AB}&=\frac{\dot{U}_{Z_A}}{Z_A}=\frac{\dot{U}_{AB}}{Z_A}=\frac{U_L\angle 0°}{Z}\\\dot{I}_{BC}&=\frac{\dot{U}_{Z_B}}{Z_B}=\frac{\dot{U}_{BC}}{Z_B}=\frac{U_L\angle -120°}{Z}\\\dot{I}_{CA}&=\frac{\dot{U}_{Z_C}}{Z_C}=\frac{\dot{U}_{CA}}{Z_C}=\frac{U_L\angle 120°}{Z}\end{aligned}\right\}$$

得

$$\dot{I}_{AB}+\dot{I}_{BC}+\dot{I}_{CA}=\frac{U_L}{Z}(e^{j0}+e^{-j\frac{2\pi}{3}}+e^{j\frac{2\pi}{3}})=0 \tag{9-19}$$

式(9-19)表明,三个相电流对称,设 $\dot{I}_{AB}=I\angle 0°$,则有

$$\dot{I}_{BC}=I\angle -120°,\dot{I}_{CA}=I\angle 120°$$

根据图 9-15 所示相量图(以 $\dot{I}_{AB}$ 为参考),得

$$\left.\begin{aligned}\dot{I}_A&=\sqrt{3}I\angle -30°=\sqrt{3}\dot{I}_{AB}\angle -30°\\\dot{I}_B&=\sqrt{3}I\angle -150°=\sqrt{3}\dot{I}_{BC}\angle -30°\\\dot{I}_C&=\sqrt{3}I\angle -90°=\sqrt{3}\dot{I}_{CA}\angle -30°\end{aligned}\right\} \tag{9-20}$$

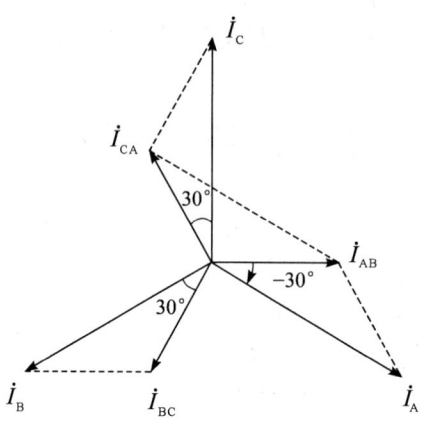

图 9-15 相电流与线电流的关系图

由图 9-15 可知,对称三相负载在三角形联结时,线电流与相电流均为对称三相电流,线电流 I_L 与相电流 I 的关系为 $I_L=\sqrt{3}I$,线电流的相位滞后 30°。

例 9-2 如图 9-14 所示电路,已知三相电源线电压为 380 V,每相负载的复阻抗均为 $Z=(60+j80)$ Ω,求各相负载的相电流及各线电流。

解 由题意可知,三相负载对称,每相负载阻抗为

$$Z=R+jX=60+j80=100\angle 53.1°\ \Omega$$

以 $\dot{U}_{AB}$ 为参考相量,即 $\dot{U}_{AB}=380\angle 0°$ V,可得相量图如图 9-16 所示。此相量图相当于将图 9-15 旋转 $-53.1°$。

相电流为

$$\dot{I}_{AB}=\frac{\dot{U}_{AB}}{Z}=\frac{380\angle 0°}{100\angle 53.1°}=3.8\angle -53.1°\ A$$

$$\dot{I}_{BC}=\frac{\dot{U}_{BC}}{Z}=\frac{380\angle -120°}{100\angle 53.1°}=3.8\angle -173.1°\ A$$

$$\dot{I}_{CA} = \frac{\dot{U}_{CA}}{Z} = \frac{380 \angle 120°}{100 \angle 53.1°} = 3.8 \angle 66.9° \quad \text{A}$$

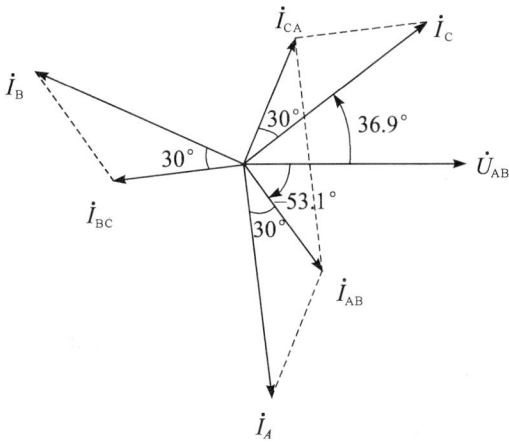

图 9-16　例 9-2 相量图

线电流为

$$\dot{I}_A = \sqrt{3}\dot{I}_{AB} \angle -30° = 6.6 \angle -83.1° \quad \text{A}$$

$$\dot{I}_B = \sqrt{3}\dot{I}_{BC} \angle -30° = 6.6 \angle 156.9° \quad \text{A}$$

$$\dot{I}_C = \sqrt{3}\dot{I}_{CA} \angle -30° = 6.6 \angle 36.9° \quad \text{A}$$

知识点四　三相电路的功率及功率测量

一、三相电路的功率

三相电路实质上是正弦交流电路,因此,正弦交流电路的功率分析也适合三相电路。但由于三相电路包含三相,每相都有功率输出,根据能量守恒定律,三相电路总功率应为各相功率之和。即

$$P = P_A + P_B + P_C \tag{9-21}$$

1. Y-Y 联结

三相电路采用 Y-Y 联结方式时,各相负载电压为相电压,电流为相电流,故

$$P_A = I_A U_A \cos\varphi_A$$
$$P_B = I_B U_B \cos\varphi_B$$
$$P_C = I_C U_C \cos\varphi_C$$

得

$$P = P_A + P_B + P_C = I_A U_A \cos\varphi_A + I_B U_B \cos\varphi_B + I_C U_C \cos\varphi_C \tag{9-22}$$

若为三相对称负载,则

$$P = P_A + P_B + P_C = 3IU\cos\varphi \tag{9-23}$$

若用线电压和线电流计算,则

$$P = P_A + P_B + P_C = \sqrt{3}I_L U_L \cos\varphi \tag{9-24}$$

2. Y-△联结

三相电路采用Y-△联结方式时,各相负载电压为线电压,电流为相电流,故

$$P_A = I_A U_L \cos\varphi_A$$
$$P_B = I_B U_L \cos\varphi_B$$
$$P_C = I_C U_L \cos\varphi_C$$

得

$$P = P_A + P_B + P_C = I_A U_L \cos\varphi_A + I_B U_L \cos\varphi_B + I_C U_L \cos\varphi_C \qquad (9-25)$$

若为三相对称负载,$I_A = I_B = I_C = \sqrt{3} I_L$,则

$$P = P_A + P_B + P_C = \sqrt{3} I_L U_L \cos\varphi \qquad (9-26)$$

式(9-24)和式(9-26)说明,只要三相负载对称,不论星形联结还是三角形联结,功率都可以按式(9-26)计算。但要注意,式中 φ 为每相负载相电压与相电流的相位差,不要混为线电压与线电流的相位差。由于工程上线电压和线电流容易测量,故式(9-26)经常用于计算三相电路功率。

例 9-3 有一组三相对称负载,已知三相电源 $U_L = 380$ V,负载阻抗为 $Z = (30 + j20)$ Ω。求:

(1)三相负载星形联结时的功率;

(2)三相负载接成三角形时的功率。

解 (1)星形联结时,每相负载线电流等于相电流,电压为相电压,故

$$\dot{I} = \dot{I}_L = \frac{\dot{U}}{Z}$$

可得

$$Z = z \angle\varphi = \frac{U \angle\varphi_u}{I \angle\varphi_i}$$

有

$$I = \frac{U}{z} = I_L, \quad \varphi = \varphi_u - \varphi_i$$

即阻抗角为相电压与相电流的相位差。所以

$$I_L = \frac{220}{\sqrt{30^2 + 20^2}} \approx 6.1 \text{ A}$$

$$\cos\varphi = \frac{30}{\sqrt{30^2 + 20^2}} \approx 0.832$$

得

$$P = \sqrt{3} I_L U_L \cos\varphi = \sqrt{3} \times 6.1 \times 380 \times 0.832 \approx 3\,340 \text{ W}$$

(2)三相负载接成三角形时,每相负载电压为线电压,故

$$\dot{I} = \frac{\dot{U}_L}{Z}$$

可得

$$I = \frac{U_L}{z} = \frac{380}{\sqrt{30^2 + 20^2}} \approx 10.54 \text{ A}$$

又三角形联结时有

$$I_L = \sqrt{3} I \approx 18.25 \text{ A}$$

$$\cos\varphi=\frac{30}{\sqrt{30^2+20^2}}\approx0.832$$

得

$$P=\sqrt{3}I_LU_L\cos\varphi=\sqrt{3}\times18.25\times380\times0.832\approx9\ 993.5\ \text{W}$$

本题说明,尽管两种接法功率计算公式形式一样,但计算结果并不相同。如果电源不变,要求星形联结的负载,接成三角形负载会因超过额定功率而烧毁。请读者自行体会其原因。

二、三相电路功率测量

功率表是测量三相电路功率的常用仪表。下面简要介绍功率表的测量方法。

1. 单相功率表的联结

单相功率表(瓦特表)一般为动圈式仪表,其联结简图如图9-17所示。测量时,电流线圈表指端("＊"端)接电源端,非表指端接负载并与负载形成串联;电压线圈表指端("＊"端)可接于电流线圈两个端子的任意一端,需根据测量误差而定,电压线圈的非表指端接被测负载的另一端,与负载形成并联。

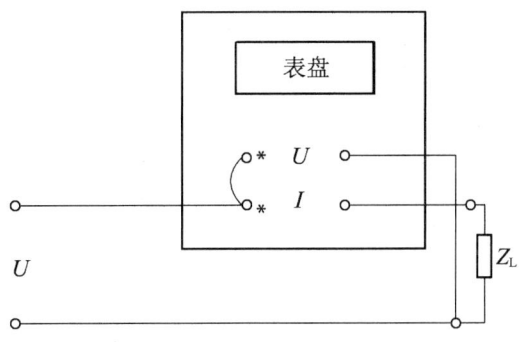

图9-17 单相功率表的联结简图(前接法)

若将电压线圈表指端接于电流线圈的表指端,称为前接法,电路图如图9-18(a)所示。采用此种接法,电流线圈的电压将使测量产生误差。若将电压线圈表指端接于电流线圈的非表指端,称为后接法,电路图如图9-18(b)所示。采用此种接法,电压线圈的分流使测量产生误差。

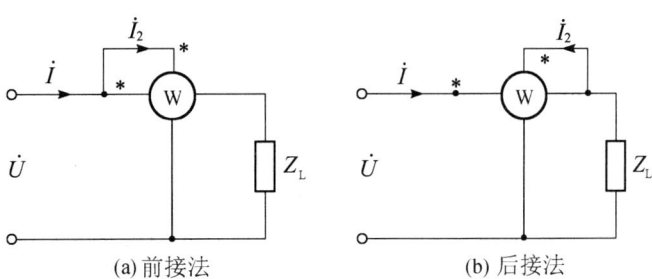

(a) 前接法　　　　　(b) 后接法

图9-18 功率表的两种接法

2. 三相电路功率的测量

根据负载联结方式的不同,测量三相电路功率可采用一表法、二表法和三表法。一表法就是前面介绍的方法。下面介绍二表法和三表法。

1)二表法

二表法适用于三相三线制(Y接法或△接法)负载,不论其是否对称,都可采用二表法测量三相负载的总功率。可以证明,三相电路总功率为

$$P = P_1 + P_2 \qquad (9\text{-}27)$$

两个功率表的接法如图9-19所示。

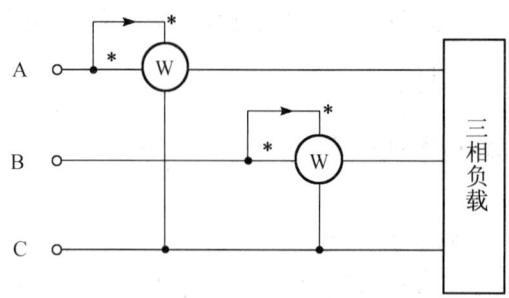

图9-19　二表法测三相负载功率图

2)三表法

三表法适用于三相四线制供电Y-Y接法,这种方法采用三只功率表分别测量各相负载功率P_A、P_B和P_C,最后得到总功率为

$$P = P_A + P_B + P_C \qquad (9\text{-}28)$$

三表法的本质是一表法。测量电路图如图9-20所示。若三相负载对称,则只需用一表法测量其一相功率即可,该相功率乘以3即得三相总功率。

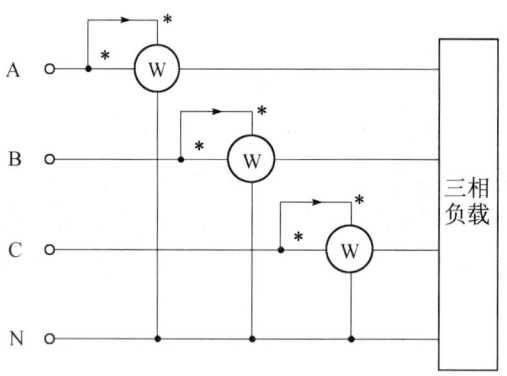

图9-20　三表法测三相负载功率图

*三、功率表测量原理简介

如图9-21所示电路图是一电动式单相功率表测功率的原理图。其动线圈(又称电压线圈)与表头指针相连,当动线圈和两个静线圈(又称电流线圈)有电流流过时,会发生电磁相互作用,产生转动力矩为

$$M = kI_1 I_2 \cos\alpha \qquad (9\text{-}29)$$

式中,I_1、I_2分别为流过静线圈支路与动线圈支路电流的有效值;α为$\dot{I}_1$和$\dot{I}_2$相量的相位差。力矩M可使指针偏转。

测量时,将电流线圈串接在电路中(其一端标有"＊"符号,与电源端联结,另一端接负

载),电压线圈并接入电路(其一端标有"＊"符号,称为电源端,与电源端联结,另一端接负载的另一端,形成并联),如图 9-21 所示。这样接,可使负载电流 I 通过静线圈,但功率表的接入使原来流过负载的电流 I 变为 I_1,由 KCL、KVL 得

$$\dot{I}=\dot{I}_1+\dot{I}_2 \tag{9-30}$$

$$\dot{I}_2=\frac{\dot{U}}{R_0+\mathrm{j}\omega L_3} \tag{9-31}$$

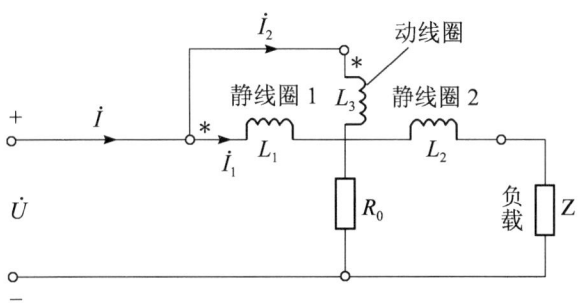

图 9-21　功率表测量功率原理图

由以上两式容易看出,若保证测量准确,应尽量使 $\dot{I}_1 \rightarrow \dot{I}$。当 $R_0+\mathrm{j}\omega L_3 \gg Z+\mathrm{j}\omega(L_1+L_2)$(忽略静线圈间互感)时,有

$$\dot{I}=\dot{I}_1+\dot{I}_2 \approx \dot{I}_1 \tag{9-32}$$

因为 L_3 一般较小,所以 R_0 应为大阻值电阻。另外,若满足 $R_0 \gg \omega L_3$,还可以得到如下关系:

$$Z_0=R_0+\mathrm{j}\omega L_3 \approx R_0 \underline{/0^{\circ}} \tag{9-33}$$

在此前提下,式(9-31)变为

$$\dot{I}_2=\frac{\dot{U}}{R_0+\mathrm{j}\omega L_3} \approx \frac{\dot{U}}{R_0} \tag{9-34}$$

以上分析表明,若 R_0 很大,式(9-32)和式(9-34)成立。从相位的角度看,可以认为 $\dot{I}_1$ 的相角与 $\dot{I}$ 的相角相同,而 $\dot{I}_2$ 的相角与 $\dot{U}$ 的相角相同,即 $\alpha=\varphi$。将式(9-32)和式(9-34)代入式(9-29),有

$$M=kI_1I_2\cos\alpha \approx \frac{k}{R_0}IU\cos\varphi \tag{9-35}$$

此式即为标度功率表表盘的依据。改变电阻 R_0 的值,可改变电压量程;将静线圈的两线圈由串联改为并联,可扩大电流量程。功率表的表盘一般按额定电压与额定电流相乘,并使功率因数 $\cos\varphi=1$ 来标定。

🔄 **实践应用**

三相电路的应用已经和人们的生活紧密地结合在一起,结合实践来认识三相电路很有意义。本部分通过几个示例加以说明,希望读者能够举一反三。

例 9-4　三相电动机的额定电压及联结方式一般标注在设备铭牌上。已知某三相电动机铭牌标记为"380/220 V,Y/△",表明该电动机连成星形时,应接在 380 V 电源上;接成三角形时,应接在 220 V 电源上。试回答下列问题:

(1)画出该电动机与三相电源联结时的三相电路图。

（2）求该电动机采用Y接法和△接法时的功率。

解　（1）当电动机采用Y接法时，额定电压为 380 V，故三相电源采用星形接法，电动机接在端线上即可，其三相电路图如图 9-22（a）所示。当电动机采用△接法时，额定电压为 220 V，由于△接法没有中线，故三相电源只有采用△接法才能符合条件。其三相电路图如图 9-22（b）所示。

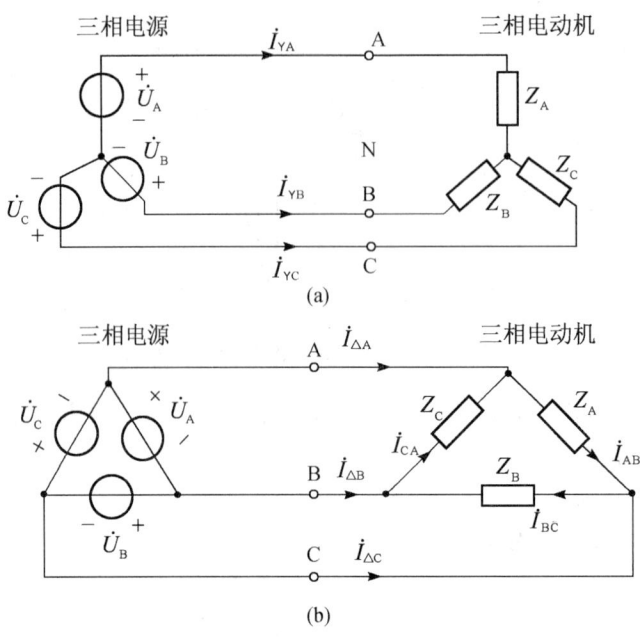

图 9-22　例 9-4 图

（2）设三相电源单相相电压为 U，相电流为 I。对图 9-22（a），由于三相负载对称，每相负载功率相同，即

$$P_Y = \sqrt{3}U_L I_L \cos\varphi = \sqrt{3}\sqrt{3}UI \cos\varphi = 3UI\cos\varphi$$

对图 9-22（b），由于三相负载对称，每相负载功率相同，即

$$P_\triangle = \sqrt{3}U_L I_L \cos\varphi = \sqrt{3}U\sqrt{3}I\cos\varphi = 3UI\cos\varphi$$

结果表明，两种接法电动机功率相同。这一结果和例 9-3 结果比较，结论不一样，原因是本例电源接法发生了改变。

例 9-5　某电动机三相负载对称，采用Y-Y接法时，三相电路如图 9-23 所示。在安装时，电源中性点接地，但机壳没有保护接零，而是选择了保护接地。已知电源接地电阻 $R_e = 4\ \Omega$，机壳接地电阻 $R_e' = 4\ \Omega$，问：

（1）这种保护措施是否正确？

（2）若不正确，则正确的保护措施是什么？

解　（1）不正确。因为当电机绝缘损坏时（如 C 相），机壳会带电，将有电流通过接地保护流入大地，经过 R_e 返回电源。根据 KVL，得

$$I_{地} = \frac{220}{4+4} = 27.5\ \text{A}$$

这个电流不是很大,故熔断器不会熔断。这个电流将使机壳对地形成电压为

$$U_e' = 27.5 \times 4 = 110 \text{ V}$$

这个电压对人体有害,尤其在人出汗、体表潮湿等情况下会更严重。所以,接地保护措施不正确。

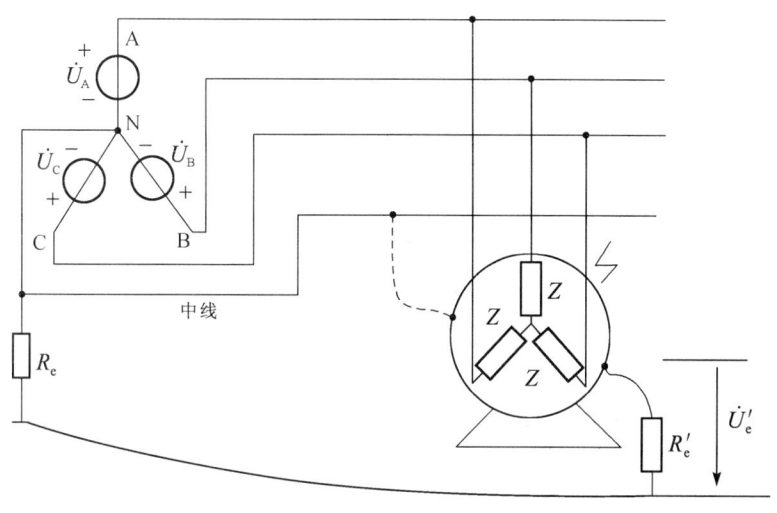

图 9-23 例 9-5 图

（2）此种连接条件下,正确的保护措施是使机壳与中线联结。当机壳带电后,电流直接进入中线。

例 9-6 证明:在三相三线制系统中,若负载对称,则采用如图 9-24 所示二表法测功率时,测得的功率代数和即为三相电路的总功率。

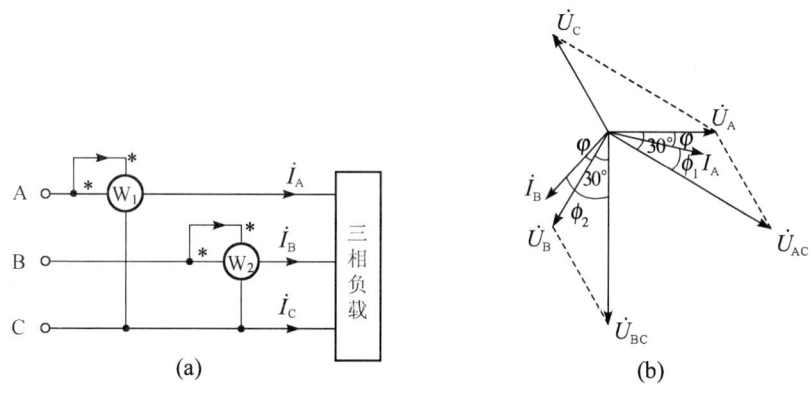

图 9-24 二表法测功率

证 由图示电路及功率表测量原理可知,图 9-24(a)中两表测量的是:W_1 测量量为($\dot{I}_A$, $\dot{U}_{AC}$),W_2 测量量为($\dot{I}_B$,$\dot{U}_{BC}$),即

$$P_1 = \dot{I}_A \dot{U}_{AC} \cos\phi_1$$

$$P_2 = \dot{I}_B \dot{U}_{BC} \cos\phi_2$$

式中,ϕ_1、ϕ_2 分别为相应的相电流对相应的线电压的相位差。若以 $\dot{U}_A$ 为参考相量,得到相量

图如图 9-24(b)所示,容易看出

$$\phi_1 = 30° - \varphi$$
$$\phi_2 = 30° + \varphi$$

式中,φ 为 A 相电流与 A 相电压的相位差,即负载的阻抗角。由题意知负载对称,故

$$U_{AC} = U_{BC} = U_L$$
$$I_A = I_B = I_L$$

得到

$$P_1 + P_2 = U_L I_L (\cos\phi_1 + \cos\phi_2)$$

又

$$\cos\phi_1 + \cos\phi_2 = \sqrt{3}\cos\varphi$$

即

$$P_1 + P_2 = U_L I_L (\cos\phi_1 + \cos\phi_2) = \sqrt{3} U_L I_L \cos\varphi = P$$

实际上,即使负载不对称,本题结论也成立,读者可自行验证。

单元小结

(1) 交流电的产生。

交流电由交流发电机中线圈和磁场的相对运动产生,实现方式包括两类:磁场不动线圈动;线圈不动磁场动。交流电的频率由发电机的转子转速决定。我国日常用电为 50 Hz 正弦交流电。

(2) 三相交流电。

三相交流电由三相电源提供,它由 3 个等幅、同频、初相位依次相差 $\dfrac{2\pi}{3}$ 的单相正弦交流电组成。

三相电源中,三个线圈分别产生三个电压,依次称为 A 相、B 相和 C 相,分别为

$$\left.\begin{aligned}
u_A &= U_m \sin\omega t = \sqrt{2} U \sin\omega t \\
u_B &= U_m \sin(\omega t - 120°) = \sqrt{2} U \sin(\omega t - 120°) \\
u_C &= U_m \sin(\omega t + 120°) = \sqrt{2} U \sin(\omega t + 120°)
\end{aligned}\right\}$$

且满足

$$\dot{U}_A + \dot{U}_B + \dot{U}_C = 0$$

(3) 三相电路的联结。

三相电源可星形(Y)联结,供电方式为三相四线制和三相三线制。线电压是相电压的 $\sqrt{3}$ 倍。

三相电源也可三角形(△)联结,三角形联结不能引出中性线,供电方式为三相三线制,线电压等于相电压。

(4) 三相负载联结。

三相负载分星形(Y)联结和三角形(△)联结两种方式。不同联结方式具有不同的电路特点,但都可以根据交流电路分析理论求解。

(5) 三相电路总功率。

三相电路总功率应为各相功率之和。

$$P = P_A + P_B + P_C = \sqrt{3} I_L U_L \cos\varphi$$

(6) 功率测量。

功率表是测量三相电路功率的仪表。测量可采用一表法、二表法和三表法。

(7) 三相电路应用广泛,应注重理论与实践相结合。

单元练习

1.有一台三相电动机,各相阻抗为$(16+j12)\ \Omega$,额定电压为 380 V。

(1) 三相绕组如何联结?

(2) 计算负载的相电流及电源的线电流。

2.三个阻值相等的电阻Y联结后接到线电压为 380 V 的三相电源上,线电流为 2 A。现把电阻△联结,接到线电压为 220 V 的三相电源上,则线电流为多少?

3.有 60 盏日光灯,每盏功率 40 W,额定电压 220 V,功率因数为 0.8。采用三相四线制 380/220 V 电源供电。

(1) 日光灯应如何连接?

(2) 当日光灯全部点亮时,线电流是多少?

4.一台三相电动机,铭牌标记为"380,△",其功率为 3.2 kW,功率因数为 0.8。求电动机的线电流。

5.一个三相对称负载,每相的阻抗为$(16+j120)\ \Omega$,现将其接在线电压为 380 V 的三相电源上,求负载Y联结和负载△联结时的功率之比。

6. 一台星形联结的发电机,相电流为 1 380 A,线电压为 9 300 V,功率因数为 0.8。求发电机输出的功率。

7. 有一对称三相电阻炉,每相额定电压为 220 V,每相电阻丝的阻值为 22 Ω,三相电源电压为 380 V(有效值),问电阻炉应如何连接才能在额定情况下工作? 求各电阻丝的额定电流,并作出电路连接图及电压、电流相量图。

8. 一组对称负载采用△联结,正常工作时线电流为 6 A。若其中 AC 相断开,各线电流变为多少?

9.如图 9-25 所示,在三相四线制电路中连接有三个白炽灯,额定电压都为 220 V,但额定功率不同,$P_A=100$ W,$P_B=P_C=40$ W。

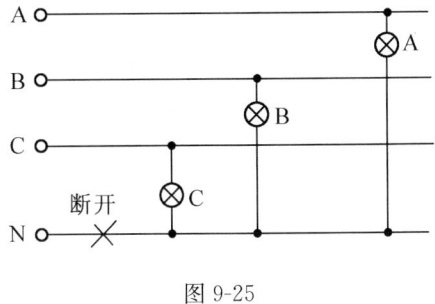

图 9-25

（1）求电路的相电压、相电流、中线电流并作相量图。

（2）若中线断开，再求各负载的相电压和相电流。

10. 有一星形联结的三相负载，各相负载电阻均为 $10\ \Omega$，电感 $L = 32\ \text{mH}$，把它接到频率为 $50\ \text{Hz}$、线电压为 $380\ \text{V}$ 的三相电源上，求各相负载电流及三相负载功率。

单元十
分布参数电路与传输线

单元导读

分布参数电路是指电路参量随空间位置变化而变化的电路。本单元以传输线为例,在集总电路的基础上对分布参数电路进行分析。在正弦稳态条件下讨论传输线的电流、电压及输入阻抗等参量沿线分布情况,并简要介绍传输线的波过程。

相关知识

知识点一 电路与电磁场

本书前面介绍的电路基本理论,都是以集总元件相互连接而成的电路为基础,这类电路也被称为集总电路。但从电工学的发展史可知,电路概念是建立在电磁学的实验定律基础上的,电路的基本定律可以通过电磁场理论得出,因此可以认为电路是在特定条件下对电磁场的某种简化表述。

一、电路与电磁场的关系

根据电磁场理论,电磁波以一定的速度 v 在介质中传播,这个速度也被称为光速,在真空中 $v \approx 3.0 \times 10^8 \, \text{m/s}$。电磁波具有波动性,且满足

$$v = \lambda f \tag{10-1}$$

式中,λ 为电磁波的波长;f 为频率。电磁波的频率越高,波长越短。

视频
磁现象、磁场

前面内容中涉及的直流电或三相交流电,实际上都属于电磁波范围。对于直流电,其频率 $f = 0 \, \text{Hz}$;对于三相交流电,其频率 $f = 50 \, \text{Hz}$。但在前面的电路分析中,并没有涉及电磁场理论,这是因为这些电路传输的电流频率很低。假定某正弦电磁波频率 $f = 1 \, \text{GHz}$,则其波长为

$$\lambda = \frac{v}{f} = \frac{3.0 \times 10^8}{1 \times 10^9} \, \text{m} = 0.3 \, \text{m}$$

若频率为 $f = 50 \, \text{Hz}$,则其波长为

$$\lambda = \frac{v}{f} = \frac{3.0 \times 10^8}{50} \, \text{m} = 6 \, 000 \, \text{km}$$

假设电路传输距离 $l = 1 \, \text{m}$,则上面两种电磁波的特性如图 10-1 所示。容易看出,在 $l = 1 \, \text{m}$ 距离上,$f = 1 \, \text{GHz}$ 的电磁波变化了 3 次,沿线各点电压分布变化很快,而对于 $f = 50 \, \text{Hz}$ 的电磁波,沿线各点电压变化非常缓慢。

视频
电生磁

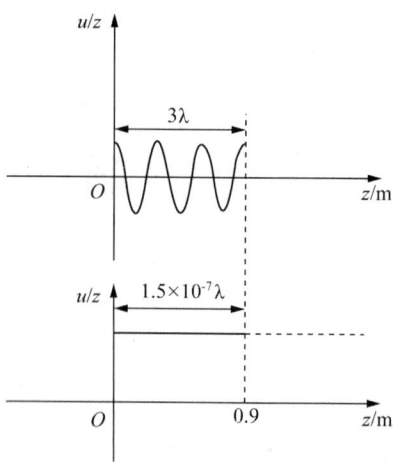

图 10-1　不同频率电磁波的特性比较

　　由此看出,当一个实际电路的外形尺寸远远小于其所传送电量的波长时,沿线参量的变化缓慢,或者说其波动性表现不明显,这时可以忽略其波动性,而采用集总的概念来描述电路。例如,电场中的电位函数 $\varphi(x,y,z,t)$ 是与空间位置相关的分布函数,电路中不同结点之间的电位差就是电压,在低频情况下,电路中结点并无空间意义上的位置概念。在这种情况下,实际电路就可按照集总电路来处理,这与运动学中的"质点"模型类似。

　　我们说电路概念是在特定条件下对电磁场的简化表述,一个重要依据就是电路的基本定律可由电磁场理论推出。下面以 VCR 关系加以说明。

　　根据金属电子理论,自由电子在金属导体内部的正离子点阵(晶格)之间运动,自由电子从原从属的原子运动到邻近原子所用时间的统计平均值,称为平均自由时间,记为 τ。

　　一般情况下,自由电子的热运动杂乱无章。但若在金属导体上外加恒定电场 E,金属导体中的自由电子将受到电场力作用而产生定向移动,其定向移动速度可取多个电子的统计平均速度来描述,称之为漂移速度,用符号 v_{d} 表示。那么,自由电子受电场力作用获得的动量为 mv_{d},等于电子在 τ 内所受电场力的冲量,即

$$mv_{\mathrm{d}} = -eE\tau \tag{10-2}$$

得

$$v_{\mathrm{d}} = -\tau\frac{e}{m}E$$

式中,e 为电子电量;m 为电子质量。

　　为了求得金属导体内的电流面密度 J,可在金属导体内取一体积微元,其在垂直电场 E 方向上的面积为 $\mathrm{d}S$,沿 E 方向上其长度取为单位时间内电子漂移长度 $l_{\mathrm{d}} = v_{\mathrm{d}} \cdot 1$,如图 10-2 所示,则体积微元 $v_{\mathrm{d}}\mathrm{d}S$ 内的自由电子在单位时间内将全部穿过 $\mathrm{d}S$。令 n 为金属导体中的自由电子密度,则单位时间穿越 $\mathrm{d}S$ 的电荷量为

$$\mathrm{d}q = -nev_{\mathrm{d}}\mathrm{d}S$$

所产生的电流为

$$i = \frac{\mathrm{d}q}{单位时间} = -nev_{\mathrm{d}}\mathrm{d}S$$

则在面元 $\mathrm{d}S$ 的电流密度为

$$\boldsymbol{J} = \frac{\boldsymbol{i}}{\mathrm{d}S} = -ne\boldsymbol{v}_{\mathrm{d}} = \frac{ne^{2}\tau}{m}\boldsymbol{E} \tag{10-3}$$

或 $$J=\sigma E \qquad (10\text{-}4)$$

式中，$\sigma=ne^2\tau/m$ 决定于金属导体的 n、τ 等特有属性，称为该金属导体的导电系数。

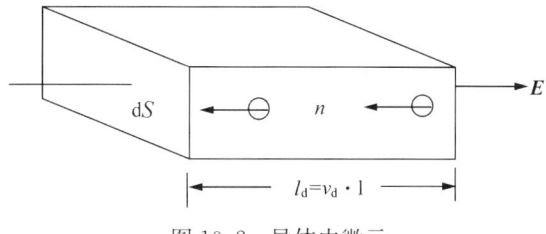

图 10-2 导体内微元

如果在一段长为 l、横截面积为 S 的均匀金属导体上外加电场 E，如图 10-3 所示，则流过横截面 S 的电流 i 及两端面之间的电位差 u 分别为

$$i=JS=\sigma SE$$
$$u=El$$

可得

$$u=\frac{l}{\sigma S}i=Ri \qquad (10\text{-}5)$$

这就是集总电路中的 VCR，集总量 $R=l/\sigma S$ 即为导体的电阻。事实上，基尔霍夫第一定律(KCL)和基尔霍夫第二定律(KVL)都可以由电磁场理论推出，这里不再赘述。

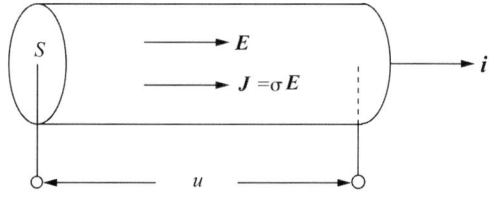

图 10-3 一段长为 l、横截面积为 S 的均匀金属导体上外加电场 E

以上关于电路定律由电磁场的概念及基本方程导出的讨论，旨在说明电路与电磁场的统一。采用电路理论求解电路问题比用场的理论求解简单直观，不要拘泥于要求进行电路分析计算时一定要运用场量表述形式。

二、平行双导线电路分布参量

图 10-4 所示为平行双导线电路，来线和回线间存在电阻、电容和电感等，根据电磁场理论可以求得双线间分布的电阻、电容和电感等参量。

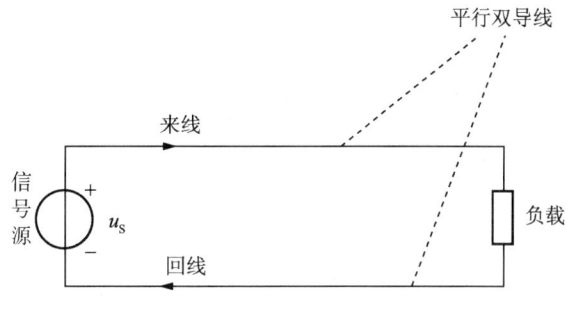

图 10-4 平行双导线电路

1. 电阻 R

电阻是媒质消耗电磁场能量在电路中的集总表现。对于长度为 l 的传输线,根据式(10-5)可知

$$R = \frac{l}{\sigma S} \tag{10-6}$$

即电路中的电阻决定于导线的长度 l、导线的横截面积 S 及媒质的导电系数 σ。

2. 电容 C

在电磁场中,电容定义为两个带有等值异性电荷的导体,其中一个导体上的电荷与两导体间电位差之比,即

$$C = \frac{Q}{\varphi_1 - \varphi_2} \tag{10-7}$$

由此可求得平行双导线间的电容分布。设双线中心距离为 D,线截面半径为 R_0,线外空间介质介电常数为 ε_0。一般情况下,若满足 $D \gg R_0$,线上电荷分布不受另一导线影响,即仍保持轴对称分布,则单位长线间电容为

$$C_0 = \frac{C}{l} = \frac{\pi\varepsilon_0}{\ln\dfrac{D-R_0}{R_0}} \approx \frac{\pi\varepsilon_0}{\ln\dfrac{D}{R_0}} \tag{10-8}$$

显然,电容与导体的形状尺寸(边界)、媒质情况及电场分布情况有关。

3. 电感 L

根据电磁场理论,很容易求得无限长平行双导线单位长度上的电感为

$$L_0 = \frac{\mu_0}{\pi}\ln\frac{D-R_0}{R_0} \approx \frac{\mu_0}{\pi}\ln\frac{D}{R_0} \tag{10-9}$$

以上直接给出平行双导线电路的电路分布参量,旨在供读者体会依据电磁场理论可以求得电路的分布参量,具体求解过程读者可参阅电磁学相关内容。

知识点二　分布参数电路

由电路与电磁场的关系可知,当一个实际电路的外形尺寸与其所传送电量的波长比不一定很小时,沿线电路参量的变化很快,或者说其波动性表现明显,这时就不能采用集总电路来描述,这种情况在有线通信或电力传输中经常遇到。

一、传送信号频率与电路分布参量

一般平行双线传输线导体间沿线分布着电容和电感。当传送低频电流时,传输线固有的分布电路参量作用被忽略,认为连接元件的传输线是既无损耗又无电感、电容效应的理想连接线。但当传输线传导的信号电流频率达到一定值时,传输线上固有分布的电感、电容效应可与电路中的电感、电容元件相比拟,此时则不能忽略传输线的固有分布参量的作用。下面通过实例计算来进一步说明传输线的固有分布参量对传输信号的影响。

例 10-1　在图 10-4 所示工频电路中,传输线传输 50 Hz 的正弦电流;在微波电路中,传输线传输 1 GHz 的正弦信号。若双导线的分布电感为 $L_0 = 1.0$ nH/mm,分布电容为 $C_0 = 0.01$ pF/mm。试求双导线分别传输两种不同信号时,传输线每毫米长度上引入的串联感抗

和并联电纳。

解　（1）当传输线传输 50 Hz 的正弦电流时,有

$$X_L = 2\pi f_0 L_0 = 2\pi \times 50 \times 1.0 \times 10^{-9}\ \Omega/mm = 3.14 \times 10^{-7}\ \Omega/mm$$

$$Y_C = 2\pi f_0 C_0 = 2\pi \times 50 \times 0.01 \times 10^{-12}\ S/mm = 3.14 \times 10^{-12}\ S/mm$$

结果表明,固有分布参量非常小,忽略固有分布参量的作用对低频电路分析的影响很小。这也是集总电路分析的本质,对于这一点实践上也已被证明。

（2）当传输线传输 1 GHz 的正弦信号时,有

$$X_L = 2\pi f_0 L_0 = 2\pi \times 10^9 \times 1.0 \times 10^{-9}\ \Omega/mm = 6.28\ \Omega/mm$$

$$Y_C = 2\pi f_0 C_0 = 2\pi \times 10^9 \times 0.01 \times 10^{-12}\ S/mm = 6.28 \times 10^{-5}\ S/mm$$

两种情况相比较,显然在后一种情况下传输线的分布电路参量不能忽略。这类电路的分析要采用分布参量电路分析。

思考题:对于固有的电阻分布参量,是否随频率变化而变化?

二、分布参数电路模型

平行双导线是最典型的传输线,它由在均匀媒质中放置的两根平行直导体构成。其典型结构如图 10-5 所示。

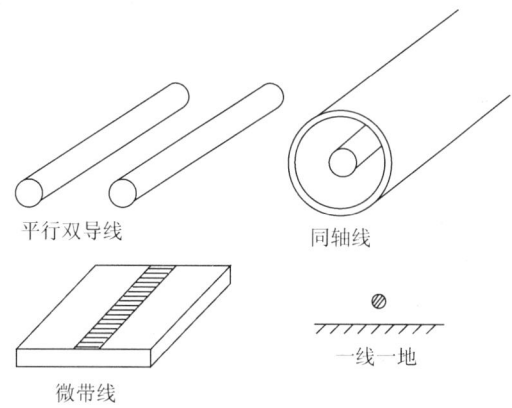

平行双导线　　　　同轴线

微带线　　　　一线一地

图 10-5　不同形状的传输线

其中的平行双线与用来传送低频或直流电功率的传输线,从表面上看并无差别,但从电路的概念上讲,传送低频、直流或传送电力的传输线,与传送载有信号电流的传输线存在差别。前者一般传送低频电流,注重功率容量及传输损耗;而后者在传送信号时,一般要求高频和频带宽度,线上不同位置处的电流和电压存在位置效应。下面以平行双线传输线为例来介绍分布参数电路的模型化。

在平行双线传输线中,一方面,导线中存在分布电阻,电流在电阻上将产生电压降,变化的电流也将在沿线分布的串联电感上产生电感电压降,其结果是电压沿线连续变化。另一方面,两导线间存在并联的分布电容,对于交变电流信号,分布电容将产生电容电流;另外,导线间由于介质不理想还存在漏电导,而引起漏电流,其结果是电流沿线连续变化。综合考虑以上因素,可以将传输线看作由无数微元段组成,在每一微元段 dx（无限小长度）上,具有无限小的电阻（$R_0 dx$）和电感（$L_0 dx$）;在线间并联有电容（$C_0 dx$）和漏电导（$G_0 dx$）。在无限小微元段上,可以认为其尺寸远小于传输线上传输信号的波长,电路参量的变化不大,从而集总电路的思想可以引入任一微元段的电路分析上。这就是平行双线传输线的分布参数电路

模型,其本质是将求解分布参数电路问题转化为求解集总电路问题。平行双线传输线的电路模型如图 10-6 所示。

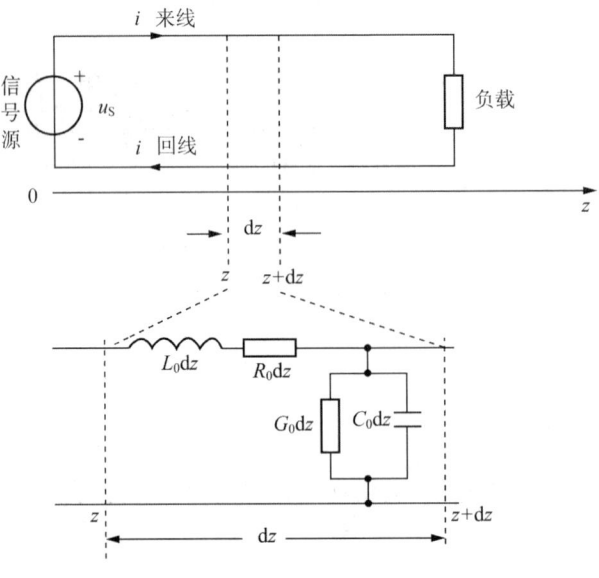

图 10-6 平行双线传输线的电路模型

其中,参数 R_0、L_0、C_0 和 G_0 分别表示传输线单位长度上的电阻、电感、电容和漏电导,称为传输线的原分布参数。若它们沿线不变化,则称该传输线为均匀传输线。在本单元只讨论均匀传输线电路参数分布。

对于长度为 l 的均匀传输线,实际上可以看作由无穷多微元段组成的电路连接而成的网络电路,如图 10-7 所示,这就是均匀传输线完整电路模型。

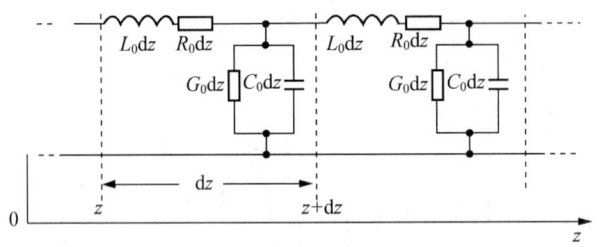

图 10-7 均匀传输线分布参数电路模型

由以上分析可以看出,在电信号频率增加时,电路中固有的电路分布参数影响电路参量沿线分布。但是在特定的条件下,如导体及其周围空间介质均为理想介质,我们只关注电磁波的传播而不过于计较波的横向分布时,就可以把求解分布场的问题转化为集总电路问题,这一点是分析分布参数电路的关键。也就是说,本单元是从集总电路的角度出发来研究分布参数电路的一般规律。

知识点三 分布参数电路方程

对于均匀传输线,根据其分布参数电路模型,可推出其电路参量满足的电路方程。设传输线信号源端为始端,终端接负载,选取沿线方向为 z 轴,始端为位置坐标原点。根据图 10-6

所示模型图,将各元件的电路参量及其参考方向示于图中,如图 10-8 所示。

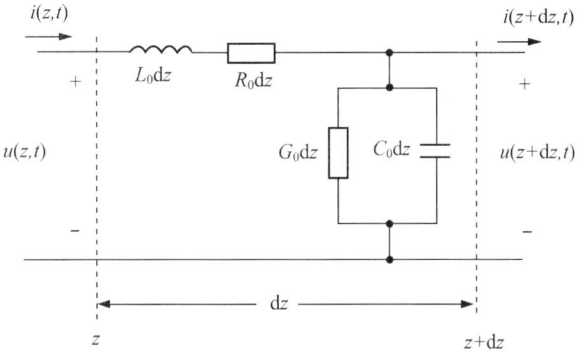

图 10-8 电路分析图

设在 dz 微元段的入口端电压和电流分别为 $u(z,t)$ 和 $i(z,t)$,在 dz 微元段的出口端电压和电流分别为 $u(z+dz,t)$ 和 $i(z+dz,t)$。根据 KCL、KVL 和 VCR,得到 dz 端口上的电压、电流关系为

$$u(z,t)-u(z+dz,t)=R_0 dz i(z,t)+L_0 dz \frac{\partial i(z,t)}{\partial t}$$

$$i(z,t)-i(z+dz,t)=G_0 dz u(z+dz,t)+C_0 dz \frac{\partial u(z+dz,t)}{\partial t}$$

整理为

$$-\partial u(z,t)=\left[R_0 i(z,t)+L_0 \frac{\partial i(z,t)}{\partial t}\right]dz$$

$$-\partial i(z,t)=\left[G_0 u(z+dz,t)+C_0 \frac{\partial u(z+dz,t)}{\partial t}\right]dz$$

上两式两端同除以 dz,得

$$\left.\begin{aligned}-\frac{\partial u(z,t)}{\partial z}&=R_0 i(z,t)+L_0 \frac{\partial i(z,t)}{\partial t}\\-\frac{\partial i(z,t)}{\partial z}&=G_0 u(z,t)+C_0 \frac{\partial u(z,t)}{\partial t}\end{aligned}\right\} \tag{10-10}$$

这就是均匀传输线分布参数电路方程,是一组含有一维空间变量 z 和时间变量 t 的偏微分方程,也被称为电报方程,因为传输线分布电路参量效应最早见于有线电报技术中。根据边界条件和初始条件可以求得方程的解。显然,传输线上电压 $u(z,t)$ 和电流 $i(z,t)$ 不仅随时间变化也随空间位置变化,这正是分布参数电路的显著特点。

需要强调的是,在上述分析过程中,我们在微元段内(dz→0)引用了集总电路思想求解,但并不代表整个分布参数电路可以用一个集总电路代替。

思考题:在分析分布参数电路时,为什么要强调只有在无限小的微元段内可以采用集总电路的思想?

知识点四 传输线方程的正弦稳态解

均匀传输线方程的求解由于要受到边界条件和初始条件的限制,我们不能针对每一具体信号去求解方程。在此,我们以正弦时变激励源(始端)为例对传输线方程进行求解。

一、正弦时变条件下均匀传输线方程的解

设信号源角频率为 ω,线上的电压、电流皆为同一频率的正弦时变函数,这样具有普遍性意义。由于 $u(z,t)$ 与 $i(z,t)$ 的时变规律已经设定为正弦规律,因此,我们可以采用相量法分析沿线的电压和电流。有

$$u(z,t)=\mathrm{Re}[\dot{U}(z)\mathrm{e}^{\mathrm{j}\omega t}]$$

$$i(z,t)=\mathrm{Re}[\dot{I}(z)\mathrm{e}^{\mathrm{j}\omega t}]$$

式中,$\dot{U}(z)$、$\dot{I}(z)$ 为复振幅,那么

$$\frac{\partial u(z,t)}{\partial t}=\mathrm{Re}[\mathrm{j}\omega \dot{U}(z)\mathrm{e}^{\mathrm{j}\omega t}]$$

$$\frac{\partial i(z,t)}{\partial t}=\mathrm{Re}[\mathrm{j}\omega \dot{I}(z)\mathrm{e}^{\mathrm{j}\omega t}]$$

将上式代入传输线方程,并消去时间因子后传输线方程变为

$$\begin{cases} -\dfrac{\partial \dot{U}(z)}{\partial z}=(R_0+\mathrm{j}\omega L_0)\dot{I}(z) \\[3mm] -\dfrac{\partial \dot{I}(z)}{\partial z}=(G_0+\mathrm{j}\omega C_0)\dot{U}(z) \end{cases}$$

令

$$\left. \begin{aligned} Z_0&=R_0+\mathrm{j}\omega L_0 \\ Y_0&=G_0+\mathrm{j}\omega C_0 \end{aligned} \right\} \tag{10-11}$$

则

$$\left. \begin{aligned} -\dfrac{\mathrm{d}\dot{U}(z)}{\mathrm{d}z}&=Z_0\dot{I}(z) \\[3mm] -\dfrac{\mathrm{d}\dot{I}(z)}{\mathrm{d}z}&=Y_0\dot{U}(z) \end{aligned} \right\} \tag{10-12}$$

结合电路模型可知,$Z_0=R_0+\mathrm{j}\omega L_0$ 为单位长度上的阻抗,$Y_0=G_0+\mathrm{j}\omega C_0$ 为单位长度上的导纳。由于相量 $\dot{U}(z)$、$\dot{I}(z)$ 只是位置 z 的函数,方程中偏微分可以写为全微分。很明显,若将式(10-12)对 z 再一次求导数后,式(10-12)可化为只含一个待求量的二阶微分方程。其结果为

$$\left. \begin{aligned} \dfrac{\mathrm{d}^2\dot{U}(z)}{\mathrm{d}z^2}-Z_0Y_0\dot{U}(z)&=0 \\[3mm] \dfrac{\mathrm{d}^2\dot{I}(z)}{\mathrm{d}z^2}-Z_0Y_0\dot{I}(z)&=0 \end{aligned} \right\} \tag{10-13}$$

令 $\gamma=\alpha+\mathrm{j}\beta=\sqrt{Z_0Y_0}=\sqrt{(R_0+\mathrm{j}\omega L_0)(G_0+\mathrm{j}\omega C_0)}$,式(10-13)可化为

$$\left. \begin{aligned} \dfrac{\mathrm{d}^2\dot{U}(z)}{\mathrm{d}z^2}-\gamma^2\dot{U}(z)&=0 \\[3mm] \dfrac{\mathrm{d}^2\dot{I}(z)}{\mathrm{d}z^2}-\gamma^2\dot{I}(z)&=0 \end{aligned} \right\}$$

上式的通解为

$$\begin{rcases} \dot{U}(z) = A_1 e^{-\gamma z} + A_2 e^{\gamma z} \\ \dot{I}(z) = B_1 e^{-\gamma z} + B_2 e^{\gamma z} \end{rcases} \tag{10-14}$$

式中,积分常数 A_1、A_2、B_1、B_2 由传输线始端或终端的边界条件来确定。利用式(10-12)可求得 A_1、A_2、B_1、B_2 之间的关系为

$$\dot{I}(z) = -\frac{1}{Z_0}\frac{d\dot{U}(z)}{dz} = -\frac{1}{Z_0}\frac{d}{dz}(A_1 e^{-\gamma z} + A_2 e^{\gamma z}) = \frac{1}{Z_0}(A_1 e^{-\gamma z} - A_2 e^{\gamma z})$$

$$= \frac{A_1}{\sqrt{\dfrac{Z_0}{Y_0}}}e^{-\gamma z} - \frac{A_2}{\sqrt{\dfrac{Z_0}{Y_0}}}e^{\gamma z} = B_1 e^{-\gamma z} + B_2 e^{\gamma z}$$

令 $Z_c = \sqrt{\dfrac{Z_0}{Y_0}}$,从上式看出 $B_1 = \dfrac{A_1}{Z_c}$,$B_2 = -\dfrac{A_2}{Z_c}$。这样待定积分常数只有 A_1、A_2 两个,方程的解为

$$\begin{cases} \dot{U}(z) = A_1 e^{-\gamma z} + A_2 e^{\gamma z} \\ \dot{I}(z) = \dfrac{1}{Z_c}\left[A_1 e^{-\gamma z} - A_2 e^{\gamma z}\right] \end{cases} \tag{10-15}$$

式中,γ 与 Z_c 都为复数,分别称为传输线的传播常数和波阻抗,是传输线的两个重要参量。

$$\gamma = \sqrt{(R_0 + j\omega L_0)(G_0 + j\omega C_0)} = \alpha + j\beta \tag{10-16}$$

$$Z_c = \sqrt{\frac{R_0 + j\omega L_0}{G_0 + j\omega C_0}} \tag{10-17}$$

二、积分常数的确定

对于式(10-15)中的积分常数,根据边界条件可以确定。以下分两种不同情况讨论。

1. 已知信号源端电压 $\dot{U}_T$、电流 $\dot{I}_T$

当以信号源端作为计算距离 z 的起点时,电路的边界条件为 $z=0$,$\dot{U}(0) = \dot{U}_T$,$\dot{I}(0) = \dot{I}_T$,由式(10-15)解得

$$\begin{cases} \dot{U}_T = A_1 + A_2 \\ \dot{I}_T = \dfrac{1}{Z_c}(A_1 - A_2) \end{cases}$$

则

$$\begin{cases} A_1 = \dfrac{1}{2}(\dot{U}_T + Z_c \dot{I}_T) \\ A_2 = \dfrac{1}{2}(\dot{U}_T - Z_c \dot{I}_T) \end{cases}$$

由此得到传输线上与始端距离为 z 处的电压、电流表达式为

$$\begin{rcases} \dot{U}(z) = \dfrac{1}{2}(\dot{U}_T + Z_c \dot{I}_T)e^{-\gamma z} + \dfrac{1}{2}(\dot{U}_T - Z_c \dot{I}_T)e^{\gamma z} \\[2mm] \dot{I}(z) = \dfrac{1}{2}\left(\dfrac{\dot{U}_T}{Z_c} + \dot{I}_T\right)e^{-\gamma z} - \dfrac{1}{2}\left(\dfrac{\dot{U}_T}{Z_c} - \dot{I}_T\right)e^{\gamma z} \end{rcases} \tag{10-18}$$

利用双曲函数：

$$\mathrm{ch}(x) = \frac{1}{2}(e^x + e^{-x})$$

$$\mathrm{sh}(x) = \frac{1}{2}(e^x - e^{-x})$$

式(10-18)还可以写成双曲函数形式为

$$\left.\begin{aligned}\dot{U}(z) &= \dot{U}_{\mathrm{T}}\mathrm{ch}(\gamma z) - Z_c\,\dot{I}_{\mathrm{T}}\mathrm{sh}(\gamma z) \\ \dot{I}(z) &= -\frac{\dot{U}_{\mathrm{T}}}{Z_c}\mathrm{sh}(\gamma z) + \dot{I}_{\mathrm{T}}\mathrm{ch}(\gamma z)\end{aligned}\right\} \tag{10-19}$$

2. 已知负载端电压$\dot{U}_{\mathrm{L}}$、电流$\dot{I}_{\mathrm{L}}$

若以始端作为z坐标的起点,当传输线长度为l时,已知负载端电压$\dot{U}_{\mathrm{L}}$、电流$\dot{I}_{\mathrm{L}}$,则电路的边界条件可以表述为$z=l,\dot{U}(l)=\dot{U}_{\mathrm{L}},\dot{I}(l)=\dot{I}_{\mathrm{L}}$。设$Z_{\mathrm{L}}$为传输线终端所接负载阻抗,根据 VCR 有$\dot{U}_{\mathrm{L}}=Z_{\mathrm{L}}\,\dot{I}_{\mathrm{L}}$。由式(10-15)得

$$\left\{\begin{aligned}\dot{U}_{\mathrm{L}} &= A_1 e^{-\gamma l} + A_2 e^{\gamma l} \\ \dot{I}_{\mathrm{L}} &= \frac{1}{Z_c}(A_1 e^{-\gamma l} - A_2 e^{\gamma l})\end{aligned}\right.$$

解得常系数为

$$\left\{\begin{aligned}A_1 &= \frac{1}{2}(\dot{U}_{\mathrm{L}} + Z_c\,\dot{I}_{\mathrm{L}})e^{\gamma l} \\ A_2 &= \frac{1}{2}(\dot{U}_{\mathrm{L}} - Z_c\,\dot{I}_{\mathrm{L}})e^{-\gamma l}\end{aligned}\right.$$

由此得到传输线上与始端距离为z处任意一点的电压、电流表达式为

$$\left.\begin{aligned}\dot{U}(z) &= \frac{1}{2}(\dot{U}_{\mathrm{L}} + Z_c\,\dot{I}_{\mathrm{L}})e^{\gamma(l-z)} + \frac{1}{2}(\dot{U}_{\mathrm{L}} - Z_c\,\dot{I}_{\mathrm{L}})e^{\gamma(l-z)} \\ \dot{I}(z) &= \frac{1}{2}\left(\frac{\dot{U}_{\mathrm{L}}}{Z_c} + \dot{I}_{\mathrm{L}}\right)e^{\gamma(l-z)} - \frac{1}{2}\left(\frac{\dot{U}_{\mathrm{L}}}{Z_c} - \dot{I}_{\mathrm{L}}\right)e^{\gamma(l-z)}\end{aligned}\right\} \tag{10-20}$$

式(10-20)可以写成双曲函数形式为

$$\left.\begin{aligned}\dot{U}(z) &= \dot{U}_{\mathrm{L}}\mathrm{ch}[\gamma(l-z)] + Z_c\,\dot{I}_{\mathrm{L}}\mathrm{sh}[\gamma(l-z)] \\ \dot{I}(z) &= \frac{\dot{U}_{\mathrm{L}}}{Z_c}\mathrm{sh}[\gamma(l-z)] + \dot{I}_{\mathrm{L}}\mathrm{ch}[\gamma(l-z)]\end{aligned}\right\} \tag{10-21}$$

实际工程中,经常把坐标的起点定在传输线的终端,位置坐标方向指向信号源端(始端)。为了与前面定义的z坐标区分,我们定义新的坐标变量d,与z坐标关系满足$d=l-z$。在d坐标下,电路的边界条件可以表述为$d=0,\dot{U}(d=0)=\dot{U}_{\mathrm{L}},\dot{I}(d=0)=\dot{I}_{\mathrm{L}}$,则解式(10-21)可写成为

$$\left.\begin{aligned}\dot{U}(d) &= \frac{1}{2}(Z_{\mathrm{L}} + Z_c)\dot{I}_{\mathrm{L}}e^{\gamma d} + \frac{1}{2}(Z_{\mathrm{L}} - Z_c)\dot{I}_{\mathrm{L}}e^{-\gamma d} \\ \dot{I}(d) &= \frac{1}{2}\left(\frac{Z_{\mathrm{L}}}{Z_c} + 1\right)\dot{I}_{\mathrm{L}}e^{\gamma d} - \frac{1}{2}\left(\frac{Z_{\mathrm{L}}}{Z_c} - 1\right)\dot{I}_{\mathrm{L}}e^{-\gamma d}\end{aligned}\right\} \tag{10-22}$$

同样写成双曲形式为

$$\left.\begin{array}{l} \dot{U}(d) = \dot{U}_{\mathrm{L}}\mathrm{ch}(\gamma d) + Z_{\mathrm{c}}\,\dot{I}_{\mathrm{L}}\mathrm{sh}(\gamma d) \\[3mm] \dot{I}(d) = \dfrac{\dot{U}_{\mathrm{L}}}{Z_{\mathrm{c}}}\mathrm{sh}(\gamma d) + \dot{I}_{\mathrm{L}}\mathrm{ch}(\gamma d) \end{array}\right\} \tag{10-23}$$

知识点五　对传输线方程解的讨论

一、传输线上的入射波与反射波

传输线的传播常数 γ 通常为复数，即 $\gamma = \alpha + \mathrm{j}\beta$，将其代入式(10-22)，令

$$\left.\begin{array}{l} \dot{U}(d) = \dfrac{1}{2}(Z_{\mathrm{L}} + Z_{\mathrm{c}})\dot{I}_{\mathrm{L}}\mathrm{e}^{\gamma d} + \dfrac{1}{2}(Z_{\mathrm{L}} - Z_{\mathrm{c}})\dot{I}_{\mathrm{L}}\mathrm{e}^{-\gamma d} = \dot{U}_{\mathrm{i}} + \dot{U}_{\mathrm{r}} \\[3mm] \dot{I}(d) = \dfrac{1}{2}\left(\dfrac{Z_{\mathrm{L}}}{Z_{\mathrm{c}}} + 1\right)\dot{I}_{\mathrm{L}}\mathrm{e}^{\gamma d} - \dfrac{1}{2}\left(\dfrac{Z_{\mathrm{L}}}{Z_{\mathrm{c}}} - 1\right)\dot{I}_{\mathrm{L}}\mathrm{e}^{-\gamma d} = \dot{I}_{\mathrm{i}} + \dot{I}_{\mathrm{r}} \end{array}\right\} \tag{10-24}$$

其中，

$$\dot{U}_{\mathrm{i}}(d) = \frac{1}{2}(Z_{\mathrm{L}} + Z_{\mathrm{c}})\dot{I}_{\mathrm{L}}\mathrm{e}^{\gamma d} = \frac{1}{2}(Z_{\mathrm{L}} + Z_{\mathrm{c}})\dot{I}_{\mathrm{L}}\mathrm{e}^{\alpha d}\mathrm{e}^{\mathrm{j}\beta d}$$

由于 $\dfrac{1}{2}(Z_{\mathrm{L}} + Z_{\mathrm{c}})\dot{I}_{\mathrm{L}}$ 为复数，可表示为

$$\frac{1}{2}(Z_{\mathrm{L}} + Z_{\mathrm{c}})\dot{I}_{\mathrm{L}} = U_0^{\mathrm{i}}\mathrm{e}^{\mathrm{j}\varphi^+}$$

得

$$\dot{U}_{\mathrm{i}}(d) = U_0^{\mathrm{i}}\mathrm{e}^{\alpha d}\mathrm{e}^{\mathrm{j}(\varphi^+ + \beta d)} \tag{10-25}$$

同理可得

$$\dot{U}_{\mathrm{r}}(d) = \frac{1}{2}(Z_{\mathrm{L}} - Z_{\mathrm{c}})\dot{I}_{\mathrm{L}}\mathrm{e}^{-\gamma d} = U_0^{\mathrm{r}}\mathrm{e}^{\mathrm{j}\varphi^-}\,\mathrm{e}^{-\gamma d} = U_0^{\mathrm{r}}\mathrm{e}^{-\alpha d}\mathrm{e}^{\mathrm{j}(\varphi^- - \beta d)} \tag{10-26}$$

对于电流分布可做类比处理。这样，考虑电路参量随时间正弦变化的因子 $\mathrm{e}^{\mathrm{j}\omega d}$ 后，可写出式(10-22)相应的瞬时值表达式为

$$\left.\begin{array}{l} u(d,t) = \mathrm{Re}[\dot{U}(d)\mathrm{e}^{\mathrm{j}\omega d}] \\[2mm] \quad = U_0^{\mathrm{i}}\mathrm{e}^{\alpha d}\cos(\omega d + \beta d + \varphi^+) + U_0^{\mathrm{r}}\mathrm{e}^{-\alpha d}\cos(\omega d - \beta d + \varphi^-) \\[2mm] \quad = u_{\mathrm{i}}(d,t) + u_{\mathrm{r}}(d,t) \\[3mm] i(d,t) = \mathrm{Re}[\dot{I}(d)\mathrm{e}^{\mathrm{j}\omega d}] \\[2mm] \quad = \dfrac{U_0^{\mathrm{i}}}{Z_{\mathrm{c}}}\mathrm{e}^{\alpha d}\cos(\omega d + \beta d + \varphi^+) - \dfrac{U_0^{\mathrm{r}}}{Z_{\mathrm{c}}}\mathrm{e}^{-\alpha d}\cos(\omega d - \beta d + \varphi^-) \\[2mm] \quad = i_{\mathrm{i}}(d,t) + i_{\mathrm{r}}(d,t) \end{array}\right\} \tag{10-27}$$

式(10-27)中结果表明，传输线上任意位置处的电压和电流分布，都可看作由两个分量叠加而成。下面对两个分量的物理意义进行分析。

对于第一个分量：

$$u_{\mathrm{i}}(d,t) = U_0^{\mathrm{i}}\mathrm{e}^{\alpha d}\cos(\omega d + \beta d + \varphi^+)$$

它既是时间 t 的函数,又是空间位置 d 的函数,且按正弦规律变化,φ^+ 为初相位。假设在 $t=t_1$ 时刻观察,可在沿线各点得到一个随 d 变化而正弦变化的电压分布波形,但幅度随 d 增加而指数增加;若在传输线上某个固定点(如信号源处)观察,该点电压随时间也做正弦变化。为了便于理解,上述变化过程示于图 10-9 中。可见 $u_i(d,t)$ 是一个随时间 t 增加向 d 减小方向(从信号源端向负载端)运动的衰减波,称为电压入射波或正向行波。

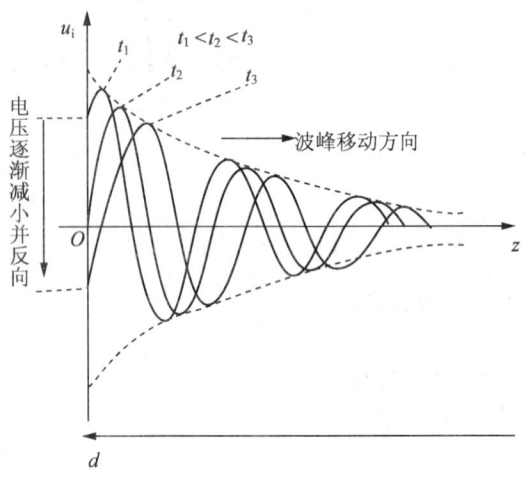

图 10-9　入射波沿线传播

同理可以分析 $i_i(d,t)$、$u_r(d,t)$ 和 $i_r(d,t)$ 的传播特性。可知 $i_i(d,t)$ 为电流入射波;对于 $u_i(d,t)$ 和 $i_i(d,t)$,其相位越向负载越滞后;而 $u_r(d,t)$ 和 $i_r(d,t)$ 则是由负载端向信号源端传播的波,越向信号源波的幅值按指数律减小相位越滞后,称为反射波电压 $u_r(d,t)$ 和反射波电流 $i_r(d,t)$。

以上分析表明,接有负载的传输线在正弦时变信号源激励下,传输线上的电压、电流呈现波动过程。传输线上任一位置处的电压或电流,都是这一位置处入射波电压或电流与反射波电压或电流的叠加。

对于波动过程,波的传播速度是表征波的传播特性的重要参量。例如,观察一个波峰,可观察到该波峰会随着时间的推移而沿着波的传播方向前进。如果我们考虑一列等幅波(没有衰减因子),如 $u_i(d,t)=U_0^i\cos(\omega d+\beta d+\varphi^+)$,假设在 t 时刻观察位置 d 处的波峰,在 $t+\Delta t$ 时刻,该波峰沿传播方向前进到 $d+\Delta d$ 位置。由于是等幅波,所以两个位置处的观察值应相等。即

$$U_0^i\cos(\omega d+\beta d+\varphi^+)=U_0^i\cos[\omega(t+\Delta t)+\beta(d+\Delta d)+\varphi^+]$$

可以推知,在 $\Delta t\rightarrow 0$ 时,上式成立的条件为

$$\omega\Delta t+\beta\Delta d=0 \tag{10-28}$$

$$\lim_{\Delta t\to 0}\frac{\Delta d}{\Delta t}=v_p=-\frac{\omega}{\beta} \tag{10-29}$$

式(10-29)即为等幅波的传播速度,负号表示传播速度方向与 d 坐标方向相反,即表示由信号源端向负载端传播,若取 z 坐标,将没有负号。从以上推导可以看出,波的传播实际上是相位相等的点(或等相面)的传播,可令相位因子为某个常数 C,即

$$\omega d+\beta d+\varphi^+=C \tag{10-30}$$

式中,若 $C=0$ 即对应波峰,若 $C=\dfrac{\pi}{2}$ 即对应波节,C 取其他值则对应波形上的其他点。

式(10-30)直接对 t 微分,则得

$$v_p = -\frac{\omega}{\beta}$$

因此,波的传播速度又称为波的相速度,记作 v_p。

在波的传播方向上,相位差 2π 的两点间距离称为波长,用 λ 表示。所对应的传播时间称为周期,用 T 表示。波长和周期也是表征波的传播特性的重要参量。按其定义有

$$\lambda_p = v_p T = \frac{v_p}{f} = \frac{\omega}{\beta f} = \frac{2\pi}{\beta} \tag{10-31}$$

二、传输线的原参数和副参数

传输线单位长度上的分布参数 R_0、L_0、C_0 和 G_0 称为传输线的原参数,而传播常数 γ 和特性阻抗 Z_c 称为传输线的副参数。

根据 γ 的定义式可知,γ 为复数,$\gamma = \alpha + \mathrm{j}\beta$,由于 α 在传输线方程解中包含衰减因子 e^{ad} 或 e^{-ad},因此被称为衰减常数;而虚部 β 出现在相位因子 $\mathrm{e}^{\mathrm{j}\beta d}$ 或 $\mathrm{e}^{-\mathrm{j}\beta d}$ 中,故被称为相移常数。根据

$$\gamma = \alpha + \mathrm{j}\beta = \sqrt{Z_0 Y_0} = \sqrt{(R_0 + \mathrm{j}\omega L_0)(G_0 + \mathrm{j}\omega C_0)}$$

并利用复数运算,不难求得

$$\left.\begin{array}{l}\beta = \sqrt{\dfrac{1}{2}\left[(\omega^2 L_0 C_0 - R_0 G_0) + \sqrt{(R_0{}^2 + \omega^2 L_0{}^2)(G_0{}^2 + \omega^2 C_0{}^2)}\right]} \\[3mm] \alpha = \sqrt{\dfrac{1}{2}\left[(R_0 G_0 - \omega^2 L_0 C_0) + \sqrt{(R_0{}^2 + \omega^2 L_0{}^2)(G_0{}^2 + \omega^2 C_0{}^2)}\right]}\end{array}\right\} \tag{10-32}$$

可见,相移常数 β 由传输线的分布电路参量及所传输信号的角频率决定,但与角频率 ω 的关系很复杂。根据

$$v_p = -\frac{\omega}{\beta}, \quad \lambda_p = \frac{2\pi}{\beta}$$

可知,波的相速度和波长都由 β 决定。

对于副参数 Z_c,根据定义得

$$Z_c = \sqrt{\frac{Z_0}{Y_0}} = \sqrt{\frac{R_0 + \mathrm{j}\omega L_0}{G_0 + \mathrm{j}\omega C_0}} = |Z_c| \mathrm{e}^{\mathrm{j}\theta} \tag{10-33}$$

当 $\omega = 0$,即传输直流电时,有

$$Z_c = \sqrt{\frac{R_0}{G_0}} \quad (\text{呈纯电阻特性})$$

当 ω 很高,即传输高频电流时,$R_0 \ll \omega L_0$,$G_0 \ll \omega C_0$,有

$$Z_c = \sqrt{\frac{R_0 + \mathrm{j}\omega L_0}{G_0 + \mathrm{j}\omega C_0}} \approx \sqrt{\frac{L_0}{C_0}} \quad (\text{呈纯电阻特性})$$

当 $R_0 = 0$,$G_0 = 0$ 时,有

$$Z_c = \sqrt{\frac{R_0 + \mathrm{j}\omega L_0}{G_0 + \mathrm{j}\omega C_0}} = \sqrt{\frac{L_0}{C_0}} \quad (\text{呈纯电阻特性})$$

根据以上分析可知,传输线的波阻抗 Z_c 可能为复数,但在特定条件下,可表现为纯电阻特性。

三、均匀无损耗传输线

用于传输信号的传输线,一般要求其结构均匀,分布电路参量 R_0、G_0、L_0、C_0 等为常数。

对于无损耗传输线,要求 $R_0=0$,$G_0=0$。这是一种理想化的传输线,实际上并不存在。一般传输线都是由良导体制成的,而且所用介质的高频损耗也很小,一般满足 $R_0 \ll \omega L_0$,$G_0 \ll \omega C_0$,很接近理想情况。需要指出的是,把实际问题理想化实质上是一种突出主要矛盾的科学观念。

在 $R_0=0$,$G_0=0$ 的条件下,有

$$\left.\begin{array}{l} \gamma=\sqrt{(j\omega L_0)(j\omega C_0)}=j\beta \\ \beta=\omega\sqrt{L_0 C_0} \\ \alpha=0 \\ Z_c=\sqrt{j\omega L_0/j\omega C_0}=\sqrt{L_0/C_0} \end{array}\right\} \tag{10-34}$$

这样式(10-22)可写成

$$\left.\begin{array}{l} \dot{U}(d)=\dfrac{1}{2}(Z_L+Z_c)\dot{I}_L e^{j\beta d}+\dfrac{1}{2}(Z_L-Z_c)\dot{I}_L e^{-j\beta d} \\ \dot{I}(d)=\dfrac{1}{2}\left(\dfrac{Z_L}{Z_c}+1\right)\dot{I}_L e^{j\beta d}-\dfrac{1}{2}\left(\dfrac{Z_L}{Z_c}-1\right)\dot{I}_L e^{-j\beta d} \end{array}\right\} \tag{10-35}$$

其双曲函数形式也转化为三角函数形式,即

$$\left.\begin{array}{l} \dot{U}(d)=\dot{U}_L\cos\beta d+jZ_c\dot{I}_L\sin\beta d \\ \dot{I}(d)=j\dfrac{\dot{U}_L}{Z_c}\sin\beta d+\dot{I}_L\cos\beta d \end{array}\right\} \tag{10-36}$$

将 β 代入相速度表达式,可知

$$v_p=\frac{1}{\sqrt{L_0 C_0}} \tag{10-37}$$

式(10-37)表明均匀无损耗传输线中不同频率的信号传输速度相同,即无频率失真,故为无色散系统。

四、低频时的传输线

由于传输线一般为良导体,低频时趋肤效应又不明显,可近似认为 $R_0=0$,$G_0=0$。根据前面计算可知,低频时,ωL_0 及 ωC_0 值与电路集总元件参数比较可忽略不计,即 $\omega L_0\approx 0$,$\omega C_0\approx 0$。这样,$\gamma=\alpha+j\beta\approx 0$。式(10-22)变为

$$\begin{cases} \dot{U}(d)=\dot{U}_L \\ \dot{I}(d)=\dot{I}_L \end{cases} \tag{10-38}$$

式(10-38)说明线上电压、电流与位置无关,分布参数电路特性已不明显,传输线可视为理想连接导线,而不显现波动性。

知识点六 均匀无损耗传输线的输入阻抗

输入阻抗是传输线的另一个重要参量,当传输线终端接有负载 Z_L 时,定义线上任一位

置 d 处的输入阻抗为

$$Z_{in}(d) = \frac{\dot{U}(d)}{\dot{I}(d)} \tag{10-39}$$

对于均匀无损耗传输线,由式(10-36)可得

$$Z_{in}(d) = Z_c \frac{Z_L \cos\beta d + jZ_c \sin\beta d}{Z_c \cos\beta d + jZ_L \sin\beta d} \tag{10-40}$$

式(10-40)表明,均匀无损耗传输线的输入阻抗不仅与所接负载 Z_L 和传输线固有分布参数 Z_0 相关,还与位置 d 及信号频率相关,这充分反映了分布参数电路的特点。下面通过例题对输入阻抗特性做进一步阐述。

例 10-2　若无损耗传输线终端接纯电阻负载,试求解传输线上输入阻抗为纯电阻的位置 d 满足的条件。

解　对无损耗传输线,Z_c 为纯电阻,由

$$
\begin{aligned}
Z_{in}(d) &= Z_c \frac{Z_L \cos\beta d + jZ_c \sin\beta d}{Z_c \cos\beta d + jZ_L \sin\beta d}\\
&= Z_c \frac{(Z_L \cos\beta d + jZ_c \sin\beta d)(Z_c \cos\beta d - jZ_L \sin\beta d)}{Z_c^2 \cos^2\beta d + Z_L^2 \sin^2\beta d}\\
&= \frac{Z_c^2 Z_L + j(Z_c^2 Z_c \sin\beta d \cos\beta d - Z_L^2 Z_c \sin\beta d \cos\beta d)}{Z_c^2 \cos^2\beta d + Z_L^2 \sin^2\beta d}
\end{aligned}
$$

得传输线上满足输入阻抗为纯电阻的位置条件为上式虚部为零。即

$$Z_c^2 Z_c \sin\beta d \cos\beta d - Z_L^2 Z_c \sin\beta d \cos\beta d = 0$$

(1) $Z_c = Z_L$,则 d 为任意值。

(2) $\sin\beta d = 0$ 即 $\beta d = n\pi$,n 为整数,则 $d = \frac{n}{2}\lambda$。

(3) $\cos\beta d = 0$ 即 $\beta d = \left(n + \frac{1}{2}\right)\pi$,$n$ 为整数,则 $d = \left(\frac{n}{2} + \frac{1}{4}\right)\lambda$。

本例旨在说明,即使负载为纯电阻负载,传输线上任意位置的输入阻抗也不一定是处处皆为纯电阻;另外说明传输线上存在某些特殊点,共输入阻抗具有纯电阻性。

例 10-3　均匀无损耗传输线的波阻抗 $Z_c = 50\ \Omega$,终端接 $100\ \Omega$ 纯电阻负载,求距负载端 $\frac{\lambda}{4}$、$\frac{\lambda}{2}$ 位置处的输入阻抗。

解　对无损耗传输线,输入阻抗满足

$$Z_{in}(d) = Z_c \frac{Z_L \cos\beta d + jZ_c \sin\beta d}{Z_c \cos\beta d + jZ_L \sin\beta d}$$

当距离为 $\frac{\lambda}{4}$ 时,$\beta d = \frac{2\pi}{\lambda} \cdot \frac{\lambda}{4} = \frac{\pi}{2}$,则

$$Z_{in}\left(\frac{\lambda}{4}\right) = \frac{Z_c^2}{Z_L} = \frac{50^2}{100} = 25\ \Omega$$

当距离为 $\frac{\lambda}{2}$ 时,$\beta d = \frac{2\pi}{\lambda} \cdot \frac{\lambda}{2} = \pi$,则

$$Z_{in}\left(\frac{\lambda}{2}\right) = Z_L = 100\ \Omega$$

由此例可知，$Z_{in}\left(\dfrac{\lambda}{4}\right)=\dfrac{Z_c^2}{Z_L}$，$Z_{in}\left(\dfrac{\lambda}{2}\right)=Z_L$，这一特性称为四分之一波长传输线的阻抗变换性和二分之一波长传输线的阻抗重复性，是无损耗传输线的一个重要特性。

例 10-4 均匀无损耗传输线的波阻抗 $Z_c=50\ \Omega$，终端接 $100\ \Omega$ 纯电阻负载，当分别传输频率 $f_1=50\ \text{MHz}$ 和频率 $f_2=100\ \text{MHz}$ 的信号时，试求传输线上距离负载端最近的具有阻抗变换性和阻抗重复性的点的具体位置，并给出该点输入阻抗。

解 （1）当信号源频率 $f_1=50\ \text{MHz}$ 时，

$$\lambda_1=\frac{v_p}{f_1}=\frac{3\times10^8}{50\times10^6}=6\ \text{m}$$

则传输线上距负载端 1.5 m 处，阻抗具有变换性，$Z_{in}=25\ \Omega$；距负载端 3 m 处，阻抗具有重复性，$Z_{in}=100\ \Omega$。

（2）当信号源频率 $f_2=100\ \text{MHz}$ 时，

$$\lambda_2=\frac{v_p}{f_2}=\frac{3\times10^8}{100\times10^6}\text{m}=3\ \text{m}$$

则传输线上距负载端 0.75 m 处，阻抗具有变换性，$Z_{in}=25\ \Omega$；距负载端 1.5 m 处，阻抗具有重复性，$Z_{in}=100\ \Omega$。

本例旨在说明在传输介质相同的情况下，信号频率也会影响无损耗传输线上的输入阻抗分布。

知识点七 终端接不同负载的传输线

传输线的功能就是有效地把信号或能量传送到终端，本知识点讨论传输线终端接不同负载时传输线的工作特性。

一、终端接匹配负载

对均匀无损耗传输线而言，当负载阻抗 $Z_L=Z_c$ 时，由式(10-22)可知，传输线上电压、电流分布表达式第二项为零，即反射波电压 $\dot{U}_r(d)$ 和反射波电流 $\dot{I}_r(d)$ 均为零，传输线上只存在入射波电压 $\dot{U}_i(d)$ 和入射波电流 $\dot{I}_i(d)$。我们称此时传输线工作于匹配状态，所接负载为匹配负载，其条件为 $Z_L=Z_c$。

传输线接匹配负载时，式(10-22)所表示的传输线上任意位置处的电压 $\dot{U}(d)$、电流 $\dot{I}(d)$ 可简化为

$$\left.\begin{array}{l}\dot{U}(d)=\dot{U}_i(d)\\[2mm]\dot{I}(d)=\dot{I}_i(d)=\dfrac{1}{Z_c}\dot{U}_i(d)\end{array}\right\}\tag{10-41}$$

线上任意位置处的输入阻抗为

$$Z_{in}(d)=\frac{\dot{U}(d)}{\dot{I}(d)}=\frac{\dot{U}_i(d)}{\dot{I}_i(d)}=Z_c=Z_L\tag{10-42}$$

即 $Z_{in}(d)$ 与位置 d 无关，恒等于负载 Z_L 或传输线的波阻抗 Z_c。这是匹配状态时传输线的重要性质之一。

当传输线与其负载匹配时,线上任意位置处向负载方向传送的功率为

$$P_{\mathrm{d}}=\frac{1}{2}\mathrm{Re}\big[\dot{U}(d)\dot{I}^{*}(d)\big]=\frac{1}{2}\mathrm{Re}\big[\dot{U}_{\mathrm{i}}(d)\dot{I}_{\mathrm{i}}^{*}(d)\big]=P_{\mathrm{i}} \tag{10-43}$$

可见,在匹配状态下,线上任意位置处向负载方向传送的功率 P_{d} 都等于入射功率 P_{i}。此时传输线传输效率最高。当传输线与其终端所接负载不匹配时,由于有反射波 $\dot{U}_{\mathrm{r}}(d)$、$\dot{I}_{\mathrm{r}}(d)$ 存在,$P_{\mathrm{d}}<P_{\mathrm{i}}$。

二、终端空载

当传输线终端空载时,$Z_{\mathrm{L}}\to\infty$,传输线处于开路状态,此时 $\dot{I}_{\mathrm{L}}\to 0$。根据式(10-35)可知,

$$\left. \begin{aligned} \dot{U}(0)&=\dot{U}_{\mathrm{L}}=\frac{1}{2}Z_{\mathrm{L}}\dot{I}_{L}+\frac{1}{2}Z_{\mathrm{L}}\dot{I}_{L}=\dot{U}_{\mathrm{i}}(0)+\dot{U}_{\mathrm{r}}(0)=2\dot{U}_{\mathrm{i}}(0) \\ \dot{I}(0)&=\dot{I}_{\mathrm{L}}=\dot{I}_{\mathrm{i}}(0)+\dot{I}_{\mathrm{r}}(0)=0 \end{aligned} \right\} \tag{10-44}$$

式(10-44)表明,在终端处反射波电压与入射波电压等幅同相位,而反射波电流与入射波电流在终端处等幅反相位。叠加的结果是电压相长,电流相消。可见,入射波电压、电流在传输终端发生全反射。由式(10-36)可得

$$\left. \begin{aligned} \dot{U}(d)&=\dot{U}_{\mathrm{L}}\cos\beta d \\ \dot{I}(d)&=\mathrm{j}\frac{\dot{U}_{\mathrm{L}}}{Z_{\mathrm{c}}}\sin\beta d \end{aligned} \right\} \tag{10-45}$$

由式(10-45)可知,传输线上电压、电流幅值分布虽然随位置变化而变化,但是任意位置处的幅值不随时间变化。传输线上有些位置,如 $d=0,\frac{\lambda}{2},\lambda\cdots$ 时,电压幅值最大,称为电压波腹点;由于电流最小,故也称为电流波节点。这些点的位置都是固定的,即波腹或波节等都不会沿轴向传播,这样的波称为驻波。它由沿线上两等幅反方向行进的波叠加而成,波动过程如图 10-10 所示。图中终端处是电压波腹(电流波节),由终端处沿传输线向信号源方向 $\lambda/4$ 处为电压波节(电流波腹)、$\lambda/2$ 处为电压波腹(电流波节),以此类推。

例 10-5 试求解满足式(10-45)的驻波沿线的传输功率 P_{d}。

解 本例有两种解法。

(1)根据功率计算公式。

$$P_{\mathrm{d}}=\frac{1}{2}\mathrm{Re}\big[\dot{U}(d)\dot{I}^{*}(d)\big]=\frac{1}{2}\mathrm{Re}\Big[\dot{U}_{\mathrm{L}}\cos\beta d\Big(-\mathrm{j}\frac{\dot{U}_{\mathrm{L}}}{Z_{0}}\sin\beta d\Big)\Big]=0$$

(2)根据功率计算公式。

$$P_{\mathrm{d}}=\frac{\sqrt{2}}{2}|\dot{U}(d)|\cdot\frac{\sqrt{2}}{2}|\dot{I}(d)|\cos\varphi=\frac{1}{2}|\dot{U}(d)||\dot{I}(d)|\cos\frac{\pi}{2}=0$$

可见,驻波状态不会传输能量。

由式(10-45)很容易求得空载时传输线上任意一点的输入阻抗为

$$Z_{\mathrm{in}}(d)=\frac{\dot{U}(d)}{\dot{I}(d)}=-\mathrm{j}Z_{\mathrm{c}}\cot\beta d=\mathrm{j}X_{\mathrm{in}}(d) \tag{10-46}$$

式(10-46)表明,终端开路的传输线的输入阻抗为纯电抗,其变化曲线如图 10-10 所示。

从图示可以看出,当 $0<d<\dfrac{\lambda}{4}$ 时,$X_{\text{in}}(d)$ 为负,表现为容抗;当 $\dfrac{\lambda}{4}<d<\dfrac{\lambda}{2}$ 时,$X_{\text{in}}(d)$ 为正,表现为感抗;当 $d=0,\dfrac{\lambda}{2}\cdots$ 时,电压为波腹点,且 $Z_{\text{in}}(d)=\infty$,相当于并联谐振;当 $d=\dfrac{\lambda}{4},\dfrac{3\lambda}{4}\cdots$ 时,电压为波节点,但电流为波腹点,且 $Z_{\text{in}}(d)=0$,相当于串联谐振。当改变线长 d 时,不仅可改变电抗值,还可以改变电抗极性,这一点很有用。在超短波段和微波段,常使用长度可变的开路线或短路线作为可变电抗器。

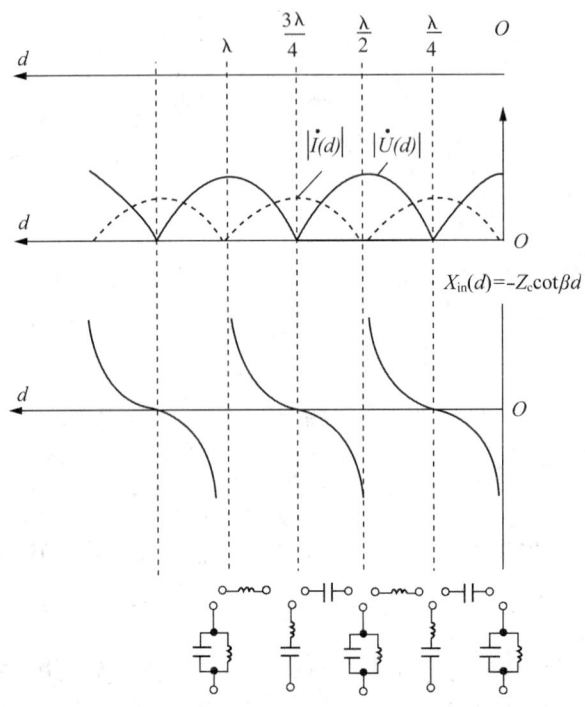

图 10-10 终端空载传输线沿线电压、电流幅值及输入阻抗的分布

三、终端短路

当传输线终端短路时,$Z_{\text{L}}\to0$,$\dot{I}_{\text{L}}$ 为有限值。根据式(10-35)可知

$$\left.\begin{aligned}\dot{U}(0)&=\dot{U}_{\text{L}}=\frac{1}{2}Z_{\text{L}}\dot{I}_{\text{L}}+\frac{1}{2}Z_{\text{L}}\dot{I}_{\text{L}}=0\\[2mm]\dot{I}(0)&=\dot{I}_{\text{L}}=\dot{I}_{\text{i}}(0)+\dot{I}_{\text{r}}(0)=2\dot{I}_{\text{i}}(0)=\frac{2\dot{U}_{\text{i}}(0)}{Z_{\text{c}}}\end{aligned}\right\} \tag{10-47}$$

式(10-47)表明,在终端处反射波电压与入射波电压等幅反相位,而反射波电流与入射波电流在终端处等幅同相位。叠加的结果是电压相消,电流相长,结果与开路时不同。由式(10-36)可得

$$\left.\begin{aligned}\dot{U}(d)&=\text{j}Z_{\text{c}}\dot{I}_{\text{L}}\sin\beta d\\[2mm]\dot{I}(d)&=\dot{I}_{\text{L}}\cos\beta d\end{aligned}\right\} \tag{10-48}$$

由式(10-48)可知,传输线上电压、电流也呈驻波分布,它也由沿线上两等幅反方向行进的波叠加而成。波动过程如图 10-11 所示。图中终端处是电压波节(电流波腹),由终端处沿

傳輸線向信號源方向 $\lambda/4$ 處為電壓波腹(電流波節)、$\lambda/2$ 處為電壓波節(電流波腹),以此類推。

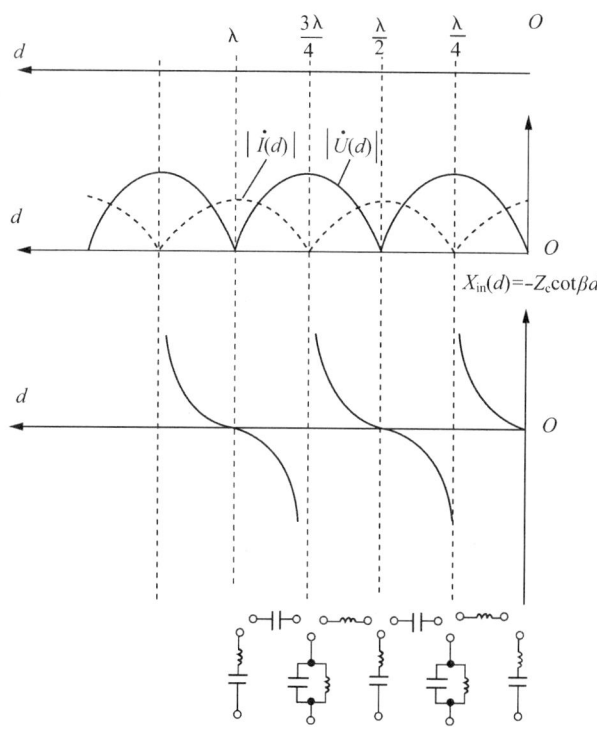

图 10-11 终端短路传输线沿线电压、电流幅值及输入阻抗的分布

例 10-6 试求解满足式(10-48)的驻波沿线的传输功率 P_d。

解 (1)根据功率计算公式。

$$P_d = \frac{1}{2}\text{Re}[\dot{U}(d)\dot{I}^*(d)] = \frac{1}{2}\text{Re}[jZ_c\dot{I}_L\sin\beta d \cdot \dot{I}_L\cos\beta d] = 0$$

(2)根据功率计算公式。

$$P_d = \frac{\sqrt{2}}{2}|\dot{U}(d)| \cdot \frac{\sqrt{2}}{2}|\dot{I}(d)|\cos\varphi = \frac{1}{2}|\dot{U}(d)||\dot{I}(d)|\cos\left(-\frac{\pi}{2}\right) = 0$$

可见,终端短路时形成驻波状态也不会传输能量。

由式(10-48)很容易求得终端短路时传输线上任意一点的输入阻抗为

$$Z_{in}(d) = \frac{\dot{U}(d)}{\dot{I}(d)} = jZ_c\tan\beta d = jX_{in}(d) \tag{10-49}$$

式(10-49)表明,终端短路的传输线的输入阻抗也为纯电抗,其变化曲线如图 10-11 所示。从图示可以看出,当 $0 < d < \frac{\lambda}{4}$ 时,$X_{in}(d)$ 为正,表现为感抗;当 $\frac{\lambda}{4} < d < \frac{\lambda}{2}$ 时,$X_{in}(d)$ 为负,表现为容抗;当 $d = 0,\frac{\lambda}{2}\cdots$ 时,电流为波腹点,且 $Z_{in}(d) = 0$,相当于串联谐振;当 $d = \frac{\lambda}{4}$,$\frac{3\lambda}{4}\cdots$ 时,电压为波腹点,电流为波节点,且 $Z_{in}(d) = \infty$,相当于并联谐振。当改变线长 d 时,也可改变电抗值和电抗极性。

根据以上分析可知,终端开路或短路都可以使传输线上的电压和电流呈现驻波分布。

若终端接纯电抗负载,也会使传输线上的电压和电流呈现驻波分布。这可以这样解释:终端开路或短路的传输线,其输入阻抗均为纯电抗,若传输线接纯电抗负载,则相当于在线终端处接入一段终端开路或短路的传输线。这相当于负载端延长一段长度的开路或短路线,沿线电压、电流幅值分布与终端开路或短路时不同之处,只是在于线终端处不是电压、电流的波腹或波节。其理论推导这里不再赘述。

例 10-7 已知无损耗传输线 $Z_c = 50\ \Omega$,传输信号频率 $f = 300\ \mathrm{MHz}$,试求终端短路时传输线上距离负载最近的电压波腹位置和该位置的输入阻抗。

解 (1) 由于传输线终端短路,故第一个电压波腹位置在 $d_{\mathrm{max1}} = \dfrac{\lambda}{4}$ 处。

由
$$v = \lambda f$$

得
$$\lambda = \frac{v}{f} = \frac{3.0 \times 10^8}{300 \times 10^6} = 1\ \mathrm{m}$$

即
$$d_{\mathrm{max1}} = \frac{\lambda}{4} = 0.25\ \mathrm{m}$$

(2) 该点输入阻抗为

$$Z_{\mathrm{in}}\left(d = \frac{\lambda}{4}\right) = \mathrm{j}Z_c \tan\beta d = \mathrm{j}50 \times \tan\frac{\pi}{2} = \infty$$

这一点也可以利用四分之一波长线的阻抗变换性来证明。

🔄 实践应用

前面对分布参数电路及其典型用例——传输线的特性做了简要分析。不难发现分布参数电路要比集总电路复杂,但其在电子与通信工程设计中经常遇到,理解和掌握分布参数电路非常必要。下面结合实践对分布参数电路的应用做进一步分析。

例 10-8 如图 10-12 所示传输线,线长 300 km,每单位长度参数 $R_0 = 0.1\ \Omega/\mathrm{km}$, $G_0 = 4 \times 10^{-5}\ \mathrm{S/km}$。若始端激励电源为 100 V 直流电源,当终端短路时,试求稳态后终端的电流 $\dot{I}_L$。

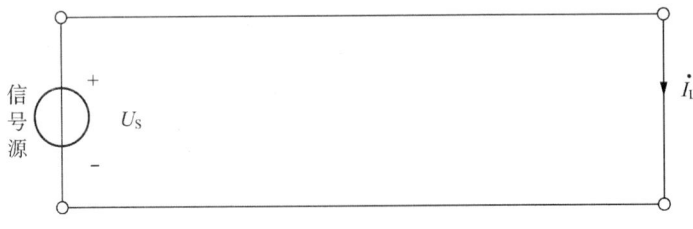

图 10-12　例 10-8 图

解 因激励源为直流,稳态后电压、电流不随时间变化,即

$$\frac{\partial u(z,t)}{\partial t} = 0,\quad \frac{\partial i(z,t)}{\partial t} = 0$$

则电报方程变为

$$\begin{cases} -\dfrac{\mathrm{d}u(z)}{\mathrm{d}z} = R_0 i(z) \\[2mm] -\dfrac{\mathrm{d}i(z)}{\mathrm{d}z} = G_0 u(z) \end{cases}$$

消元后,得

$$\frac{\mathrm{d}^2 u(z)}{\mathrm{d}z^2}=R_0 G_0 u(z)$$

令 $a=\sqrt{R_0 G_0}=2\times 10^{-3}/\mathrm{km}$,解得

$$u(z)=A_1 \mathrm{e}^{-az}+A_2 \mathrm{e}^{az}$$

其边界条件为 $u(z=0)=100\ \mathrm{V}, u(z=300\ \mathrm{km})=0\ \mathrm{V}$,得

$$A_1+A_2=100$$

$$A_1 \mathrm{e}^{-0.6}+A_2 \mathrm{e}^{0.6}=0$$

解得

$$A_1=143.126, A_2=-43.126$$

由方程知

$$\dot{I}_\mathrm{L}=\frac{1}{R_0}\left(-\frac{\mathrm{d}u}{\mathrm{d}z}\right)\bigg|_{z=300}$$

$$=\frac{1}{0.1}(2\times 10^{-3}\times 143.126\times \mathrm{e}^{-0.6}+43.126\times 2\times 10^{-3}\times \mathrm{e}^{0.6})\ \mathrm{A}$$

$$=3.14\ \mathrm{A}$$

本例如果采用集总电路求解,集总电路如图 10-13 所示,集总电阻 $R=30\ \Omega$,可求得

$$\dot{I}_\mathrm{L}=\frac{100}{30}\approx 3.33\ \mathrm{A}$$

很明显,两者存在误差,这种误差是由于电路模型建立不准确引起的。对于分布参数电路,不能直接采用集总电路分析。

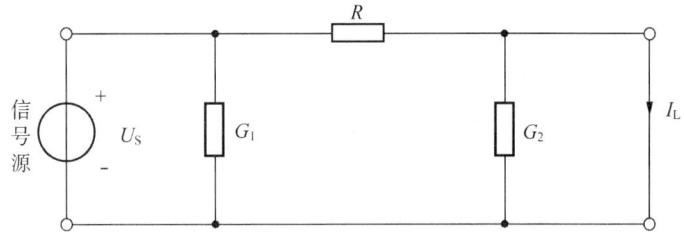

图 10-13　分布参数电路存在误差的集总模型

　　例 10-9　图 10-14 所示为一传输线网络,其中 $AB=BD=150\ \mathrm{m}, BC=300\ \mathrm{m}$,各段传输线波阻抗均为 $Z_\mathrm{c}=150\ \Omega$。传输线 CC' 端开路,DD' 端接纯电阻负载,$Z_\mathrm{L}=300\ \Omega$。若传输电信号的频率分别为 $f_1=1\ \mathrm{MHz}$ 和 $f_2=500\ \mathrm{kHz}$,求传输线 AA' 端的输入阻抗。

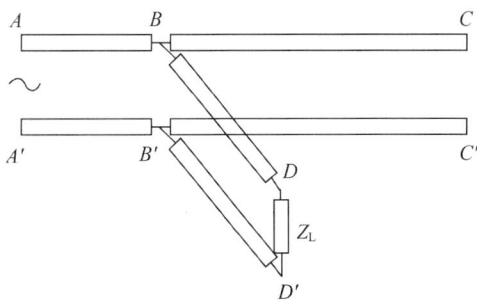

图 10-14　例 10-9 图

解　(1) 当传输信号 $f_1 = 1\ \text{MHz}$ 时,可得

$$\lambda_1 = \frac{v}{f_1} = \frac{3.0 \times 10^8}{1 \times 10^6} = 300\ \text{m}$$

因此

$$AB = BD = 150\ \text{m} = \frac{\lambda_1}{2},\ BC = 300\ \text{m} = \lambda_1$$

直接利用 $\lambda/2$ 传输线的阻抗重复性,则传输线 BC 和 BD 分别在 BB' 点引入的输入阻抗为

$$Z_{BB'1} = \infty,\ Z_{BB'2} = 300\ \Omega$$

得

$$Z_{BB'} = Z_{BB'1} /\!/ Z_{BB'2} = \frac{300 \times \infty}{300 + \infty} = 300\ \Omega$$

$$Z_{AA'} = 300\ \Omega$$

(2) 当传输信号 $f_2 = 500\ \text{kHz}$ 时,可得

$$\lambda_2 = \frac{v}{f_2} = \frac{3.0 \times 10^8}{5 \times 10^5} = 600\ \text{m}$$

$$AB = BD = 150\ \text{m} = \frac{\lambda_2}{4},\ BC = 300\ \text{m} = \frac{\lambda_2}{2}$$

直接利用 $\lambda/2$ 传输线的阻抗重复性和 $\lambda/4$ 传输线的阻抗变换性,则

$$Z_{BB'1} = \infty \text{ 和 } Z_{BB'2} = \frac{Z_c^2}{Z_L} = \frac{150^2}{300} = 75\ \Omega$$

得

$$Z_{BB'} = Z_{BB'1} /\!/ Z_{BB'2} = \frac{75 \times \infty}{75 + \infty} = 75\ \Omega$$

$$Z_{AA'} = \frac{Z_c^2}{Z_{BB'}} = \frac{150^2}{75} = 300\ \Omega$$

本例体现了输入阻抗的求解方法,希望读者举一反三。

例 10-10　如图 10-15 所示为一节四分之一波长线阻抗变换器。已知传输线波阻抗为 Z_{c1},负载为纯电阻,$Z_L = R_L$,但 $Z_L \neq Z_{c1}$,不匹配。若在负载与传输线间接入一段 $\dfrac{\lambda}{4}$ 传输线,其波阻抗为 Z_c,可实现匹配。请简要分析其工作原理。

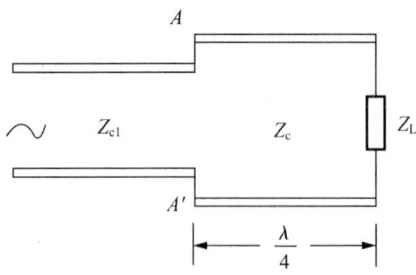

图 10-15　四分之一波长线阻抗变换器

解　根据传输线输入阻抗公式

$$Z_{\text{in}}(d) = Z_c \frac{Z_L \cos\beta d + \text{j}Z_c \sin\beta d}{Z_c \cos\beta d + \text{j}Z_L \sin\beta d}$$

可知,当传输线长为四分之一波长时,有

$$Z_{in}\left(\frac{\lambda_0}{4}\right)=\frac{Z_c^2}{Z_L} \tag{10-50}$$

称为四分之一波长线的阻抗变换性。当 $Z_L=R_L$ 时,四分之一波长传输线段就把 R_L 转换成另一纯电阻 $\frac{Z_c^2}{R_L}$。选择合适的 Z_c 值,可使 $\frac{Z_c^2}{R_L}$ 与前接信号源的传输线波阻抗 Z_{c1} 相等,从而实现传输线与负载的匹配。

四分之一波长线阻抗变换器的工作原理与波长 λ_0 相关。当其按照某一波长 λ_0 设计并接入后,匹配段长度 $l_0=\frac{\lambda_0}{4}$,若这时传输线传送其他波长信号,$l_0\neq\frac{\lambda}{4}$,即四分之一波长线 l_0 相对波长 λ 不再为四分之一波长。所以,严格地讲四分之一波长线阻抗变换器只对一个频率 f_0 准确,可以实现理想匹配。当信号源频率改变时匹配将被破坏。

从原则上讲,四分之一波长阻抗变换匹配方法适合匹配纯电阻负载。若负载不是纯电阻,可在负载上并接一长度可调的短路线,因短路线为纯电抗,可以抵消负载阻抗 Z_L 的电抗,从而实现匹配。

例 10-11　图 10-16 所示为适合于非纯电阻负载的一节四分之一波长线阻抗变换器。已知传输线波阻抗为 Z_{c1},变换传输线波阻抗为 Z_c,负载为 $Z_L=R_L+jX_L$。请简要分析其工作原理。

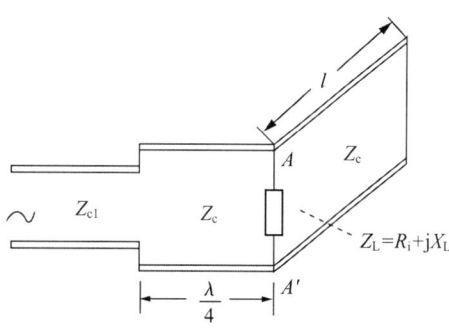

图 10-16　非纯电阻负载四分之一波长线阻抗变换器

解　在例 10-10 中已经分析了纯电阻负载的匹配原理,本例只要在负载端实现纯电阻特性,就可按上例原理进行匹配。因此,本题的实质在于对负载电抗部分进行抵消。考虑短路线与负载为并接,变为导纳计算较为方便。有

$$Y_{c1}=\frac{1}{Z_{c1}},Y_c=\frac{1}{Z_c},Y_L=\frac{1}{Z_L}=G_L+jB_L$$

当终端短路时,有

$$Z_{in}(d)=jZ_c\tan\beta d=jX_{in}(d)$$
$$Y_{in}(d)=jB_{in}(d)$$

考虑并联,则负载点的输入导纳为

$$Y_{in}(AA')=Y_L // Y_{in}(l)=G_L+jB_L+jB_{in}(l) \tag{10-51}$$

若使 $Y_{in}(AA')$ 为纯电阻,要求:

$$B_L+B_{in}(l)=0 \tag{10-52}$$

例 10-12　在图 10-16 中,若已知 $\lambda=6$ m,传输线波阻抗为 $Z_{c1}=150\ \Omega$,变换传输线波阻

抗为 Z_c ,负载为 $Y_L = (0.02 - j0.02)$ S。试计算实现匹配时 Z_c 和 l 的值。

解 根据式(10-52)知

$$B_{in}(l) = -B_L = -(-0.02)S = 0.02 \text{ S}$$

又因为 $Z_{in}(l) = jZ_c \tan(\frac{2\pi}{\lambda}l)$,所以

$$B_{in}(l) = \frac{1}{jZ_{in}(l)} = -\frac{1}{Z_c}\cot\left(\frac{2\pi}{\lambda}l\right) = 0.02 \text{ S}$$

考虑短路线的抵消作用后,有

$$Y_{in}(AA') = G_L = 0.02 \text{ S}$$

即

$$Z_{in}(AA') = \frac{1}{Y_{in}(AA')} = 50 \ \Omega$$

若实现匹配,则根据式(10-50)可知

$$\frac{Z_c{}^2}{Z_{in}(AA')} = 150 \ \Omega$$

求得

$$Z_c = 50\sqrt{3} \ \Omega$$

$$\cot\left(\frac{2\pi}{6}l\right) = -\sqrt{3}$$

$$l = 2.5 \text{ m}$$

例 10-13 在微波技术中,人们利用阻抗变换原理制作波导抗流连接器来实现波导连接。图 10-17 所示为连接器纵向截面图,已知 $l_1 = l_2 = \frac{\lambda}{4}$,试解释其工作原理。

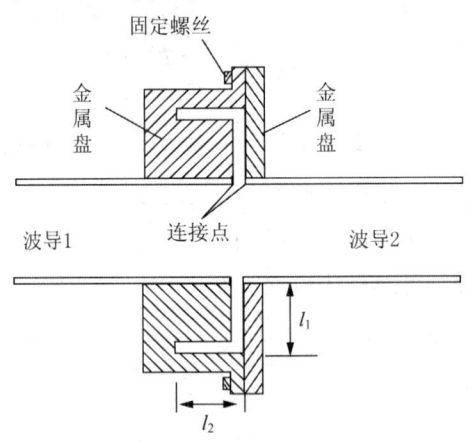

图 10-17 波导抗流连接器纵向截面图

解 从图示看出,两段连接波导的内口并不直接接触,而是留有一很小的缝隙。圆槽的深度 $l_2 = \frac{\lambda}{4}$,圆槽与波导壁内表面的距离 $l_1 = \frac{\lambda}{4}$ 。这样对传输信号的中心频率来说,连接器形成的缝长 $l = l_1 + l_2 = \frac{\lambda}{2}$ 。由于连接器由良导体制作,从波导连接点看进去,金属缝线长

$l=l_1+l_2=\dfrac{\lambda}{2}$，终端短路（$Z_L=0$）的传输线，波导连接点处则是二分之一波长短路线的输入端，利用阻抗重复性，易得波导连接点的输入阻抗为 $Z_{in}\left(l=\dfrac{\lambda}{2}\right)=0$，从而实现了良好的电连接。

分布参数电路原理在电子通信工程上应用广泛，本部分只是举几个实例加以说明，希望读者举一反三。

单元小结

（1）分布参数电路的分析是电路分析的重要内容之一。它的突出特点就是参量的分布特性。分析它的理论基础是采用集总的思想将分布参数电路分析转化为集总的电路分析，这使得分布参数电路模型的建立成为关键。

（2）分布参数电路模型是将分布参数电路看作由无限多按空间位置分布的微元段组成的网络电路，每个微元段内电路参量采用集总电路模型来处理。

（3）分布参数电路方程的解为

$$\begin{cases} \dot{U}(z)=A_1\mathrm{e}^{-\gamma z}+A_2\mathrm{e}^{\gamma z} \\ \dot{I}(z)=\dfrac{1}{Z_c}(A_1\mathrm{e}^{-\gamma z}-A_2\mathrm{e}^{\gamma z}) \end{cases}$$

方程的解表明采用分布参数电路传输信号时电路参量分布明显呈现波动性。

（4）均匀无损耗传输线是理想化的传输线，若激励源为正弦信号源，则沿线电压和电流分布也呈正弦变化；且传输线任意一点处的电压或电流，都是由传播方向相反的入射波与反射波叠加而成。

（5）输入阻抗是分布参数电路的重要特性，均匀传输线上任一位置处的输入阻抗满足

$$Z_{in}(d)=Z_0\dfrac{Z_L\cos\beta d+\mathrm{j}Z_0\sin\beta d}{Z_0\cos\beta d+\mathrm{j}Z_L\sin\beta d}$$

（6）匹配状态是传输线的最佳工作状态，其实现条件为 $Z_L=Z_c$。使传输线与其终端所接负载匹配的方法，可利用四分之一波长线的阻抗变换性质，严格意义上讲这种匹配只对一个频率是准确的。

（7）分布参数电路在电子、通信技术中应用广泛。

单元练习

1.无损耗双线传输线,$L_0 = 1.655$ nH/mm,$C_0 = 0.666$ pF/mm,介质为空气。求其波阻抗 Z_0,并计算工作频率分别为 100 Hz、100 MHz 时,每单位线长引入的串联电抗和并联电纳。

2.传送电力的传输线和传输信号的传输线有什么不同?

3.计算图 10-18 所示无损耗传输线网络各点的输入阻抗。

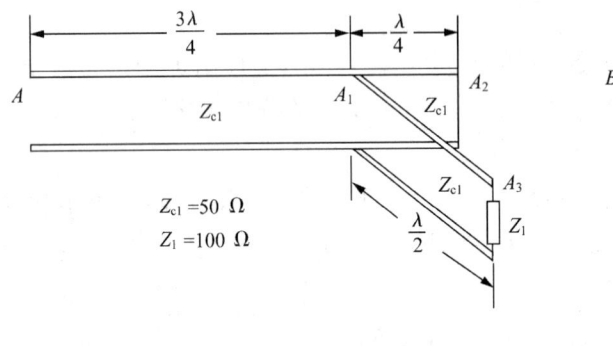

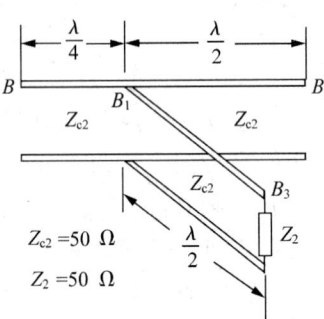

图 10-18

4.均匀无损耗传输线波阻抗 $Z_c = 150$ Ω,线长 3 m,若工作频率为 300 MHz,试画出终端开路、终端短路和终端匹配时,电压、电流和输入阻抗沿线分布图。

5.试证明无损耗传输线的电压波腹点或波节点输入阻抗为纯电阻。

6.对非纯电阻负载,可否在电压波腹点或波节点接入四分之一波长线以实现匹配?为什么?

附　　录

附录 A　PSpice 简介

PSpice 是一个电路通用分析程序,也是 EDA 中的重要组成部分,其主要功能是对电路进行模拟和仿真。该软件的前身是 SPICE(Simulation Program with Integrated Circuit Emphasis),由美国加州大学伯克利分校于 1972 年研制。1984 年,Microsim 公司推出了基于 SPICE 的微机版本 PSpice (Personal-SPICE),此后各种版本的 SPICE 不断问世,功能也越来越强。进入 20 世纪 90 年代后,随着计算机软件的发展,特别是 Windows 操作系统的广泛流行,PSpice 出现了可在 Windows 环境下运行的 5.1、6.1、6.2、8.0 等版本。这些版本均采用图形输入方式,操作界面更加直观,分析功能更强,元器件参数库及宏模型库也更加丰富。1998 年 1 月,著名的 EDA 公司——OrCAD 公司与开发 PSpice 软件的 Microsim 公司实现了强强联合,于 1998 年 11 月推出了最新版本 OrCAD/PSpice 9。

1. OrCAD/PSpice 9 可模拟的电路元器件

(1) 基本无源元件,如电阻、电容、电感、传输线等。
(2) 常用的半导体器件,如二极管、双极晶体管、结型场效应管、MOS 管等。
(3) 独立电压源和独立电流源。
(4) 各种受控电压源、受控电流源和受控开关。
(5) 基本数字电路单元,如门电路、传输门、触发器、可编程逻辑阵列等。
(6) 常用单元电路,如运算放大器、555 定时器等。

在这里集成电路可作为一个单元电路整体出现在电路中,而不必考虑该单元电路的内部结构。

2. OrCAD/PSpice 9 可分析的电路特性

(1) 直流分析,包括静态工作点、直流灵敏度、直流传输特性和直流特性扫描分析。
(2) 交流分析,包括频率特性和噪声特性分析。
(3) 瞬态分析,包括瞬态响应分析和傅里叶分析。
(4) 参数扫描,包括温度特性分析和参数扫描分析。
(5) 统计分析,包括蒙特卡洛分析和最坏情况分析。
(6) 逻辑模拟,包括逻辑模拟、数模混合模拟和最坏情况时序分析。

3. OrCAD/PSpice 9 的配套软件

OrCAD 是一个软件包,进行电路模拟分析的核心软件是 PSpice A/D。为使模拟工作做得更快更好,OrCAD 软件包还提供了以下 5 个配套软件与之相配合。

(1) 电路图生成软件:其主要功能是以人机交互方式在屏幕上绘制电路图,设置电路中元器件的参数,生成多种格式要求的电连接网表。

(2) 激励信号编辑软件:其主要功能是以人机交互方式生成电路模板中需要的各种激励信号源。

(3) 模型参数提取软件:其主要功能是提取来自厂家的器件的数据信息,生成 PSpice 模拟时所需要的模型参数。

(4) 波形显示和分析模块:其主要功能是将 PSpice 的分析结果用图形显示出来。不仅能显示电压、电流这些基本电路参量的波形,还可以显示由基本参量组成的任意表达式的波形,所以有"示波器"之称。该模块还能对模拟结果进行再加工,以提取更多的信息。

(5) 优化程序:其主要功能是自动调整元器件的参数设计值,使电路的特性得到改善,实现电路的优化设计。

附录 B-1　复数的发展历史

实数和虚数统称为复数。

意大利米兰学者卡当(Jerome Cardan)在 1545 年发表的《重要的艺术》一书中,公布了三次方程的一般解法,后人称之为"卡当公式"。他是第一个把负数的平方根写到公式中的数学家。给出"虚数"这一名称的是法国数学家笛卡儿(1596—1650 年),从此,虚数才流传开来。欧拉在 1748 年发现了有名的关系式,他在《微分公式》(1777 年)一文中第一次用 i 来表示−1 的平方根,首创了用符号 i 作为虚数的单位。"虚数"实际上不是想象出来负号的,而是确实存在的。

德国数学家高斯在 1806 年公布了虚数的图像表示法,即所有实数都能用一条数轴表示;同样,虚数也能用平面上的一个点来表示。在直角坐标系中,横轴上取对应实数 a 的点 A,纵轴上取对应实数 b 的点 B,并过这两点引平行于坐标轴的直线,它们的交点 C 就表示复数 $a+bi$。由各点都对应复数的平面称为"复平面",后来又称"高斯平面"。高斯还将表示平面上同一点的两种不同方法——直角坐标法和极坐标法加以综合,如附图 1、附图 2 所示,把数轴上的点与实数一一对应,扩展为平面上的点与复数一一对应。此时复数不仅可以看作平面上的点,而且可作为一种向量,又利用复数与向量之间一一对应的关系,则可描述复数的几何加法与乘法。

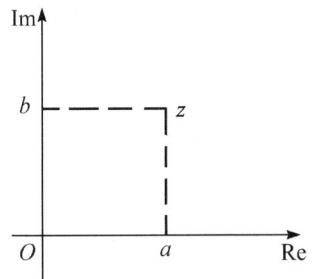

附图 1　复数的直角表示

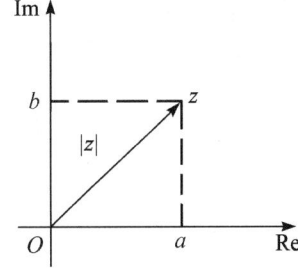

附图 2　复数的向量表示

随着科学和技术的进步,复数理论已越来越显出它的重要性,它不但对数学本身的发展有着极其重要的意义,而且在工程建设中发挥着巨大的作用,人们利用复数的知识解决了很多难以解决的工程问题。可以说,复数对人类的进步有着很大的贡献。

设 z 是一个复数,则

$$z=a+bi$$

式中,a,b 为实数;i 满足 $i^2=-1$,因为任何实数的平方不等于−1,所以 i 不是实数,而是实数以外的新的数,规定为虚数单位。在复数 $a+bi$ 中,a 称为复数的实部,b 称为复数的虚部,复数的实部和虚部分别用 Re 和 Im 表示,即 $\text{Re}[z]=a$,$\text{Im}[z]=b$。当虚部等于零时,这个复数就是实数;当虚部不等于零时,这个复数称为虚数,虚数的实部如果等于零,则称为纯虚数。由此可知,复数集包含了实数集,因而是实数集的扩张。

附录 B-2　复数的代数运算

两个复数 $z_1 = a + bi$，$z_2 = c + di$ 的四则运算规定为：

$z_1 + z_2 = (a + bi) + (c + di) = (a + c) + (b + d)i$；

$z_1 - z_2 = (a + bi) - (c + di) = (a - c) + (b - d)i$；

$z_1 \cdot z_2 = (a + bi) \cdot (c + di) = (ac - bd) + (bc + ad)i$（$c$ 与 d 不同时为零）；

$z_1 / z_2 = (a + bi)/(c + di) = [(ac + bd)/(c^2 + d^2)] + [(bc - ad)/(c^2 + d^2)](c + di)$ 不等于 0）。

复数有多种表示形式，常用形式 $z = a + bi$ 称为代数式。

此外有下列形式：

(1) 几何形式。复数 $z = a + bi$ 用直角坐标平面上的点 $Z(a, b)$ 表示。这种形式使复数的问题可以借助图形来研究。也可反过来用复数的理论解决一些几何问题。

(2) 向量形式。复数 $z = a + bi$ 用一个以原点 O 为起点，点 $Z(a, b)$ 为终点的向量 OZ 表示。这种形式使复数的加、减法运算得到恰当的几何解释。

(3) 三角形式。复数 $z = a + bi$ 化为三角形式：

$$z = r(\cos\theta + i\sin\theta)$$

式中，$r = \sqrt{a^2 + b^2}$，称为复数的模（或绝对值）；θ 是以 x 轴为始边、向量 OZ 为终边的角，称为复数的辐角。这种形式便于做复数的乘、除、乘方、开方运算。

(4) 指数形式。将复数的三角形式 $z = r(\cos\theta + i\sin\theta)$ 中的 $\cos\theta + i\sin\theta$ 换为 $e^{i\theta}$，复数就表为指数形式：

$$z = re^{i\theta}$$

复数三角形式的运算：

设复数 z_1、z_2 的三角形式分别为 $r_1(\cos\theta_1 + i\sin\theta_1)$ 和 $r_2(\cos\theta_2 + i\sin\theta_2)$，那么

$$z_1 z_2 = r_1 r_2 [\cos(\theta_1 + \theta_2) + i\sin(\theta_1 + \theta_2)]$$

$$z_1 \div z_2 = r_1 \div r_2 [\cos(\theta_1 - \theta_2) + i\sin(\theta_1 - \theta_2)]$$

若复数 z 的三角形式为 $r(\cos\theta + i\sin\theta)$，那么

$$z^n = r^n(\cos n\theta + i\sin n\theta), \quad z^{\frac{1}{n}} = r^{\frac{1}{n}}[\cos(2k\pi + \theta)/n + i\sin(2k\pi + \theta)/n] \quad (k = 1, 2, 3, \cdots)$$

必须注意：z 的 n 次方根是 n 个复数。

复数的乘、除、乘方、开方可以按照幂的运算法则进行。复数集不同于实数集的几个特点是：开方运算永远可行；一元 n 次复系数方程总有 n 个根（重根按重数计）；复数不能建立大小顺序。

例　设 n 为不超过 $1\,000$ 的正整数，若有一个角 θ，满足 $(\sin\theta + i\cos\theta)^n = \sin n\theta + i\cos n\theta$，求满足条件的 n 值的个数。

解　因为 $\sin\theta + i\cos\theta$ 不是复数的三角式，故应把 $\sin\theta + i\cos\theta$ 化成三角式。

由　　　　　　　　　　　$\sin\theta + i\cos\theta = \cos(\dfrac{\pi}{2} - \theta) + i\sin(\dfrac{\pi}{2} - \theta)$

及　　　　　　　　　　　$(\sin\theta + i\cos\theta)^n = \sin n\theta + i\cos n\theta$

得　　　　　　　　　　　$[\cos(\dfrac{\pi}{2} - \theta) + i\sin(\dfrac{\pi}{2} - \theta)]^n = \sin n\theta + i\cos n\theta$

>>>>>>>

即
$$
\left.
\begin{array}{l}
\cos(\dfrac{n\pi}{2}-n\theta)=\sin n\theta \\[3mm]
\sin(\dfrac{n\pi}{2}-n\theta)=\cos n\theta
\end{array}
\right\}
\qquad (*)
$$

于是，再计算在不超过 1 000 的正整数中，有多少个 n 值能使（＊）式成立。

由三角知识有 $n=1$ 时，（＊）式成立；再考虑到诱导公式，知 $n=5,9,13,\cdots$ 时，（＊）式也成立。

由等差数列的知识有
$$
1+(n-1)\cdot 4\leqslant 1\,000
$$

即
$$
n\leqslant 249.75+1
$$

故 n 的总个数为 250。

附录 C　复习、检查用题

C-1　某电压源的开路电压 U_0 为 9 V，短路电流 I_S 为 3 A。求当此电压源外接 6 Ω 负载电阻时，负载所消耗的功率。

C-2　如附图 3 所示电路，电流、电压方向如图所示。

（1）已知 $i=3$ A，支路吸收的功率为 9 W，求电压 u。

（2）已知 $u=5$ V，支路产生的功率为 -9 W，求电流 i。

（3）已知 $i=1$ A，支路吸收的功率为 -4 W，求电压 u。

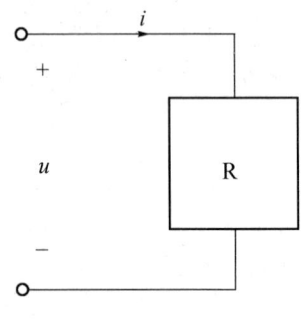

附图 3

C-3　如附图 4 所示电路中，已知 $U=25$ V，$R_L=200$ Ω，$R_1=50$ Ω。

（1）求负载 R_L 所获得的功率。

（2）调节负载电阻 R_L 使它获得的功率最大，问 R_L 应为何值？最大功率是多少？

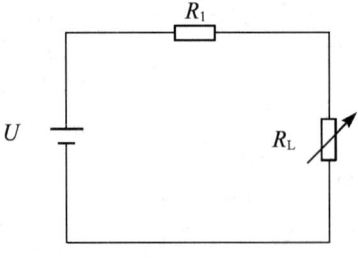

附图 4

C-4　在如附图 5 所示的电路中，电源电压 $U=10$ V，$R_1=2$ Ω，$R_2=4$ Ω，$R_3=6$ Ω，$R_4=3$ Ω，求 R_3 两端的电压和流过 R_2 的电流。

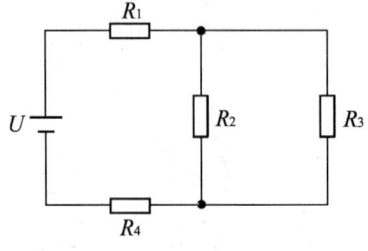

附图 5

C-5 用支路电流法求附图 6 所示电路中各支路电流。

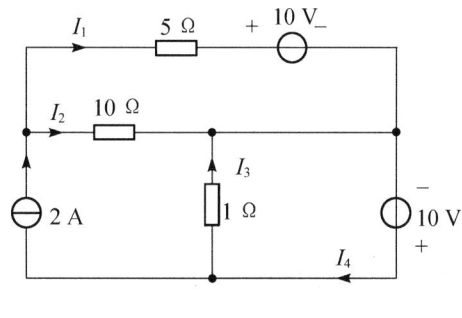

附图 6

C-6 用弥尔曼定理求附图 7 所示电路中 a 点电位。

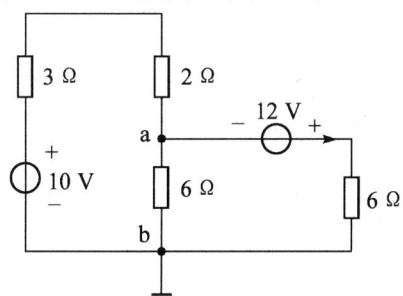

附图 7

C-7 一个 10 V 的理想电压源在下列不同情况下将输出多少功率？

（1）将它开路。

（2）接有电阻为 1 Ω 的负载。

（3）将它短路，并说明与实际电压源的短路情况是否一样？

C-8 用戴维南定理求如附图 8 所示电路中 2 Ω 电阻上的电功率。

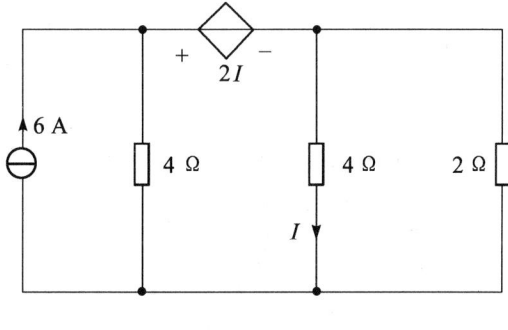

附图 8

C-9 利用诺顿定理求如附图 9 所示电路中的电压 u。

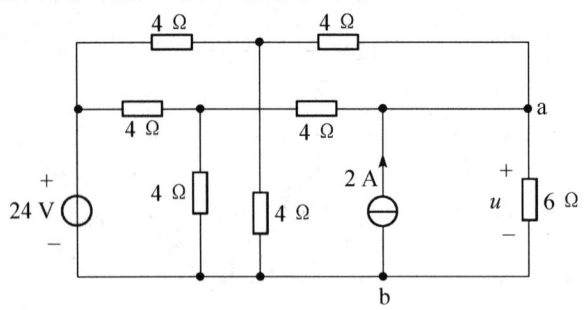

附图 9

C-10 如附图 10 所示电路中,开关 S 在 $t=0$ 时动作,试求电路在 $t=0^+$ 时刻电压、电流的初始值。

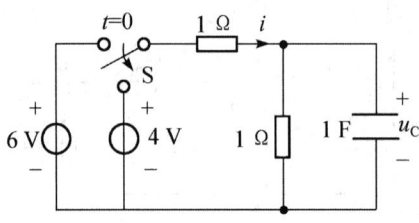

附图 10

C-11 如附图 11 所示电路中,开关 S 在 $t=0$ 时动作,试求电路中 R、L、C 元件电压、电流在 $t=0^+$ 时刻的值。

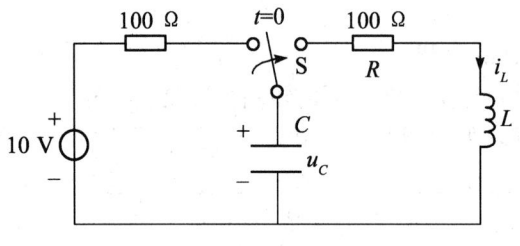

附图 11

C-12 在如附图 12 所示的一阶电路中,开关打开前,电路处于稳态。在 $t=0$ 时,将开关打开。求开关打开后电路的全响应 $u_C(t)$、$i_C(t)$。

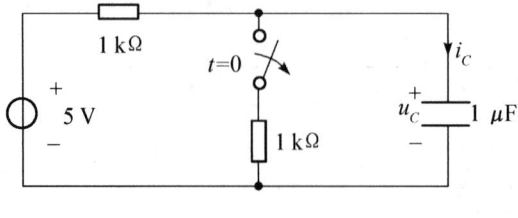

附图 12

C-13 一个正弦电压,初相为 $\dfrac{\pi}{6}$ rad,当 $t=\dfrac{T}{2}$ 时,其瞬时电压值为 -100 V,试求该电压的有效值 U。

C-14　写出下列正弦信号的相量形式,并画出相量图。

(1)　$i = 5\cos(100t + 45°)\text{A}$。

(2)　$i = 2\cos(100\pi t + 30°)\text{A}$。

(3)　$u = 6\cos(10t - 60°)\text{V}$。

(4)　$u = -9\cos(20t - 160°)\text{V}$。

C-15　如附图 13 所示为 RLC 串联电路的相量模型电路,已知 $\dot{U} = 10\angle 0°\text{V}$,求电压相量 $\dot{U}_R, \dot{U}_C, \dot{U}_L$,并画出相量图。

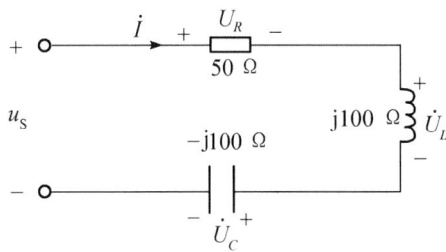

附图 13

C-16　如附图 14 所示电路,已知 $L = 100\ \mu\text{H}, C = 10\ \text{pF}, R = 25\ \Omega$,电流源 $I_\text{S} = 2\ \text{mA}$,内阻 $R_\text{S} = 30\ \text{k}\Omega$。

(1)　试求并联回路的谐振频率 ω_0、品质因数 Q 和谐振阻抗 z_0。

(2)　若并联回路已对电源频率谐振,求并联回路中的 I_{L0} 和 I_{C0} 及并联回路两端电压 U_0。

(3)　结合并联谐振原理对结果进行讨论。

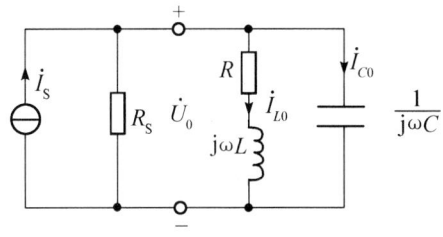

附图 14

C-17　已知 RLC 串联回路,$L = 10\ \mu\text{H}, C = 0.01\ \mu\text{F}, R = 0.1\ \Omega$,求通频带 B。若 R 变为 $1\ \Omega$,其他条件不变,则通频带 B 变为多少?

C-18　已知两个具有互感的线圈如附图 15 所示。试判断开关闭合时或开关断开时毫伏表的偏转方向。

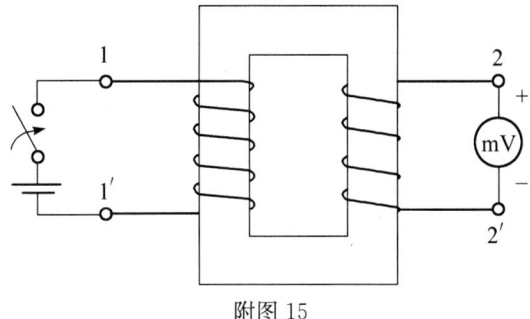

附图 15

C-19 如附图 16 所示为理想变压器,已知 $\dot{U}_S=220$ V,负载电阻 $R_L=4$ Ω,为使负载获得最大功率,求理想变压器的变比 n。

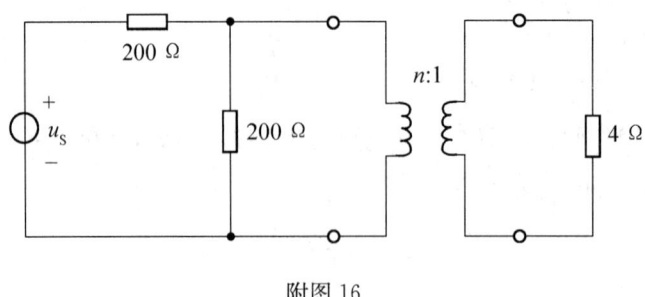

附图 16

C-20 有一台额定电压为 3 000 V/220 V 的降压变压器,副边接一盏 220 V、40 W 的灯泡,变压器的效率为 98%,求灯泡点亮后原、副边的电流。若原边绕组为 200 匝,副边绕组是多少匝?

C-21 三个阻值相等的电阻 Y 联结后,接到线电压为 380 V 的三相电源上,线电流为 2 A。现把电阻改为 △ 联结,接到线电压为 220 V 的三相电源上,问线电流为多少?

C-22 如附图 17 所示电路为正弦稳态电路,工作频率为 50 Hz。电路的功率因数为多少?

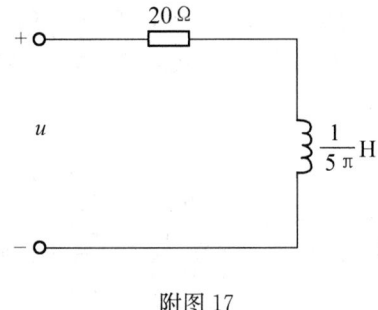

附图 17

参 考 文 献

［1］邱关源.电路［M］.5 版.北京：高等教育出版社,2006.

［2］江缉光,刘秀成.电路原理［M］.2 版.北京：清华大学出版社,2007.

［3］李元庆.电路基础［M］.广州：华南理工大学出版社,2007.

［4］李瀚荪.电路分析基础［M］.4 版.北京：高等教育出版社,2006.

［5］田淑华.电路基础［M］.2 版.北京：机械工业出版社,2007.

［6］王慧玲.电路基础［M］.2 版.北京：高等教育出版社,2007.

［7］涂用军,李力,黄军辉,等.电路基础［M］.广州：华南理工大学出版社,2006.

［8］韩春光.电路基础［M］.2 版.北京：电子工业出版社,2008.